Tobias Bocksrocker

Technologien für das Lichtmanagement in organischen Leuchtdioden

Technologien für das Lichtmanagement in organischen Leuchtdioden

von
Tobias Bocksrocker

Dissertation, Karlsruher Institut für Technologie (KIT)
Fakultät für Elektrotechnik und Informationstechnik
Tag der mündlichen Prüfung: 13. Juni 2013
Referenten: Prof. Dr. Uli Lemmer, Prof. Dr. Wolfgang Brütting

Impressum

Karlsruher Institut für Technologie (KIT)
KIT Scientific Publishing
Straße am Forum 2
D-76131 Karlsruhe
www.ksp.kit.edu

KIT – Universität des Landes Baden-Württemberg und
nationales Forschungszentrum in der Helmholtz-Gemeinschaft

KIT Scientific Publishing 2013
Print on Demand

ISBN 978-3-7315-0048-3

Technologien für das Lichtmanagement in organischen Leuchtdioden

Zur Erlangung des akademischen Grades eines

DOKTOR-INGENIEURS

von der Fakultät für

Elektrotechnik und Informationstechnik
des Karlsruher Instituts für Technologie (KIT)

genehmigte

Dissertation

von

Dipl.-Ing. Tobias Bocksrocker

geb. in Stuttgart

Tag der mündlichen Prüfung: 13. Juni 2013
Hauptreferent: Prof. Dr. Uli Lemmer
Korreferent: Prof. Dr. Wolfgang Brütting

Kurzfassung

Organische Leuchtdioden (OLEDs) können heute mit sehr hohen internen Quanteneffizienzen von nahezu 100 % hergestellt werden. Die externe Quanteneffizienz beschränkt sich allerdings aufgrund hoher optischer Verluste auf etwa 20 %. Dabei unterscheidet man die optischen Verlustkanäle in externe und interne Verluste. Als externe Verluste werden sogenannte Substratmoden bezeichnet. Darunter wird Licht verstanden, welches durch Totalreflexion im Substrat der OLED geführt wird und somit das Bauteil nicht verlassen kann. Unter internen Verlusten werden gebundene Wellenleitermoden und Oberflächenplasmonpolaritonen verstanden, die durch die Dünnschichtwellenleitereigenschaften des Bauelements auftreten.

Die vorliegende Arbeit befasst sich mit der Entwicklung von Strukturen und Methoden zur Steigerung der Lichtauskopplung in organischen Leuchtdioden. Es werden verschiedene Ansätze zur externen und internen Auskopplung sowie der Kombination beider Ansätze entwickelt und untersucht. Weiterhin werden die optischen Verlustkanäle in PET-Substrat-basierten flexiblen OLEDs betrachtet und biegsame Auskoppelstrukturen entwickelt.

Zur externen Auskopplung werden Mikrolinsenarrays (MLAs) eingesetzt, welche sich durch eine sehr hohe Güte auszeichnen. Der hier entwickelte Herstellungsprozess solcher Mikrolinsenarrays erlaubt die schnelle und großflächige Prozessierung von MLAs, deren Geometrie (Aspektverhältnis, Durchmesser, Packungsdichte, etc.) nahezu beliebig einstellbar ist. Es wird gezeigt, dass durch die hier entwickelten MLAs die Effizienz von weißen OLEDs (WOLEDs) um bis zu 50 % gesteigert werden kann.

Die interne Auskopplung gestaltet sich schwieriger als die externe Auskopplung, da hierfür die entsprechenden Auskoppelstrukturen in den Schichtaufbau der OLED integriert werden müssen, wodurch die elektrischen Eigenschaften der OLEDs beeinflusst werden können. Es werden zwei unterschiedliche

Ansätze zur internen Auskopplung entwickelt. Der erste Ansatz basiert auf niederbrechenden Mikrostrukturen, genauer gesagt auf MgF_2-Mikrosäulen, welche in die Indiumzinnoxid-Anode der OLEDs integriert werden. Durch die so eingebrachte Störung des Wellenleiters, kann die Effizienz von weißen OLEDs um bis zu 38 % gesteigert werden, ohne das elektrische Verhalten oder die Abstrahlcharakteristik der WOLEDs zu verändern. Es wird gezeigt, dass in Verbindung mit den entwickelten Mikrolinsenarrays die durch die MgF_2-Mikrosäulen strukturierten WOLEDs in ihrer Effizienz um weitere 50 % gesteigert werden können, was zu einer Gesamtsteigerung der Effizienz um den Faktor 2 führt. Der zweite Ansatz zur internen Auskopplung basiert auf hochbrechenden periodischen Nanostrukturen, sogenannten Bragg-Gittern. Es hat sich gezeigt, dass durch diese TiO_2-Bragg-Gitter eine komplexe Wechselwirkung zwischen gebundenen Wellenleitermoden, Substratmoden und emittiertem Licht entsteht. Durch eine Optimierung der Gitterstruktur konnte die WOLED-Effizienz durch solche Gitterstrukturen verdoppelt werden. In Kombination mit den bereits genannten MLAs kann die Effizienz solcher gitterbasierten WOLEDs um weitere 100 % gesteigert werden, was gegenüber einer unstrukturierten WOLED eine Steigerung der Effizienz um den Faktor 4 bedeutet. Aufgrund der winkel- und wellenlängenselektive Lichtauskopplung durch die TiO_2-Bragg-Gitter zeigen insbesondere weiße OLEDs einen starken Farbwinkelverzug. MLAs führen nicht nur zu einer weiteren signifikanten Steigerung der Auskoppeleffizienz, sondern auch, durch ihre Streuwirkung bedingt, zu einer Lambertschen Abstrahlcharakteristik der gitterstrukturierten WOLEDs ohne Farbwinkelverzug.

Durch die Auskopplung von gebundenen Wellenleitermoden und Substratmoden können also hohe Effizienzsteigerungen erreicht werden. Allerdings sind hierfür immer mindestens 2 Verfahren oder Strukturen notwendig. Die kombinierte Auskopplung von externen und internen optischen Verlusten durch nur eine Struktur wurde durch die sphärische Texturierung des OLED-Substrats erzielt. Die OLED wird dabei auf Halbmikrosphären prozessiert, so dass der Schichtaufbau und damit der Dünnschichtwellenleiter stark gebogen ist. Es wird gezeigt, dass durch diesen Ansatz sowohl Substratmoden als auch gebundenen Wellenleitermoden ausgekoppelt werden. Die Effizienz von weißen OLEDs kann mit dieser Texturierung um einen Faktor von bis zu 3,7 gesteigert werden. Die Abstrahlcharakteristik und die elektrischen Eigenschaften der WOLEDs bleiben dabei unbeeinflusst.

Ein weiterer Aspekt in dieser Arbeit ist die Lichtauskopplung aus PET-Substrat-basierten, flexiblen OLEDs. Da das typischerweise in OLEDs verwendete Anodenmaterial Indiumzinnoxid (ITO) sich wegen seiner hohen Sprödigkeit und komplexen Prozessierung nicht für den Einsatz in flexiblen OLEDs eignet, musste zunächst eine ITO-freie biegsame Anode entwickelt werden. Diese basiert auf einer Kombination aus einem Metallnetz und einem leitfähigen Polymer und führt zu hocheffizienten flexiblen OLEDs. Die optischen Verlustkanäle in solchen auf PET-Substraten-basierten OLEDs unterscheiden sich von den klassischen Glassubstrat-basierten OLEDs, da aufgrund des hohen Brechungsindex des PETs keine gebundenen Wellenleitermoden, also keine internen optischen Verluste auftreten. Die externen Verluste sind hingegen aufgrund des niedrigeren Grenzwinkels zur Totalreflexion erhöht. Es werden daher zwei Ansätze zur Lichtauskopplung in flexiblen OLEDs untersucht. Zum einen werden biegsame Mikrolinsenarrays eingesetzt, durch welche die Bauteileffizienz um bis zu 38 % gesteigert werden kann, zum anderen werden stochastische Streuschichten entwickelt, welche die Effizienz flexibler OLEDs um bis zu 24 % steigern.

Inhaltsverzeichnis

1 Einleitung

Seit der ersten Veröffentlichung einer effizienten organischen Leuchtdiode (OLED) durch Tang und VanSlyke im Jahr 1987 [1] hat sich die OLED-Technologie rasant entwickelt. Die Fortschritte in der Entwicklung effizienter Materialien [2–4] und verbesserter Devicearchitekturen [5–7] haben dafür gesorgt, dass OLEDs im Displaysektor bereits seit einigen Jahren kommerziell erhältlich sind. Insbesondere als Displays in mobilen Geräten, bspw. in der Handy- und Smartphone-Sparte, sind OLED-Displays mittlerweile von nahezu jedem namhaften Hersteller erhältlich. Auch bei Fernseh-Bildschirmen findet die OLED-Technologie immer häufiger Anwendungen [8]. Ein Vorteil dieser Displaytechnologie liegt in den selbstleuchtenden Pixeln, wodurch keine Hintergrundbeleuchtung des Displays, wie es z.B. bei der LCD-Technologie der Fall ist, benötigt wird. Dies und die hohe Effizienz von OLEDs reduziert den Energieverbrauch solcher Displays. Weiterhin zeichnen sich OLED-Displays durch einen hohen Kontrast, schnelle Reaktionszeiten, eine hohe Farbwiedergabe und einen großen Betrachtungswinkel aus [9, 10].

Auch in der Allgemeinbeleuchtung sollen OLEDs in Zukunft eine immer größere Rolle spielen [11, 12]. Derzeit werden etwa 20 % des weltweiten Strombedarfs durch die Beleuchtung verursacht [13], weshalb es hier ein großes Energieeinsparpotential gibt. Das ab 2009 sukzessiv eingeführte Verbot der klassischen Glühlampe innerhalb der Europäischen Union war ein erster Schritt in Richtung „grüne Beleuchtung". Dadurch bedingt befindet sich die Beleuchtungsbranche in einem Umbruch. Energiesparlampen und immer häufiger auch Leuchtdioden auf Basis anorganischer Halbleiter sind die typischen Alternativen zur Glühlampe. Diese Technologien besitzen allerdings einige Nachteile. So werden beispielsweise oftmals die Farbtemperatur oder giftige Inhaltsstoffe kritisiert.

Organische Leuchtdioden besitzen neben ihrer hohen Energieeffizienz viele Alleinstellungsmerkmale, die sie zu vielversprechenden Kandidaten als Beleuchtungsmittel der Zukunft machen. Durch chemische Synthesemöglichkeiten gibt es eine nahezu unbegrenzte Anzahl an organischen Verbindungen, weshalb es organische Emittermaterialien im gesamten sichtbaren Spektralbereich gibt. Zudem emittieren organische Halbleitermaterialien sehr breitbandig. Dies ermöglicht die Entwicklung Weißlicht-emittierender OLEDs mit nahezu beliebiger Farbtemperatur und sehr hohen Farbwiedergabeindizes [2]. Außerdem sind organische Leuchtdioden im Gegensatz zu anorganischen LEDs keine Punktlichtquellen, sondern emittieren ihr Licht flächig. Solche flächig emittierende Bauteile ermöglichen gänzlich neue Konzepte in der Beleuchtung, sei es bei der großflächigen Ausleuchtung von Räumen, beliebig geformte Designerleuchten oder Zukunftskonzepte wie leuchtende Tapeten [12, 14–16]. Weiterhin emittieren OLEDs diffuses Licht, was zu einer vom Betrachtungswinkel unabhängige Abstrahlung der Bauteile führt.

Prinzipiell lassen sich organische Leuchtdioden auf nahezu jedem beliebigen Substrat herstellen, weshalb es möglich ist, flexible, d.h. biegsame OLEDs herzustellen, was neue Anwendungsmöglichkeiten wie bspw. biegsame Displays oder leuchtendes Verpackungsmaterial ermöglicht. Des weiteren lassen sich organische Leuchtdioden auf zwei unterschiedliche Varianten herstellen: zum einen durch Vakuumprozesse (Aufdampf- und Sublimationsprozesse), zum anderen durch Flüssigphasen-Prozesse, wie z.B. verschiedene Druckprozesse. Insbesondere Druckprozesse versprechen eine kostengünstige und großflächige Herstellung der Bauteile. All diese Vorteile der OLED-Technologie haben zu einem großen wissenschaftlichem Interesse und einem Wachstum der industriellen OLED-Branche in den letzten Jahren geführt, welche nach einschlägigen Prognosen in den kommenden Jahren noch weiter wachsen wird (siehe Abb. 1.0.1).

Heutige wissenschaftliche und technologische Fragestellungen befassen sich insbesondere mit Themen um neue Materialentwicklungen, der Lebensdauer und der Bauteileffizienz. Auf materialwissenschaftlicher Seite ist eine der großen Herausforderungen die Entwicklung effizienter und vor allem langlebiger blauer phosphoreszenter Emittermaterialien [17, 18]. Die relativ schnell degradierenden blauen Emitter in OLEDs führen bei Displays wie auch bei OLEDs in der Allgemeinbeleuchtung zu Farbverschiebungen bedingt durch die Betriebsdauer. Da organische Materialien stark anfällig gegenüber Sauerstoff und Wasser sind, ist eine der technologischen Herausforderungen, geeignete Verkapselungsmethoden für die Bauteile zu entwickeln [19].

Die Bauteileffizienz zu steigern ist zentrales Thema dieser Arbeit. Es ist mittlerweile möglich, OLEDs mit internen Quanteneffizienzen von beinahe

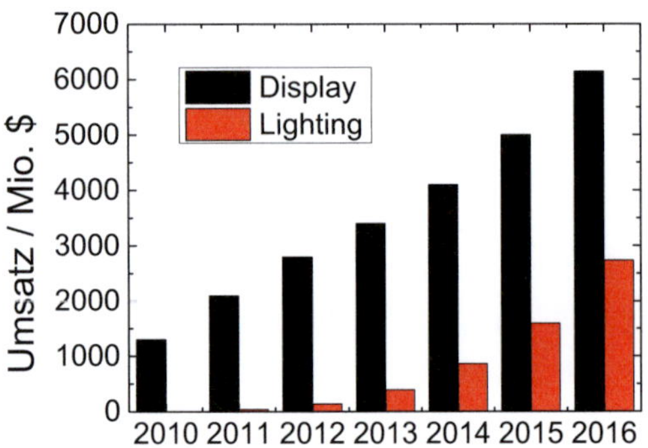

Abb. 1.0.1: Entwicklungsprognosen des OLED-Markts für Displays (Quelle: www.zdnet.de) und für Lighting (Quelle: www.wordpress.com).

100 % herzustellen [6, 20, 21]. Die externe Effizienz ist aufgrund hoher optischer Verluste aber typischerweise auf ca. 20 % beschränkt. Diese Verlustkanäle sind heute die wichtigsten Verluste in OLEDs. Diese Arbeit beschäftigt sich mit der Reduktion dieser optischen Verlustkanäle, also der Erhöhung der Auskoppeleffizienz, was im Folgenden motiviert werden soll.

1.1 Motivation und Ziele dieser Arbeit

Organische Leuchtdioden bestehen aus einem wenige hundert Nanometer dicken Dünnschichtstapel organischer Halbleitermaterialien, welche auf Glassubstraten prozessiert werden. Aufgrund des Brechungsindexgefälles zwischen den organischen Schichten und dem Glassubstrat, so wie dem Brechungsindexunterschied zwischen dem Substrat und der Luft entstehen optische Verluste an den entsprechenden Übergängen. So entstehen interne optische Verluste aufgrund von gebundenen Wellenleitermoden und Oberflächenplasmonpolaritonen in dem OLED-Schichtstapel und externe Verluste aufgrund von geführtem Licht im Substrat.

Im Rahmen dieser Arbeit sollen Methoden und Strukturen zur Erhöhung der externen und internen Lichtauskopplung entwickelt und untersucht werden. An die Methoden zur Lichtauskopplung werden dabei einige Anforderungen gestellt. Zum einen dürfen die verwendeten Strukturen zur Auskopplung nicht das elektrische Verhalten der OLEDs negativ beeinflussen. Dies ist insbesondere bei der internen Auskopplung schwierig, da hier in den eigentlichen OLED-Schichtaufbau eingegriffen wird. Weiterhin sollte durch eine Methode oder Struktur zur Lichtauskopplung nicht die Abstrahlcharakteristik der OLEDs beeinflusst werden, d.h. besonders bei weißen OLEDs sollte keine vom Betrachtungswinkel abhängige oder wellenlängenselektive Auskopplung auftreten. Für sämtliche in der vorliegenden Arbeit entwickelten Methoden zur Lichtauskopplung wird daher, neben dem Einfluss auf die OLED-Effizienz, untersucht, inwieweit das elektrische Verhalten sowie die Abstrahlcharakteristik der OLEDs beeinflusst wird. Außerdem soll untersucht werden, inwieweit sich durch eine in die OLED eingebrachte Struktur die Photonenverteilung innerhalb und außerhalb des Bauteils ändert. Ziel hierbei ist es, durch ein entsprechendes Lichtmanagement in organischen Leuchtdioden die Auskoppeleffizienz, insbesondere für weiße OLEDs, zu erhöhen.

1.2 Gliederung der Arbeit

Die vorliegende Arbeit beschäftigt sich mit der Lichtauskopplung aus organischen Leuchtdioden und wurde am Lichttechnischen Institut (LTI) des Karlsruher Institut für Technologie (KIT) angefertigt. Zu Beginn werden in Kapitel 2 einige theoretische Grundlagen zum Verständnis dieser Arbeit erläutert. Eine Beschreibung der experimentellen Vorgehensweise sowie der verwendeten Mess- und Charakterisierungsmethoden wird in Kapitel 3 gegeben. Dabei werden auch die eingesetzten Materialien vorgestellt. In Kapitel 4 werden die Ergebnisse zu den im Rahmen dieser Arbeit entwickelten Mikrolinsenarrays zur externen Auskopplung vorgestellt. Die Ergebnisse zu den entwickelten Methoden zur internen Auskopplung werden in Kapitel 5 diskutiert. Dabei wird auch untersucht, inwiefern sich die Methoden zur internen Auskopplung mit der in Kapitel 4 entwickelten externen Auskopplung kombinieren lässt. In Kapitel 6 wird eine Methode zur externen und internen Auskopplung durch nur eine Struktur entwickelt und untersucht. Kapitel 7 befasst sich mit dem Thema der flexiblen OLEDs. Dabei wird zunächst ein biegsames Anodenkonzept entwickelt, bevor auf die Untersuchung der optischen Verlustkanäle in PET-Substrat basierten OLEDs eingegangen wird. Weiterhin werden zwei unterschiedliche flexible, biegsame Auskoppelstrukturen vorgestellt. Kapitel 8 gibt eine Zusammenfassung der vorliegenden Arbeit und einen Ausblick auf weitere Vorgehensweisen zur Steigerung der Lichtauskopplung in OLEDs.

2 Grundlagen

In diesem Kapitel werden die Grundlagen zum zentralen Thema dieser Arbeit - den organischen Leuchtdioden - behandelt. Zunächst werden die grundlegenden optischen und elektrischen Eigenschaften organischer Halbleiter erläutert. Davon ausgehend wird der prinzipielle Aufbau organischer Leuchtdioden beschrieben und auf die Funktionsweise eingegangen. Weiterhin werden diverse Konzepte weißer OLEDs diskutiert. Darauf aufbauend werden die typischen Verlustkanäle organischer Leuchtdioden beschrieben. Hierbei wird insbesondere auf die optischen Eigenschaften einer OLED eingegangen, im Speziellen auf die lichtleitenden Eigenschaften des Substrats, die wellenleitenden Eigenschaften des OLED-Stacks, die Mikrokavitätseigenschaften einer OLED sowie deren Abstrahlcharakteristik. Schließlich werden die lichttechnischen Grundgrößen erläutert.

2.1 Organische Halbleiter

Organische Halbleiter sind ein Teilgebiet der organischen Chemie und zeichnen sich u.a. durch konjugierte π-Elektronensysteme aus, woraus die halbleitenden Eigenschaften dieser Materialklasse resultieren [22]. Organische Moleküle basieren auf Kohlenstoffverbindungen. Sie treten in einer beinahe unbegrenzten Anzahl in verschiedenen Molekülvarianten auf. Die elektrischen, mechanischen und optischen Eigenschaften organischer Halbleiter unterscheiden sich teilweise drastisch von anorganischen Halbleitern, weshalb in den folgenden Abschnitten diese Eigenschaften näher erläutert werden.

2.1.1 Kohlenstoffverbindungen und π-Elektronensysteme

Kohlenstoff kann verschiedenste Bindungen mit bspw. Stickstoff, Sauerstoff oder Wasserstoff eingehen, wodurch eine große Vielfalt an möglichen Kohlenstoffverbindungen entsteht [23]. Gerade diese Vielfalt macht organische Halbleiter interessant, da so die optischen, elektrischen und morphologischen Eigenschaften gezielt verändert werden können [22]. Um die π-Elektronensysteme organischer Halbleiter zu erläutern wird zunächst der Einfachheit halber Ethen betrachtet (siehe Abbildung 2.1.1a). Eine der besonderen Eigenschaften von Kohlenstoff ist, dass er die Valenz 4 besitzt. Im Falle des Ethens entstehen so durch die Ausbildung von 3 koplanar angeordneten sp^2-Hybridorbitalen an jedem Kohlenstoffatom insgesamt 4 kovalente Bindungen zu Wasserstoffatomen und durch die Überlappung der sp^2-Hybridorbitale drei sogenannte σ-Bindungen in der Ebene. Senkrecht zu der Ebene der sp^2-Hybridorbitale stehen zwei $2p_z$-Orbitale, welche ebenfalls eine Bindung eingehen die man π-Bindung nennt. Betrachtet man die für organische Moleküle typischen aromatischen Ringe, wie z.B. einen Benzolring (siehe Abbildung 2.1.1b), so entsteht durch die π-Bindungen ein sogenanntes π-Orbital, in welchem die Elektronen aufgrund ihrer schwachen Bindungsenergie delokalisiert sind [24].

Durch die Delokalisierung der Elektronen innerhalb eines π-Orbitals bilden sich neue Energieniveaus unterhalb (bindendes π-Orbital) und oberhalb (antibindendes π^*-Orbital) des $2p_z$ Niveaus [25, 26]. Im Grundzustand ist das

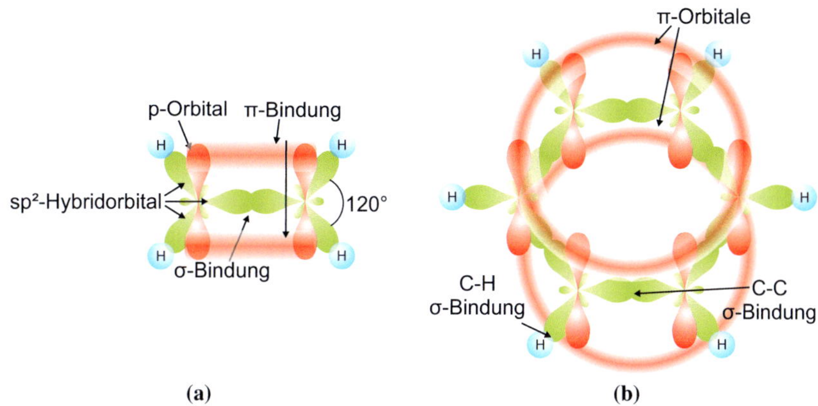

Abb. 2.1.1: (a) Ethen mit der räumlichen Anordnung der π- und σ- Bindungen sowie den sp^2-Hybridorbitalen und $2p_z$-Orbitalen. (b) Benzolring. Es bildet sich ein sogenanntes π-Orbital auf welchem Elektronen delokalisiert sind.

bindende π-Orbital besetzt und das antibindende π^*-Orbital unbesetzt. Entsprechend spricht man auch vom HOMO-Niveau (engl. *highest occupied molecular orbital*) und LUMO-Niveau (engl. *lowest unoccupied molecular orbital*). Diese Niveaus werden gerne als Pendant zum Leitungs- und Valenzband in anorganischen Halbleiter angesehen. Aufgrund der fehlenden periodischen Kristallstruktur in organischen Halbleitern ist das klassische Bändermodell allerdings nicht gültig[1]. Eine analytische Beschreibung organischer Halbleiter ist aufgrund der Komplexität organischer Moleküle nicht möglich, weshalb oftmals eine Linearkombination der Atomorbitale zur Vorhersage der Energieübergange verwendet wird [27]. Die elektrischen und optischen Eigenschaften organischer Halbleiter werden maßgeblich durch das π-Elektronensystem bestimmt und werden in den folgenden Abschnitten näher erläutert.

---

[1] Es sei angemerkt, dass es durchaus organische Halbleiter gibt, welche eine kristalline Struktur bilden können (z.B. Pentacen, Anthracen, etc.). Diese Materialien spielen aber heute in der organischen Elektronik keine Rolle [12].

2.1.2 Optische Eigenschaften

Organische Halbleitermaterialien besitzen, im Gegensatz zu anorganischen Halbleitern, relativ breite Absorptions- und Emissionsbanden. Diese spektrale Breite und die in organischen Halbleitern auftretenden vibronischen Seitenbanden im Absorptions- und Emissionsspektrum lassen sich anhand der optischen Übergänge erläutern [22, 24, 28]. In Abb. 2.1.2a sind mit Hilfe der Potentialkurvendarstellung die (Singulett-) Zustände S_0 (Grundzustand) und S_1 (erster angeregter Zustand) inklusive einiger Vibrationszustände dargestellt. Unter Einfall eines Photons mit ausreichender Energie erfolgt die Anregung

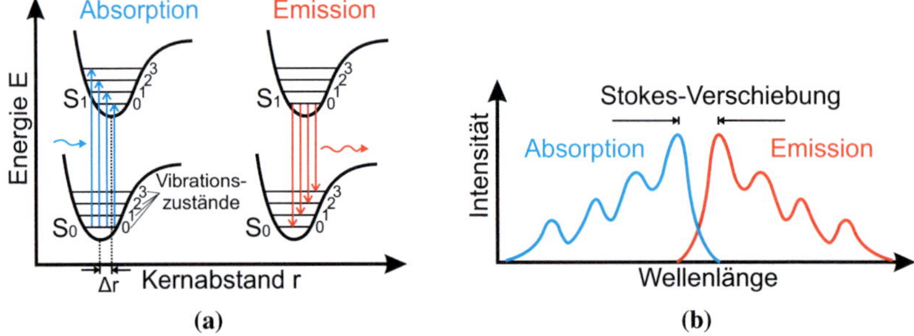

Abb. 2.1.2: (a) Optische Übergänge vom Grundzustand S_0 in den angeregten Zustand S_1. Die Absorption (blau) und Emission (rot) geschieht nach dem Franck-Condon-Prinzip senkrecht und geht vom niedrigsten Zustand in einen der vibronischen Zustände über. (b) Das daraus resultierende, schematisch dargestellte Absorptions- und Emissionsspektrum.

eines Moleküls in senkrechter Richtung (Franck-Condon-Prinzip), da sich die Kernabstände während der sehr schnell ablaufenden Absorption näherungsweise nicht ändern ($T_{Abs} \approx 10^{-15}$ s [29]). Nach der vergleichsweise langsamen Relaxation auf den niedrigsten S_1 Zustand ($T_{Relax} \approx 10^{-13}$-$10^{-12}$ s) sind die Positionen der Kerne des Grundzustandes und des angeregten Zustandes zueinander verschoben, vgl. Abb. 2.1.2a. Vom niedrigsten S_1 Zustand kann das Molekül auf ein beliebiges S_0 Niveau übergehen. Die Energiedifferenz der Zustände entspricht der Energie des dabei emittierten Photons. Durch die möglichen Übergänge auf vibronische Niveaus in der Absorption (bzw. Emission) und die Relaxation der Moleküle auf die niedrigsten Zustände in S_0 und S_1

besitzen die emittierten Photonen eine geringere Energie, weshalb Absorption und Emission zueinander verschoben sind (siehe Abb. 2.1.2b). Dies bezeichnet man als Stokes-Verschiebung. Außerdem entstehen durch die vibronischen und rotatorischen Niveaus die für organische Halbleiter typischen Nebenmaxima in deren Absorptions- und Emissionsspektrum.

Bei einer genaueren Betrachtung der optischen Übergänge muss der Spin der Elektronen mit einbezogen werden. Unter Berücksichtigung des Pauli-Prinzips können Moleküle mit zwei Valenzelektronen einen gleichsinnigen oder gegensinnigen Spin haben [30]. Hieraus ergeben sich die in Abbildung 2.1.3a dargestellten möglichen Spinkonfigurationen. Sogenannte Singulett-

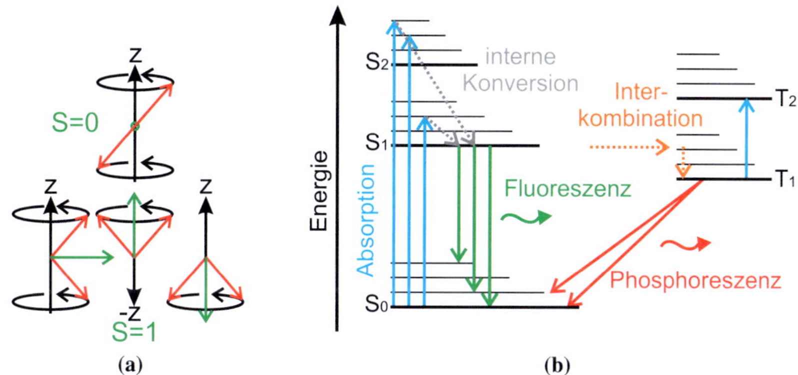

Abb. 2.1.3: (a) Mögliche Spinkombinationen. Es gibt eine Realisierung für den Gesamtspin $S = 0$ und drei Möglichkeiten für $S = 1$. (b) Jablonski-Diagramm: Angeregte Singulett-Zustände können strahlend zerfallen (Fluoreszenz) oder durch Inter-kombination in Triplett-Zustände übergehen. Zerfallen Triplett-Zustände strahlend spricht man von Phosphoreszenz.

Zustände besitzen den Gesamtspin S=0, für deren Realisierung es genau eine Möglichkeit gibt. Drei mögliche Anordnungen gibt es für den Gesamtspin S=1 sogenannter Triplett-Zustände. Da es keine „bevorzugte" Spinkonfiguration gibt, werden Triplett-Zustände bei rein statistischer Anregung also mit 3-facher Wahrscheinlichkeit gegenüber Singulett-Zuständen generiert.

Unter Berücksichtigung dieser Zusammenhänge werden nun die optischen Übergänge eines organischen Moleküls mit Hilfe des in Abb. 2.1.3b dargestellten Jablonski-Diagramms betrachtet. Die Singulett-Zustände S_0 bis S_2 sowie die Triplett-Zustände T_1 und T_2 spalten sich wieder in vibronische (dünne Linien) Niveaus auf. Die Triplett-Niveaus sind dabei energetisch gegenüber den Singulett-Niveaus abgesenkt. Durch Absorption eines Photons wird das Molekül in S_1 oder S_2 (bzw. in noch höhere gelegene Niveaus) angeregt, von welchem es dann in den niedrigsten Singulett-Zustand relaxiert (graue Pfeile). Wie bereits beschrieben, kann das Molekül unter Aussendung eines Photons wieder in den Grundzustand S_0 übergehen (grüne Pfeile). Diesen Vorgang nennt man Fluoreszenz. Über eine Spin-Bahn-Umkehr kann der angeregte Zustand in einen energetisch leicht abgesenkten Triplett-Zustand übergehen (orangener Pfeil). Dies wird Interkombination genannt (engl. *intersystem crossing*). In dem Triplett-Zustand T_1 kann das Molekül durch eine Triplett-Triplett Absorption mittels Licht in einen höheren Zustand angeregt werden oder in den Grundzustand S_0 übergehen. Findet dieser Übergang von T_1 nach S_0 strahlend statt spricht man von Phosphoreszenz (rote Pfeile). Da für Phosphoreszenz eine erneute Umkehrung des Spins nötig ist, ist dieser Übergang erschwert. So sind die Lebensdauern der angeregten Singulett-Zustände in der Größenordnung von 10^{-10}-10^{-9} s, während die Lebensdauern der Triplett-Zustände in der Größenordnung von 10^{-6}-10^{2} s liegen [24, 31]. Effiziente phosphoreszente Materialien verwenden deshalb seltene Erden oder Schwermetallkomplexe wie Iridium, um die Spin-Bahn-Kopplung und damit eine Spinumkehr zu begünstigen [20, 32, 33].

2.1.3 Ladungsträgerinjektion

In einem organischen Halbleiter können Ladungsträger im Wesentlichen durch Lichtabsorption (vgl. Abschnitt 2.1.2) generiert oder an einer Elektrode injiziert werden. Im Folgenden wird die Ladungsträgerinjektion beschrieben, wozu zunächst auf den Metall-(organischen) Halbleiter-Kontakt eingegangen wird.

Bringt man einen organischen Halbleiter zwischen zwei Elektroden, so bildet sich nach Anpassung des Fermi-Niveaus an den Metall-(organischen) Halbleiter-Kontakten eine Injektionsbarriere, eine sogenannte Schottky-

Barriere Φ_s, wie sie in Abb. 2.1.4a dargestellt ist, aus. Idealerweise ist

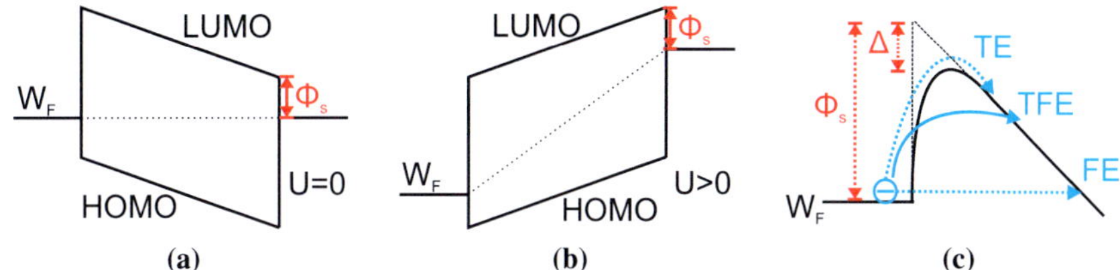

Abb. 2.1.4: (a) Organischer Halbleiter zwischen zwei Metallen. Nach Angleichung des Ferminiveaus bildet sich eine Schottky-Barriere Φ_s welche dem Abstand von der Austrittsarbeit des Metalls zum LUMO bzw. HOMO des organischen Halbleiters entspricht. (b) Durch Anlegen einer Spannung ändert sich das Energieschema. (c) Ladungsträger können durch Anlegen einer Spannung entweder über thermionische Emission (TE) oder durch Feldemission (FE) injiziert werden. In realen Systemen werden Ladungsträger über eine Kombination der beiden, durch die sogenannte thermionische Feldemission (TFE) injiziert. Durch die Ausbildung eines Bildpotentials wird die Schottky-Barriere um Δ reduziert. Real kommt es durch Unordnung zur Verschmierung der Niveaus.

diese Barriere Null (ohmscher Kontakt). Die Austrittsarbeiten der Metalle, die typischerweise in organischen Halbleiterbauelementen verwendet werden, liegen allerdings so, dass sich Schottky-Barrieren ausbilden [28, 34, 35]. Das Anlegen einer Spannung hat zur Folge, dass sich das Energieschema wie in Abbildung 2.1.4b ändert. Durch das externe angelegte Potential wird ein Bildpotential generiert, durch welches die Barriere herabgesetzt wird (Schottky-Effekt) und Ladungsträger in den organischen Halbleiter injiziert werden können [24, 34, 36]. Für die Ladungsträgerinjektion gibt es verschieden Modelle (siehe Abbildung 2.1.4c).

Thermionische Emission:

Ladungsträger können die Barriere thermisch überwinden. Hierfür muss die thermische Energie größer sein, als die zu überwindende Barriere. Dieses Modell ist allerdings nur gültig, wenn die Ladungsträger im injizierten Band frei beweglich sind.

Feldemission:

Ladungsträger können durch die Barriere tunneln (Fowler-Nordheim-Tunneln). Hierzu muss die angelegte elektrische Feldstärke groß genug sein, damit die räumliche Ausdehnung der Barriere klein genug für das Durchtunneln der Ladungsträger von den Zuständen am Fermi-Niveau der Elektrode in das HOMO- bzw. LUMO-Niveau des organischen Halbleiters ist [28, 35].

Thermionische Feldemission:

Die real auftretende Kombination aus thermionischer und Feldemission wird als thermionische Feldemission bezeichnet. Die Ladungsträger werden dabei thermisch angehoben, um schließlich eine räumlich geringer ausgedehnte Barriere zu durchtunneln [24, 37]. Es gibt Modellerweiterungen, in denen diese Injektion als Hüpf-Prozess (engl. *hopping*) modelliert wird (Scott-Malliaras-Modell) [36]. Dies schließt die Brücke zu einem energetisch ungeordneten Ladungsträgertransport innerhalb organischer Halbleiter, welcher im Folgenden näher erläutert wird.

2.1.4 Ladungsträgertransport

In anorganischen Halbleiter können Elektronen im Leitungsband und Löcher im Valenzband aufgrund der Kristallperiodizität und dem daraus resultierenden Bandmodell als frei beweglich angenommen werden [30]. Im organischen Halbleiter sind Ladungsträger nur innerhalb des π-Elektronensystems aufgrund der Delokalisierung frei beweglich, also bei Polymeren z.B. innerhalb der Konjugationslänge (vgl. Abschnitt 2.1.1) [38]. Durch Verunreinigungen oder auch die geometrische Anordnung der Moleküle kann die mittlere freie Weglänge sogar noch geringer ausfallen. Der Ladungsträgertransport von Molekül zu Molekül geschieht daher über einen Hüpf-Prozess (engl. *hopping transport*) [24, 34, 39] wie in Abbildung 2.1.5a dargestellt. Die Energiezustände die sich aus HOMO- bzw. LUMO-Niveau ergeben, lassen sich als Gauß-verteilt um ein Maximum, dessen Wert typischerweise angegeben wird, annehmen [22, 40, 41]. Die Ladungsträger können von Zustand zu Zustand tunneln

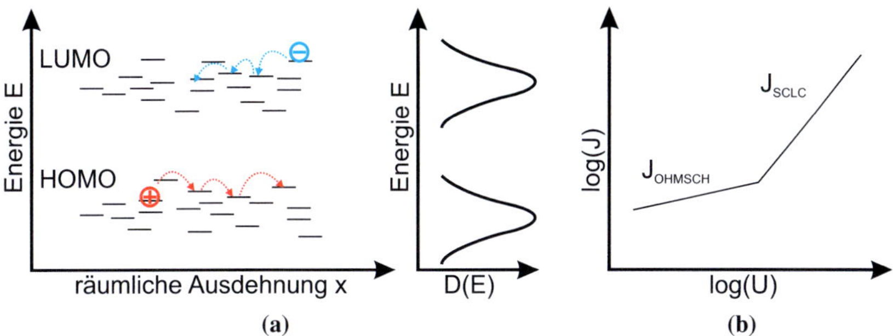

Abb. 2.1.5: (a) Das HOMO- und LUMO Niveau spalten sich jeweils in um ein Maximum gaußverteilte Zustände auf. Ladungsträger müssen von Zustand zu Zustand tunneln oder thermisch hüpfen. Man spricht vom Hopping-Transport. (b) Die geringe Beweglichkeit der Ladungsträger führt zum Ausbilden von Raumladungen und damit zu der dargestellten Strom-Spannungscharakteristik in organischen Halbleitern. Es gibt einen raumladungsbegrenzten Strom J_{SCLC}.

und dann relaxieren oder thermisch aktiviert hüpfen. Aus diesem Grund nimmt die Leitfähigkeit organischer Halbleiter mit der Temperatur und der externen Feldstärke zu. Innerhalb eines π-Elektronensystems können die Beweglichkeiten der Ladungsträger durchaus in der Größenordnung von $\mu=10\text{-}10^2\,\frac{cm^2}{Vs}$ liegen. Durch den beschriebenen Hopping-Transport sind die Beweglichkeiten der Ladungsträger in organischen Halbleitern aber um Größenordnungen kleiner als bei den anorganischen Vertretern. Typische Beweglichkeiten für Löcher liegen bei $\mu_p=10^{-8}\text{-}10^{-1}\,\frac{cm^2}{Vs}$, während die Beweglichkeiten für Elektronen um 1-2 Größenordnungen niedriger ist, da Elektronen eine höhere Anfälligkeit für Fallenzustände (engl. *traps*) haben [42–46].

Der Hopping-Transport führt zwar dazu, dass die Beweglichkeit der Ladungsträger mit der angelegten Feldstärke (Spannung) zunimmt, allerdings kommt es durch die insgesamt niedrige Beweglichkeit dazu, dass sich Raumladungen nahe der Elektroden bilden können, welche wiederum das Feld abschirmen. Man spricht von einem raumladungsbegrenzten Strom J_{SCLC} (engl. *space charge limited current*), welcher sich nach Mott-Gurney-Child's Gesetz zu

$$J_{SCLC} = \frac{9}{8}\frac{\varepsilon\mu U^2}{d^3} \tag{2.1.1}$$

ergibt. Wobei U der angelegten Spannung und d der Schichtdicke des organischen Halbleiters entspricht. In Abb. 2.1.5b ist der typische Strom-Spannungs-Verlauf gezeigt. Im Bereich niedriger Spannung (relativ zu den Injektionsbarrieren) gilt das ohmsche Gesetz für J_{ILC}:

$$J_{\text{ILC}} = e \cdot n\left(E\right) \cdot \mu\left(E\right) \cdot E. \tag{2.1.2}$$

Hierbei ist e die Elementarladung, E das externe elektrische Feld, $n\left(E\right)$ die Ladungsträgerdichte und μ die Mobilität der Ladungsträger. Effiziente Bauteile auf Basis organischer Halbleiter sollten nicht injektionslimitiert sein [47]. Das in Abb. 2.1.5b gezeigte Modell berücksichtigt dabei noch keine Traps. Eine ausführliche Behandlung dieser Thematik findet sich in [22, 40, 41, 48, 49] wieder.

2.1.5 Energietransfer

Neben dem Ladungsträgertransport und den optischen Übergängen, wie sie in Abschnitt 2.1.2 erläutert wurden, gibt es die Möglichkeit des Energietransfers von Molekül zu Molekül. Durch eine resonante Dipol-Dipol Wechselwirkung wird unter Spinerhaltung Energie strahlungslos und ohne Ladungs- oder Massetransfer zwischen zwei Molekülen übertragen [27, 50]. Das angeregte Molekül wird als Donator und das Energie aufnehmende Molekül als Akzeptor bezeichnet. Man spricht bei diesem Energietransfer vom Förster-Transfer [51]. Die Effizienz dieses Prozesses lässt sich durch die Förster-Transferrate K beschreiben:

$$K = \frac{1}{\tau_{\text{D}}} \left(\frac{R_0}{R_{\text{DA}}}\right)^{6}. \tag{2.1.3}$$

Hierbei ist τ_{D} die mittlere Lebensdauer des angeregten Zustandes im Donator-Molekül, R_{DA} der mittlere Abstand zwischen dem Donator und Akzeptor Molekül und R_0 entspricht dem Förster-Radius, von welchem die Effizienz dieses Prozesses maßgeblich abhängig ist. Der Förster-Radius ist wiederum vom Überlapp des Emissionsspektrum des Donators und dem Absorptionsspektrum des Akzeptors abhängig. Typische Reichweiten liegen bei 3-4 nm [50, 52].

Solche Donator-Akzeptor Systeme werden oft als Gast-Wirt-Systeme (engl. *Guest-Host-System*) realisiert. Diese werden hauptsächlich in Materialsystemen verwendet, welche aus kleinen Molekülen (vgl. Abschnitt 2.1.6) bestehen [53–55]. Sie finden aber auch in Polymer-Systemen ihre Anwendung [56, 57]. Hierbei wird ein Host-Material mit einem Farbstoff (Guest) dotiert. So lässt sich nicht nur die Emissionsfarbe des Mischsystems einstellen, sondern es können gezielt die energetischen Lagen der HOMO- und LUMO-Niveaus genutzt werden, um bspw. die Ladungsträgerinjektion zu begünstigen oder Triplett-Niveaus besser bedienen zu können [6, 7, 58].

2.1.6 Materialklassen organischer Halbleiter

Im Folgenden soll ein kurzer Überblick über verschiedene Klassen von organischen Halbleitern gegeben werden, wie sie beispielsweise auch in organischen Solarzellen [59–63], Halbleiterlasern [64–67], Transistoren [68, 69] oder Photodioden [70] zum Einsatz kommen.

Polymere

Polymere bestehen aus sich vielfach wiederholenden Moleküleinheiten, den sogenannten Monomeren. Die sich wiederholenden Monomere können dabei jeweils die gleichen sein (Homopolymer) oder sich unterscheiden (Co-Polymer). Man spricht im Falle der (halb-) leitenden Polymere von konjugierten Polymeren, also von Kohlenstoffverbindungen mit einem durchgehenden π-Elektronensystem. Unter der Konjugationslänge eines Polymers versteht man die mittlere strukturfehlerfreie Anreihung von Segmenten. Diese Konjugationslänge bestimmt die Eigenschaften (z.B. die Emissionwellenlänge) des Polymers [71–73]. In Abbildung 2.1.6a sind zwei in der organischen Elektronik weit verbreitete Vertreter konjugierter Polymere dargestellt: Das in OLEDs in verschiedensten Derivaten eingesetzte Poly(p-Phenylen-Vinylen) (PPV) und das in organischen Solarzellen und Photodioden weit verbreitete Poly(3-hexylthiophen-2,5-diyl) (P3HT).

Ein großer Vorteil von Polymeren ist, dass sie in Lösung gebracht werden können, weshalb Polymere in Halbleiterbauelementen fast ausschließlich

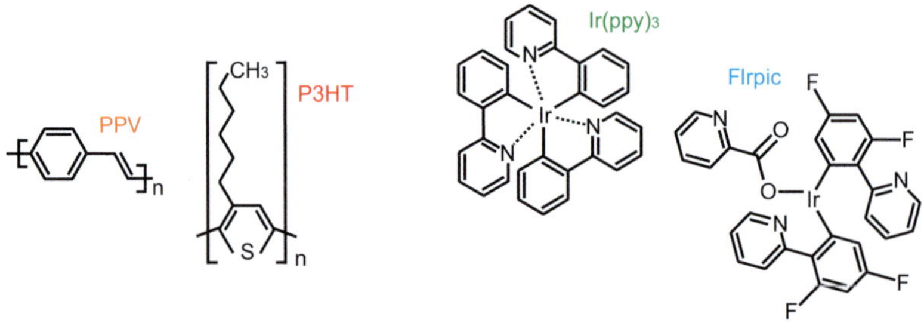

(a)   **(b)**

Abb. 2.1.6: (a) Strukturformel der Polymere (Poly(p- Phenylen-Vinylen)) (PPV) und Poly(3-hexylthiophen-2,5-diyl) (P3HT) sowie (b) der Kleinen Moleküle Tris(2-phenylpyridine)iridium (Ir(ppy)$_3$) und Iridium-bis-(4,6,-difluorophenyl-pyridine-N,C2)-picolinate (FIrpic).

aus der Flüssigphase prozessiert werden, bspw. durch Aufschleudern [74], diverse Druckverfahren [25, 75–77], Rakeln [78] oder Sprühbeschichtung [79]. Ein thermisches Aufdampfen von Polymeren ist nicht möglich, da die Polymerketten bei diesem Prozess aufbrechen würden. Bei aus der Lösung prozessierten Polymeren in Multischichten muss auf die Orthogonalität der verwendeten Lösemittel geachtet werden, da sonst darunterliegende Schichten an- oder abgelöst werden können. Dies schränkt die Anzahl an möglichen Schichten in einem flüssig-prozessierten Bauteil deutlich ein.

Kleine Moleküle

Kleine Moleküle (engl. *small molecules*) bestehen im Gegensatz zu Polymeren nicht aus sich vielfach wiederholenden Moleküleinheiten. Daraus resultiert, dass sie ein deutlich niedrigeres Molekulargewicht besitzen. Die in Abschnitt 2.1.2 beschriebenen Triplett-Emitter sind in aller Regel kleine Moleküle [2], welche in organischen Leuchtdioden oft in Guest-Host Systemen eingesetzt werden (vgl. Abschnitt 2.1.5). In Abbildung 2.1.6b sind zwei weit verbreitete phosphoreszente kleine Moleküle dargestellt: Das im Grünen emittierende Tris(2-phenylpyridine)iridium (Ir(ppy)$_3$) und der blaue Emitter Iridium-bis-(4,6,-difluorophenyl-pyridine-N,C2)-picolinate (FIrpic). Kleine Moleküle können aufgrund ihres geringen Molekulargewichts thermisch unter Vakuum aufgedampft werden. Dies bietet den Vorteil, dass eine beliebige Schichtfolge prozessiert werden kann. Da Vakuumprozesse allerdings tendenziell kostspieliger sind, gibt es Bemühungen Kleine Moleküle ähnlich wie Polymere in Lösung zu bringen, um diese dann flüssig zu prozessieren [2, 57, 80]. Im Gegensatz zu Polymeren ist es bei Kleinen Molekülen relativ schwierig Löslichkeitsgruppen anzufügen, weshalb sie aus der Lösung prozessiert zur Kristallisation neigen. Heutige hoch-effiziente OLEDs verwenden daher fast ausschließlich kleine Moleküle, welche unter Vakuum aufgedampft werden [2, 6, 7].

2.2 Organische Leuchtdioden

Im vorangegangenen Abschnitt wurden die elektrischen und optischen Eigenschaften organischer Halbleiter erläutert, wie sie auch in anderen organischen Halbleiterbauelementen eingesetzt werden. In diesem Abschnitt soll der Aufbau und die Funktionsweise organischer Leuchtdioden erläutert sowie die typischen Verlustkanäle beschrieben werden.

2.2.1 Aufbau und Funktionsweise

Organische Leuchtdioden sind sandwichartig aufgebaute Dünnschichtbauelemente. Auf einem Substrat werden zwischen zwei Elektroden die organischen funktionalen Schichten prozessiert. Aufgrund der geringen elektrischen Leitfähigkeit organischer Materialien (vgl. Abschnitt 2.1.4) sind die jeweiligen Schichten normalerweise zwischen einigen Nanometern bis max. 150 nm dick. Prinzipiell muss mindestens eine der beiden Elektroden transparent sein, damit das generierte Licht das Bauteil verlassen kann. Typischerweise ist dies die Anode, während eine metallische Kathode als Reflektor dient, so dass das Licht das Bauteil durch die Anode und das darunter liegende Substrat verlassen kann (sog. bottom-emittierende OLEDs, siehe Abbildung 2.2.1a). Es sei erwähnt, dass es OLEDs gibt, bei denen die Kathode transparent ist und die Anode als Reflektor dient. Diese sogenannten top-emittierenden OLEDs kommen insbesondere im Display-Sektor zum Einsatz [19, 81, 82]. Da in die-

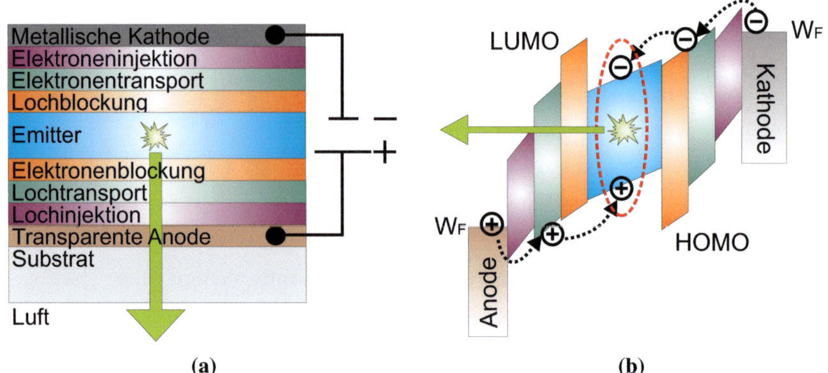

Abb. 2.2.1: (a) Schematischer Schichtaufbau einer idealisierten effizienten OLED mit Injektions-, Transport- und Blockschichten für Löcher und Elektronen. Die Lichtaussendung erfolgt durch die transparente Anode und das Substrat. (b) Das zugehörige Banddiagramm. Löcher bzw. Elektronen werden bei angelegter Spannung injiziert, bewegen sich per Hopping-Transport aufeinander zu, bilden ein Exziton (rot) welches unter Aussendung eines Photons zerfällt.

ser Arbeit aber ausschließlich bottom-emittierende OLEDs verwendet wurden, werden im Folgenden diese Bauteile betrachtet.

In Abbildung 2.2.1a ist der schematische Schichtaufbau einer idealisierten OLED und in Abbildung 2.2.1b das zugehörige Banddiagramm unter Vorwärtsspannung dargestellt. Anodenseitig werden Löcher, kathodenseitig Elektronen injiziert (vgl. Abschnitt 2.1.3). Das am weitesten verbreitete Anodenmaterial ist Indiumzinnoxid (ITO), es können aber auch andere transparente Oxide [83–85], hochleitfähige Polymere [86–88], dünne Metallfilme [89–91] oder in jüngster Zeit auch Graphen [92–95] verwendet werden. Als Kathodenmaterial wird häufig Aluminium oder Silber genutzt [2, 19, 96, 97]. Oftmals wird zwischen Organik und kathodenseitiger Metallschicht noch eine dünne Schicht aus Erdalkalimetallen wie Calcium oder Salzen wie Lithiumfluorid (LiF) gebracht, um die Austrittsarbeit der Metallkathode anzupassen [98–101]. Die Injektionsschichten dienen dazu, die entsprechenden Barrieren zu reduzieren und damit die Ladungsträgerinjektion zu begünstigen. Idealerweise können Ladungsträger so ohmsch injiziert werden, was wiederum die

Einsatzspannung der OLED auf die Bandlücke der organischen Halbleiter reduziert [22, 24, 34].

Wie in Abschnitt 2.1.4 beschrieben, bewegen sich Ladungsträger aufgrund des externen elektrischen Feldes per Hopping-Transport aufeinander zu (siehe Abbildung 2.2.1b). Die entsprechenden Transportschichten begünstigen dabei den jeweiligen Ladungsträgertransport und die Blockschichten verhindern ein Durchwandern der Ladungsträger des Bauteils. In der Emitterschicht können Elektronen und Löcher durch Coulomb-Wechselwirkungen einen gebundenen Zustand eingehen, welcher als Exziton bezeichnet wird. Exzitonen sind Quasiteilchen, welche sich durch den Halbleiter ebenfalls über Hopping-Prozesse bewegen können. Die Bindungsenergie W_B eines Exzitons ergibt sich zu

$$W_B = \frac{e^2}{4\pi\varepsilon_0\varepsilon_r a}, \tag{2.2.1}$$

wobei e der Elementarladung, ε_0 der Permittivität des Vakuums, ε_r der relativen Permittivität und a dem Abstand der Ladungsträger entspricht [102]. Die Bindungsenergie von Exzitonen ist in organischen Halbleitern aufgrund der relativ geringen Permittivität deutlich höher als in anorganischen Halbleitern, und liegt im eV-Bereich. Diese Exzitonen werden Frenkel-Exzitonen genannt. Die sogenannten Wannier-Mott Exzitonen in anorganischen Halbleitern besitzen Bindungsenergien im meV-Bereich, und dieser Effekt spielt daher bei anorganischen Halbleitern bei Raumtemperatur eine untergeordnete Rolle [30]. Exzitonen werden gebildet (sog. Langevin-Rekombination), sobald der Abstand der Ladungsträger kleiner als der Coulomb-Radius r_c wird [27]:

$$r_c = \frac{e^2}{4\pi\varepsilon_0\varepsilon_r k_B T}. \tag{2.2.2}$$

Hierbei ist k_B die Boltzmann-Konstante und T die Temperatur. Da die Bindungsenergie der Exzitonen deutlich höher ist als die thermische Energie ($\approx$25 meV), sind die optischen Übergänge im Wesentlichen durch exzitonische Übergänge bestimmt.

Exzitonen können in der OLED unter Berücksichtigung des Spins strahlend zerfallen (vgl. Abschnitt 2.1.2). Da Singulett-Exzitonen mit einer Wahrscheinlichkeit von ca. 25 % und Triplett-Exzitonen mit ca. 75 % erzeugt werden, werden für hocheffiziente, (thermisch aufgedampfte) Bauteile mit einer hohen internen Quanteneffizienz mittlerweile im Wesentlichen phosphoreszente Materialien verwendet [6, 7, 20, 103].

Der in Abbildung 2.2.1a gezeigte Schichtaufbau einer OLED ist wie bereits erwähnt idealisiert. In realen Systemen übernimmt ein Material, bzw. eine Schicht oftmals mehrere Funktionen, was die Gesamtanzahl an Schichten deutlich reduziert. So bestehen die im Rahmen dieser Arbeit hergestellten OLEDs (exklusive Elektroden) in der Regel aus 2-3 Schichten, vgl. Kapitel 3.

2.2.2 Verluste in OLEDs

Organische Leuchtdioden weisen verschiedene Verlustkanäle auf. Die externe Quanteneffizienz ist ein Maß für den Wirkungsgrad und ergibt sich aus dem Verhältnis der emittierten Photonen zu injizierten Elektronen. Die externe Quanteneffizienz η_{ext} von OLEDs ergibt sich aus diversen Faktoren und setzt sich wie folgt zusammen:

$$\eta_{ext} = \eta_{opt} \cdot \eta_{int}, \qquad (2.2.3)$$

$$\text{mit} \quad \eta_{int} = \gamma \cdot \eta_{exz} \cdot \eta_{lum}. \qquad (2.2.4)$$

Hierbei bezeichnet man η_{opt} als die optische Auskoppeleffizienz. Da diese Arbeit die Verringerung der optischen Verluste von OLEDs, also eine Erhöhung des Faktors η_{opt}, zum zentralen Thema hat, wird dieser Faktor in den Abschnitten 2.3.1 und 2.3.2 detailliert besprochen. Im Folgenden soll eine Übersicht über die interne Quanteneffizienz η_{int} gegeben werden.

γ – Das Gleichgewicht der Ladungsträger

Idealerweise beträgt das Verhältnis von Elektronen zu Löchern 1. Wie bereits in Abschnitt 2.1.3 beschrieben, müssen Elektronen und Löcher eine Schottky-Barriere überwinden, um in den organischen Halbleiter injiziert zu werden. Die unterschiedliche Höhe der Barriere für die entsprechenden Ladungsträger, sowie die unterschiedlichen Mobilitäten von Elektronen und Löchern im Halbleiter (vgl. Abschnitt 2.1.4) kann zu einem Ungleichgewicht der Ladungsträger führen, die ins Bauteil injiziert werden [97, 104, 105]. Durch einen einseitigen Ladungsträgerüberschuss entstehen Raumladungen, welche zum einen die Injektion der Ladungsträger behindern können. Zum anderen kann durch die Bildung von Raumladungen die Rekombinationszone der Exzitonen verschoben werden, was sich wiederum auf die Emissionseffizienz der OLED auswirken kann [106–108].

η_{exz} – Die Exzitonen-Rekombinationseffizienz

In Abschnitt 2.1.2 wurde bereits erläutert, dass Singulett- und Triplett-Zustände im Verhältnis 1:3 erzeugt werden. Da Triplett-Exzitonen nicht ohne weiteres strahlend zerfallen, beschränkt dies die Exzitonen-Rekombinationseffizienz beim Einsatz von Singulett-Emittern zunächst auf ~25 %. Aufgrund von Triplett-Triplett Annihilationsprozessen kann die Effizienz fluoreszenter Emitter durchaus höher ausfallen (ca. ~40 % [26]), da sich die Zeitskala der Rekombination bei solchen Prozessen zu Gunsten der Singulett-Zustände ändert [109]. Durch den Einsatz phosphoreszenter Emittermaterialien in geeigneten Host-Materialien (vgl. Abschnitt 2.1.5), kann die Exzitonen-Rekombinationseffizienz auf beinahe 100 % gesteigert werden [2, 3, 20, 58, 96, 110].

η_{lum} – Die Lumineszenzeffizienz

Unter der Lumineszenzeffizienz wird das Verhältnis aus der Anzahl der emittierten Photonen und der rekombinierenden Exzitonen verstanden. Sie beträgt typischerweise 40-80 % [97, 111] und ist stark materialabhängig. Die Lumineszenzeffizienz kann durch eine Dissoziation der Exzitone reduziert werden (wie es bspw. bei organischen Solarzellen gewünscht ist). Solche Dissoziationen können auftreten, wenn die Diffusionslänge der Exzitonen geringer als der Abstand zu einem nicht strahlenden Defektzustand ist [58, 97, 111]. Dies kann bei Durchmischungen verschiedener organischer Materialien in einer Schicht oder an Defekten auftreten, die z.B. durch Oxidation entstehen. Weiterhin kann die Lumineszenzeffizienz durch Diffusion von Verunreinigungen - zumeist metallische Verunreinigungen durch den Aufdampfprozess der Kathode - in das Emittermaterial reduziert werden. Durch solche metallische Verunreinigungen kann es zur Ausbildung von Bandlücken-Zuständen im Emittermaterial kommen, was zur Fluoreszenzlöschung (engl. *quenching*) führt [112, 113].

Da das Dipol-Nahfeld der Exzitonen an das freie Elektronengas im Metall der Kathode koppeln kann, können zudem Oberflächenplasmonpolaritonen angeregt werden [114]. Dieser Zusammenhang, welcher ebenfalls zur Verringerung der Lumineszenzeffizienz führt, ist ein optischer Verlustkanal und wird in Abschnitt 2.3.3 näher erläutert.

2.2.3 Weiße OLEDs

Einer der großen Vorteile organischer Emittermaterialien ist, dass sie - im Gegensatz zu ihren anorganischen Vertretern - ein sehr breites Emissionsspektrum besitzen (siehe Abschnitt 2.1.2). Da weiße Lichtquellen im Idealfall über das gesamte sichtbare Spektrum emittieren, kann man bei organischen Leuchtdioden eben jenen Vorteil der spektral breiten Emission nutzen, um weiß-emittierende Bauteile herzustellen. Farbkoordinaten, Farbtemperatur, Farbwiedergabeindex etc. können so in großen Bereichen variiert werden. Im Folgenden soll ein kurzer Überblick über vier gängige Device-Konzepte für weiße OLEDs (WOLEDs) gegeben werden, welche in Abbildung 2.2.2 dargestellt sind. Eine ausführliche Behandlung dieser Thematik findet sich in [2, 96, 115]. Es sei erwähnt, dass insbesondere in Displays weiße Emission über einzelne (zumeist RGB-) Pixel, welche dicht gepackt nebeneinander platziert sind, erzeugt wird [19, 116]. Dieses Konzept ist für die Allgemeinbeleuchtung eher ungeeignet, und wird im Folgenden nicht betrachtet.

WOLEDs auf Konversions-Basis

Ähnlich wie bei anorganischen LEDs [117], kann über eine Konversionsschicht (Phosphore oder Luminophore) UV- oder blaues Licht einer OLED in langwelligere Spektralanteile konvertiert werden (siehe Abbildung 2.2.2a). Das so entstehende weiße Spektrum kann über die Wahl verschiedener Phos-

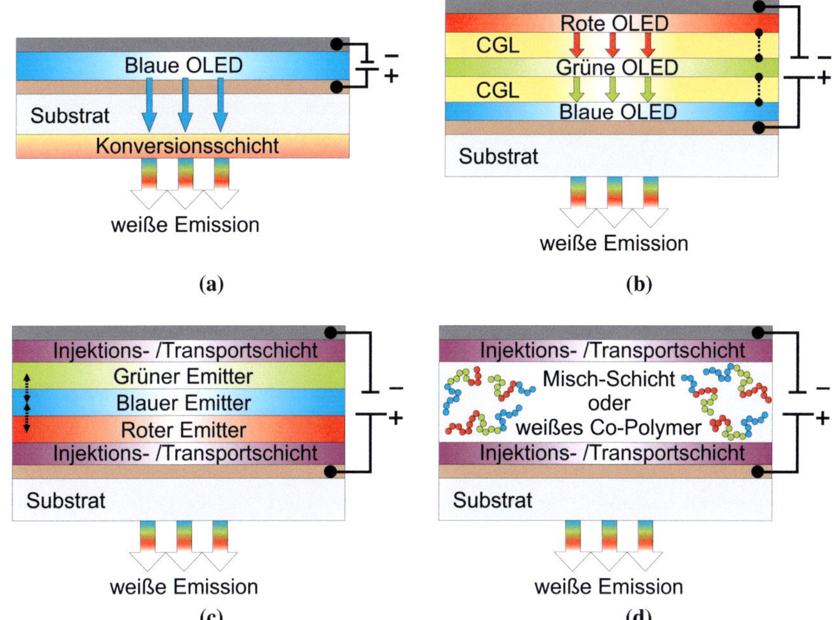

Abb. 2.2.2: (a) WOLED auf Konversionsbasis: Über eine Konversionsschicht wird blaues Licht in langwelligeres Licht konvertiert. Über die Wahl der Konversionsmaterialien kann ein breites Farbspektrum eingestellt werden. (b) Tandem-WOLED: Es werden mehrere OLEDs übereinander gestapelt und über eine Ladungsträgergenerationsschicht (CGL) verbunden. Es handelt sich quasi um eine Reihenschaltung der OLEDs. (c) Mehrschicht-WOLED: Es sind mehrere Emitterschichten in einem OLED-Stack. Je nach Device kann die Anordnung der Emitter variieren und zwischen den einzelnen Emitterschichten können z.B. zusätzliche Blockschichten eingefügt werden. (d) Misch- oder Einzelschicht-WOLED: Mehrere Emittermaterialien werden in eine Schicht gemischt oder es wird ein intrinsisch „weißer" Emitter (Co-Polymere) eingesetzt.

phore in einem breiten Bereich eingestellt werden [118–122]. Für solche konversionsbasierten OLEDs werden effiziente (tief-) blaue OLEDs benötigt. Da insbesondere bei effizienten (phosphoreszenten) blauen Emittern die Lebensdauer gering ist [17, 18] und weil die Konversion in Licht höherer Wellenlänge immer verlustbehaftet ist, werden zumeist andere Konzepte für hocheffiziente weiße OLEDs verwendet.

Tandem-WOLEDs

In Abbildung 2.2.2b ist das Konzept einer Tandem-OLED (engl. *stacked-OLED*) dargestellt. Die Idee hierbei ist, mehrere OLEDs, welche jeweils in einem unterschiedlichen Spektralbereich emittieren, aufeinander zu prozessieren [123–126]. Elektrisch gesehen handelt es sich also um eine Reihenschaltung verschiedener Bauteile. Die einzelnen OLEDs sind dabei über eine sogenannten Ladungsträgergenerationsschicht (engl. *charge generation layer, CGL*) verbunden. Dies führt dazu, dass mit jedem injizierten Elektronen-Lochpaar nicht nur ein Rekombinationsprozess, sondern mehrere stattfinden. Solche Tandem-Strukuren erhöhen zwar die Betriebsspannung, aber auch die Stromeffizienz der Bauteile. Da die Lebensdauer einer OLED exponentiell von der Stromdichte abhängt [2, 124] sind solche Tandem-OLEDs wegen ihrer erhöhten Lebensdauer vielversprechend. Es gibt auch Konzepte jede einzelne OLED in solchen Tandem-Bauteilen separat anzusteuern, um so bspw. die schnellere Degradation der blauen Emitter auszugleichen oder um die Emissionsfarbe durch zu stimmen [127, 128]. Die Schwierigkeit bei solchen Tandem-OLEDs ist die Prozessierung einer passenden (transparenten) Ladungsträgergenerationsschicht, bzw. n-dotierter oder p-dotierter Ladungsträgertransportmaterialien [129–131]. Metalle und TCOs können in der Regel wegen ihrer intrinsischen Absorption oder aufgrund der komplexen Prozessierung (z.B. Sputtern) nicht auf die bereits vorhandenen organischen Schichten prozessiert werden und deshalb nicht als CGL fungieren.

Mehrschicht-WOLED

Im Gegensatz zu Tandem-OLEDs können die einzelnen Emitterschichten auch direkt übereinander prozessiert werden, wie in Abb. 2.2.2c dargestellt. In einem Bauteil werden dabei nicht mehrere OLEDs übereinander gestapelt, sondern mehrere Emitterschichten eingesetzt [132, 133]. Die Herausforderung bei diesem Konzept ist eine ausgeglichene (effiziente) Emission der einzelnen Emitterschichten zu erlangen. Hierfür werden zwischen den einzelnen Emitterschichten oftmals noch dünne Loch- oder Elektronenblockschichten eingebracht, um die Rekombinationszone örtlich einzuschränken [17]. Um eine effiziente Rekombination zu erreichen gibt es verschiedene Ansätze Triplett-Zustände zu „recyclen". Zum einen werden Host-Materialien verwendet, deren Singulett- und Triplett-Niveaus so liegen, dass bestimmte Emittermaterialien bevorzugt mit Singulett- oder Triplett-Exzitonen bedient werden [6, 134]. Zum anderen werden über Transportschichten oder optische Spacer die Emittermaterialien räumlich getrennt, so dass die unterschiedlichen Diffusionslängen von Singulett- oder Triplett-Exzitonen ausgenutzt werden können, um unterschiedliche Emittermaterialien zu bedienen (z.B. Fluoreszenz im Blauen und Phosphoreszenz im Grünen oder Roten)[7].

Nachteile solcher Mehrschicht-OLEDs sind, dass solche Bauteile sehr viele Schichten benötigen, was sie wiederum aufwendig in der Prozessierung macht. Dennoch werden solche Mehrschicht-Systeme heute in hocheffizienten WOLEDs häufig eingesetzt.

Misch- oder Einzelschicht-WOLEDs

Über das Mischen verschiedener Emittermaterialien [55, 57, 135] oder durch den Einsatz spezieller Emitter (z.B. Co-Polymere) welche intrinsisch bereits „weiß" emittieren [136–142], lassen sich ebenfalls weiße OLEDs herstellen. Solche Bauteile weisen in aller Regel etwas geringere Effizienzen auf als komplexe Tandem- oder Mehrschicht-WOLEDs. Dies liegt zum einen daran, dass das Mischen mehrerer Emitter in einer Schicht zu einer Phasenseparation der einzelnen Materialien führen kann [2, 137, 138]. Zum anderen müssen in solchen Systemen die verwendeten Injektions-, Transport oder Blockschichten immer mehreren Emittermaterialien genügen. Eine spezielle Anpassung an die jeweiligen HOMO-/LUMO-Niveaus, bzw. Singulett- oder Triplett-Niveaus ist nicht möglich, was mitunter zu geringeren internen Effizienzen der Bauteile führen kann (vgl. Abschnitt 2.2.2).

Im Vergleich zu Tandem-WOLEDs oder Mehrschicht-WOLEDs ist in solchen Bauteilen die Anzahl an benötigten Schichten deutlich reduziert, vergleiche Abbildung 2.2.2d. Dies ermöglicht beispielsweise eine Flüssigprozessierung der Bauteile, was den Herstellungsprozess gegenüber den typischerweise aufgedampften Tandem-WOLEDs oder Mehrschicht-WOLEDs deutlich vereinfacht. Aus diesem Grund wurden im Rahmen dieser Arbeit weiße OLEDs ausschließlich auf der Basis weiß-emittierender Co-Polymer hergestellt (vgl. Kapitel 3).

2.3 Die OLED als optisches Bauteil

Im vorangegangenen Abschnitt 2.2 wurde die OLED als elektrisches Bauteil diskutiert. Durch die bereits beschriebenen Fortschritte in der Materialentwicklung und der Entwicklung intelligenter Device-Konzepte (vgl. Abschnitt 2.2.3) können heute OLEDs mit einer sehr hohen internen Quanteneffizienz (von nahezu 100 %) hergestellt werden [6, 20, 21, 143]. Die externe Quanteneffizienz setzt sich wiederum als Produkt der internen Quanteneffizienz und der sogenannten optischen Auskoppeleffizienz η_{opt} zusammen (vgl. Formel 2.2.3). Durch die Auskoppeleffizienz wird beschrieben, welcher Anteil der erzeugten Photonen das Bauteil als nutzbares Licht verlassen kann. Diese Auskoppeleffizienz kann zunächst unter der Annahme einer perfekt reflektierenden Kathode mit folgendem Zusammenhang abgeschätzt werden [144–146]:

$$\eta_{\text{opt}} \approx \frac{1}{\varepsilon \cdot n_{\text{Organik}}^2}. \tag{2.3.1}$$

Hierbei entspricht ε einem Faktor, der die Orientierung der Emitter berücksichtigt und n_{Organik} dem Brechungsindex der organischen Halbleiter. Für eine isotrope Emission kann ε mit $\varepsilon = 2$ und für eine parallele Ausrichtung der emittierenden Dipole mit $\varepsilon = \frac{4}{3}$ angenommen werden [97]. Typi-

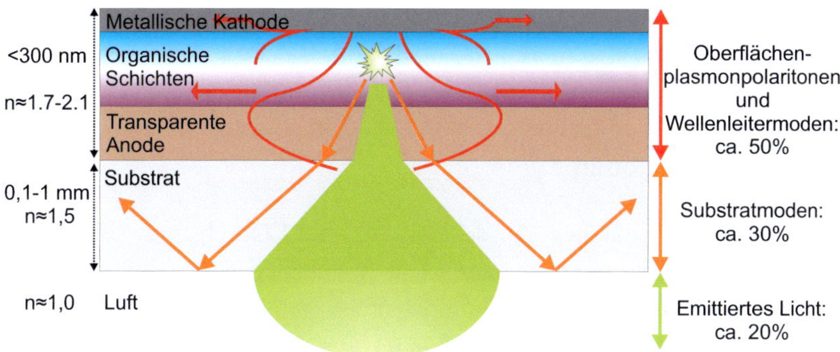

Abb. 2.3.1: Übersicht über die optischen Verlustkanäle einer OLED. Ca. 50 % der erzeugten Photonen gehen in den sehr dünnen und hochbrechenden organischen Schichten und der transparenten Anode durch gebundene Wellenleitermoden und Oberflächenplasmonpolaritonen verloren. Etwa weitere 30 % aller Photonen gehen in dem sehr viel dickeren Substrat durch Substratmoden verloren. Die typische Auskoppeleffizienz einer OLED liegt somit bei ca. 20 %.

sche Werte für den Brechungsindex der organischen Materialien liegen bei $n_{\text{Organik}} = 1,7 - 1,9$ [99, 147, 148]. Somit wird für OLEDs typischerweise eine Auskoppeleffizienz von etwa 20 % vorhergesagt, d.h. ca. 80 % der erzeugten Photonen gehen durch optische Verluste verloren. Abbildung 2.3.1 gibt eine Übersicht über die optischen Verlustkanäle in einer OLED. Die organischen Schichten und die transparente Anode sind sehr dünne Schichten ($\sum aller\,Schichten \lesssim 300\,nm$) mit einem höheren Brechungsindex als die Materialien in deren Umgebung. So gehen etwa 50 % der erzeugten Photonen durch sogenannte gebundene Wellenleitermoden (siehe Abschnitt 2.3.2) und Oberflächenplasmonpolaritonen (siehe Abschnitt 2.3.3) verloren. Das transparente Substrat (zumeist Glas) ist zwischen einigen hundert μm bis ca. 1 mm dick und besitzt einen höheren Brechungsindex als die umgebende Luft. So gehen ca. 30 % des erzeugten Lichtes durch Substratmoden verloren (vergleiche Abschnitt 2.3.1).

Diese optischen Verluste sind heute die größten Verlustkanäle in organischen Leuchtdioden. Die Entwicklung und Untersuchung geeigneter Methoden und Verfahren zur Lichtauskopplung ist das zentrale Thema dieser Arbeit.

Im Folgenden werden die einzelnen optischen Verlustkanäle einer OLED näher erläutert und weitere optische Eigenschaften von OLEDs betrachtet.

2.3.1 Substratmoden

Aufgrund der räumlichen Ausdehnung des OLED-Substrats (Substratdicke $d_{\text{Substrat}} \gg$ Wellenlänge λ) kann Licht strahlenoptisch betrachtet und mit Hilfe der geometrischen Optik beschrieben werden. Ein Lichtstrahl, der vom optischen dichteren (hoher Brechungsindex n_1) ins optisch dünnere ($n_2 < n_1$) Medium übergeht, wird vom Lot weggebrochen, und vice versa. Dieser Zusammenhang ist in Abbildung 2.3.2a dargestellt und wird über das Snelliussche Brechungsgesetz beschrieben:

$$n_1 \sin(\theta_1) = n_2 \sin(\theta_2). \tag{2.3.2}$$

Hierbei sind n_1 und n_2 die Brechungsindizes und θ_1 und θ_2 die zugehörigen Winkel der Lichtstrahlen gemessen zum Lot. An jedem optischen Übergang wird ein gewisser Teil des einfallenden Lichtes polarisationsabhängig und winkelabhängig reflektiert[2]. Der Reflexionsgrad $R(\theta)$ wird über die Fresnel'schen Gleichungen polarisationsabhängig beschrieben[3] [149]:

$$R_{\theta=0°} = \left(\frac{n_2 - n_1}{n_2 + n_1}\right)^2, \tag{2.3.3}$$

$$R_{\text{TE}}(\theta) = \left(\frac{\sin(\theta_1 - \theta_2)}{\sin(\theta_1 + \theta_2)}\right)^2, \tag{2.3.4}$$

$$R_{\text{TM}}(\theta) = \left(\frac{\tan(\theta_1 - \theta_2)}{\tan(\theta_1 + \theta_2)}\right)^2. \tag{2.3.5}$$

Betrachtet man das Snelliussches Brechungsgesetz (Formel 2.3.2) gibt es einen Grenzwinkel, bis zu dem die optische Brechung möglich ist. Man spricht

---

[2] Der transmittierte Anteil ergibt sich damit unter Vernachlässigung der Absorption zu $T = 1 - R$.

[3] TE steht für eine transversal elektrisch Welle; TM für eine transversal magnetische Welle.

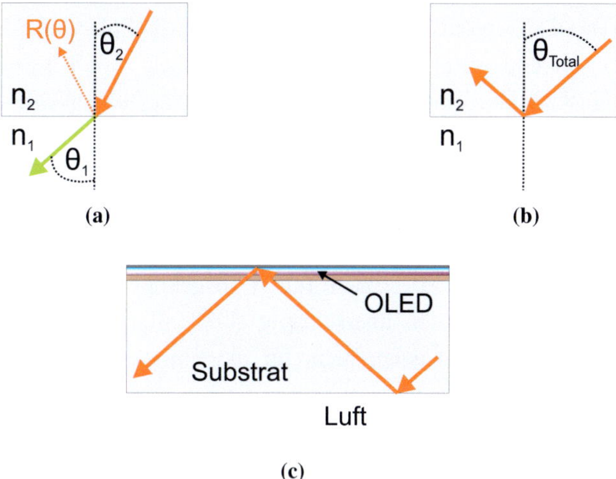

Abb. 2.3.2: (a) Lichtbrechung beim Übergang von einem optisch dichteren Medium ins optisch dünnere Medium. (b) Totalreflexion. (c) In einer OLED bildet das Substrat einen Lichtleiter. An der (metallischen) Kathode und durch Totalreflexion wird das Licht jeweils reflektiert und so im Substrat geführt.

vom Grenzwinkel zur Totalreflexion θ_{Total} (siehe Abbildung 2.3.2b) welcher sich zu

$$\theta_{\text{Total}} = \arcsin\left(\frac{n_2}{n_1}\right) \quad mit \ n_2 < n_1 \qquad (2.3.6)$$

ergibt. Für Winkel größer als θ_{Total} wird das Licht an der Grenzfläche also komplett reflektiert.

Betrachtet man nun eine OLED, so wird Licht unter allen Winkeln in das Substrat emittiert. Für ein Glassubstrat ($n_{\text{Glas}} \approx 1,5$) ergibt sich z.B. ein Totalreflexionswinkel von $\theta_{Total} \approx 41,8°$. Demnach wird ein gewisser Anteil des von der OLED in das Substrat emittierte Licht am Substrat/Luft-Übergang totalreflektiert und somit in Richtung OLED-Stack zurück gelenkt. Da die Rückseite (Kathode) einer OLED reflektiv ist (normalerweise Aluminium oder Silber), bildet das Substrat einen Lichtleiter (siehe Abbildung 2.3.2c). Die reflektierten Anteile unterhalb des Winkels zur Totalreflexion (Fresnel-Reflexionen) können vernachlässigt werden, da sie von der metallischen Kathode ebenfalls reflektiert werden und beim nächsten Treffen auf den Substrat/Luft-Übergang zu großen Teilen ausgekoppelt werden können. In die Substratmoden werden überschlägig 30 % aller generierten Photonen eingekoppelt und stehen daher nicht für die Emission in Vorwärtsrichtung zur Verfügung. Da diese Verluste außerhalb des eigentlichen OLED-Stacks auftreten, werden sie auch als *externe Verluste* bezeichnet.

2.3.2 Gebundene Wellenleitermoden

Die aktiven organischen Schichten sowie die transparente ITO-Anode in OLEDs besitzen einen höheren Brechungsindex (n_{Organik}=1,7-1,9, n_{ITO}=1,8-2,1) als die umgebenden Medien wie z.B. das (Glas-) Substrat [99, 144, 147, 148]. Da diese Schichten in Summe nur 100-300 nm dick sind (vgl. Abb. 2.3.1), kann Licht in diesem Dünnschichtsystem nicht mehr durch die geometrische Optik beschrieben werden, sondern muss mit Hilfe der Wellenoptik betrachtet werden (OLED-Stack-Dicke $d_{\text{OLED-Stack}} <$ Wellenlänge λ).

Abbildung 2.3.3 zeigt das Prinzip eines einfachen Dünnschichtwellenleiters, ähnlich wie ihn der OLED-Stack bildet. Ein Wellenleiterkern mit n_2 wird von

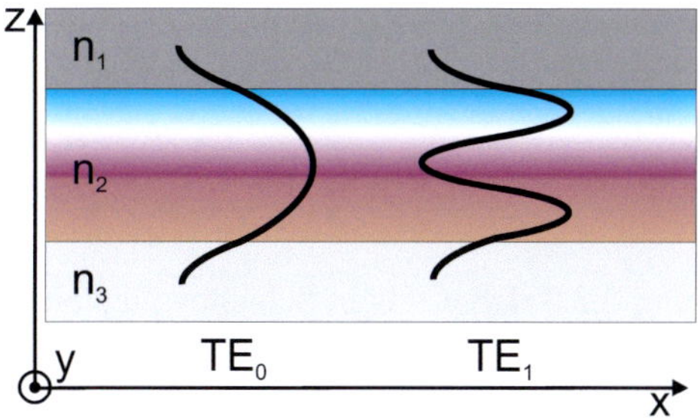

Abb. 2.3.3: Prinzip eines Dünnschichtwellenleiters. Die TE_0 und TE_1 Mode ist schematisch dargestellt.

zwei Mantelschichten mit n_1 und n_3 umgeben, wobei $n_2 > n_1, n_3$ gilt. Im Folgenden wird von homogenen und raumladungsfreien Medien ausgegangen. Licht kann sich in solch einem Dünnschichtwellenleiter nur in diskreten Feldverteilungen ausbreiten. Man nennt die möglichen Feldverteilungen optische Moden. Bei einem in der Ebene des Wellenleiters liegendem $\vec{E}$−Feld-Vektor spricht man von transversalen elektrischen (TE-) Moden, liegt der $\vec{H}$−Feld-Vektor in der Ebene des Wellenleiters spricht man von transversal magnetischen (TM-) Moden. Diese lassen sich ausgehend von der Wellengleichung für das $\vec{E}$− und $\vec{H}$−Feld berechnen:

$$\left(\vec{\nabla}^2 + \frac{n^2}{c_0^2} \frac{\partial^2}{\partial t^2} \right) \vec{E}\,(\vec{r}, t) = 0, \tag{2.3.7}$$

$$\left(\vec{\nabla}^2 + \frac{n^2}{c_0^2} \frac{\partial^2}{\partial t^2} \right) \vec{H}\,(\vec{r}, t) = 0. \tag{2.3.8}$$

Dabei ist c_0 die Vakuumlichtgeschwindigkeit. Die Berechnung für das $\vec{E}$− und $\vec{H}$−Feld verläuft analog. Im Folgenden wird daher nur das $\vec{E}$−Feld betrachtet. Mit dem Ansatz

$$\vec{E}\,(\vec{r}, t) = \vec{E}\,(\vec{r})\, e^{j\left(\omega t \pm \vec{k}\vec{r}\right)} \tag{2.3.9}$$

ergibt sich ein Zusammenhang von Kreisfrequenz ω, dem Wellenvektor $\vec{k}$ und dem Brechungsindex n. Dieser wird als Dispersionsrelation bezeichnet:

$$\omega^2 = \frac{c_0^2}{n^2} \cdot \vec{k}^2. \tag{2.3.10}$$

In dem in Abbildung 2.3.3 dargestellten Schichtwellenleiter breiten sich TE-Moden in x-Richtung aus. Für die E_y-Feldkomponente ergibt sich daher der Ansatz [150]:

$$E_y(x) = C \cdot \begin{cases} e^{(-qx)}, & 0 \leq x, \\ \left(\cos(hx) - \frac{q}{h}\sin(hx)\right), & -d \leq x \leq 0, \\ \left(\cos(hd) + \frac{q}{h}\sin(hd)\,e^{(p(x+d))}\right) & x \leq -d. \end{cases} \tag{2.3.11}$$

Hierbei ist

$$h = \sqrt{n_2^2 k_0^2 - \beta^2}, \tag{2.3.12}$$

$$q = \sqrt{\beta^2 - n_1^2 k_0^2}, \tag{2.3.13}$$

$$p = \sqrt{\beta^2 - n_3^2 k_0^2}. \tag{2.3.14}$$

In Formel 2.3.11 ist zu erkennen, dass die Feldverteilung außerhalb des Wellenleiterkerns exponentiell abfällt. Dies wird auch der evaneszente Anteil bzw. das evaneszente Feld genannt. Die ersten zwei Moden sind in Abbildung 2.3.3 schematisch dargestellt. Die x-Komponente des $\vec{k}-$Vektors wird als Ausbreitungskonstante β bezeichnet und ist über alle Schichten hinweg konstant[4]. Es lässt sich somit für jede Mode ein effektiver Brechungsindex n_{eff} mit

$$n_{\text{eff}} = \frac{c}{\omega} \cdot \beta \tag{2.3.15}$$

berechnen. Der effektive Brechungsindex stellt keine Mittelung des Brechungsindex über die verschiedenen Schichten dar, sondern entspricht dem Brechungsindex, der eine Mode in einem Schichtsystem beschreibt. Neben

---

[4]Dies ist auch für Betrachtungen mit der geometrischen Optik (vgl. Abschnitt 2.3.1) gültig

dem effektiven Brechungsindex gibt es einen weiteren wichtigen Parameter zur Beschreibung geführter Moden, den sogenannten Füllfaktor Γ. Er beschreibt den Anteil der gesamten Feldintensität einer geführten Mode in der i-ten Schicht eines Wellenleiters, und berechnet sich zu [151]:

$$\Gamma_i = \frac{\int_{-d}^{0} \left| E_y^2(x) \right| dx}{\int_{-\infty}^{+\infty} \left| E_y^2(x) \right| dx}. \tag{2.3.16}$$

In realen Wellenleitern kann die Intensität I einer geführten Mode entlang der Ausbreitungsrichtung durch Absorption oder Streuung gedämpft werden. Die Intensität einer geführten Mode lässt sich mit Hilfe des Lambert-Beerschen Gesetzes beschreiben:

$$I(x) = I_0 \cdot e^{\left(-\alpha_{\text{ges}} \cdot x \right)}. \tag{2.3.17}$$

Der Dämpfungskoeffizient α_{ges} setzt sich dabei als Gewichtung aus dem effektiven Brechungsindex, dem Füllfaktor und den Faktoren der Einzelschichten wie folgt zusammen [152]:

$$\alpha_{\text{ges}} = \sum_{i=1}^{n} \Gamma_i \alpha_i \frac{n_i}{n_{\text{eff}}}. \tag{2.3.18}$$

Die in organischen Leuchtdioden auftretenden Verluste durch gebundene Wellenleitermoden werden typischerweise zu ca. 50 % abgeschätzt. Hierbei ist aber ein gewisser Anteil dieser sogenannten *internen Verluste* durch sogenannte Oberflächenplasmonpolaritonen verschuldet, welche im folgenden Abschnitt näher erläutert werden sollen.

2.3.3 Oberflächenplasmonpolaritonen

Oberflächenplasmonen sind oberflächennahe, longitudinale Ladungsträgerdichteschwankungen, welche aufgrund frei beweglicher Elektronen in Metallen angeregt werden können. Oberflächenplasmonen können als Quasiteilchen betrachtet werden. Unter einem Oberflächenplasmonpolariton (engl. *surface plasmon polariton, SPP*) versteht man die kombinierte Anregung aus einem Oberflächenplasmon und einem Photon [153, 154]. Da in OLEDs die Katho-

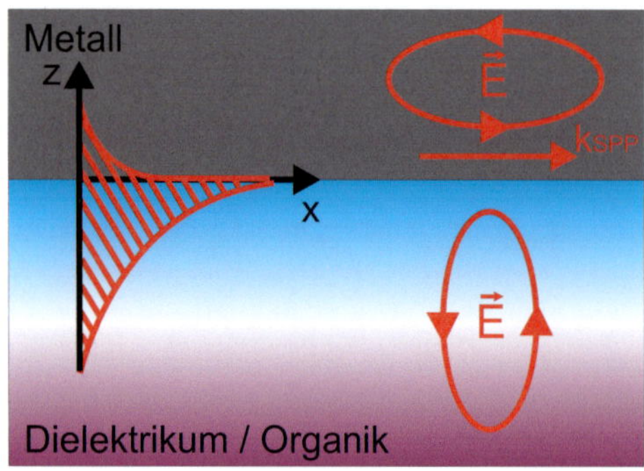

Abb. 2.3.4: E-Feld Verteilung von Oberflächenplasmonpolaritonen. Sie sind (elliptisch) TM-polarisiert.

de zumeist aus Silber oder Aluminium besteht, können hier Oberflächenplasmonpolaritonen angeregt werden. Sie tragen daher ebenfalls zu den optischen Verlusten in OLEDs bei.

Im Folgenden soll ein Schichtsystem wie in Abb. 2.3.4 dargestellt betrachtet werden. Die organischen Schichten werden hier als Dielektrika mit $Im\{n_{org}\} = 0$ betrachtet, welche an eine metallische Schicht grenzen. Oberflächenplasmonpolaritonen können sich entlang der x-Richtung ausbreiten. Die Beschreibung erfolgt analog zu der der gebundenen Moden in Abschnitt 2.3.2. Das E-Feld der SPPs lässt sich daher wie folgt ausdrücken [153]:

$$E_{SPP}(x, z) = E_0 e^{jk_{SPP}x - \alpha_{SPP}|z|}. \tag{2.3.19}$$

Dabei entspricht α_{SPP} dem Dämpfungskoeffizienten in z-Richtung. In die Dispersionsrelation eines SPPs muss die Permittivität ε_{org} des Dielektrikums (Organik) und ε_m des Metalls mit einbezogen werden. Sie ergibt sich daher zu:

$$\omega_{SPP}^2 = k_{SPP}^2 \cdot c_0^2 \frac{\varepsilon_{org} + \varepsilon_m}{\varepsilon_{org} \cdot \varepsilon_m}. \tag{2.3.20}$$

Da die Permittivität von Metallen komplex ist und betragsmäßig größer als die der Organik, bzw. des Dielektrikums ist [155], ergibt sich, dass die Wellenvektorkomponente k_{SPP} für alle Frequenzen größer ist als die des anregenden Lichts (vergleiche auch Abb. 2.3.5). Der Verlauf der Frequenz ω_{SPP} nähert sich dabei einer Grenzfrequenz

$$\omega_{\mathrm{Grenz}} = \frac{\omega_{\mathrm{Plasma}}}{\sqrt{1 + \varepsilon_{\mathrm{org}}}}$$

in Abhängigkeit der Plasmafrequenz ω_{Plasma} an [154, 156]. Aus Gründen der Impulserhaltung wäre so allerdings eine Anregung eines Oberflächenplasmonpolaritons nicht möglich. Aufgrund der Lokalisierung der SPPs an der Oberfläche eines Metalls kommt es zu einer Felderhöhung an der Oberfläche, die abhängig von den Permittivitäten ist und mit folgendem Zusammenhang abgeschätzt werden kann [153, 154]:

$$\left|\frac{E_{\mathrm{SPP}}}{E_{\mathrm{Licht}}}\right|^2 = \frac{2}{\varepsilon_{\mathrm{org}}} \frac{|Re\{\varepsilon_{\mathrm{m}}\}|^2}{Im\{\varepsilon_{\mathrm{m}}\}} \frac{C}{1 + |Re\{\varepsilon_{\mathrm{m}}\}|}, \tag{2.3.21}$$

wobei C ein Faktor ist, der die Schichtdicke des Metalls und Dielektrikums berücksichtigt und E_{Licht} dem elektrischen Feld des einfallenden Lichtes entspricht. Die Felderhöhung kann mehrere Größenordnungen betragen. Da sich bei OLEDs die metallische Kathode im Nahfeld der Emitter befindet, können Oberflächenplasmonpolaritonen durch eine Resonanz der Dipole angeregt werden. Die Propagationslänge ist dabei vom Imaginärteil des k-Vektors eines SPPs abhängig und ergibt sich zu:

$$L_{\mathrm{SPP}} = \frac{1}{|2Im\{k_{\mathrm{SPP}}\}|}.$$

Oberflächenplasmonpolaritonen sind stets (elliptisch) TM-polarisiert [157], siehe Abbildung 2.3.4. In OLEDs werden SPPs - je nach verwendeter Materialklasse (Polymer oder Small Molecule, siehe Abschnitt 2.1.6) - unterschiedlich stark angeregt. Dies liegt an der räumlichen Ausrichtung der emittierenden Dipole in einer Schicht. Da Polymere langkettig sind, ordnen sie sich in der Ebene an, während sich kleine Moleküle meistens ohne präferierte Richtung anordnen. Da der Dipolmoment in der Ebene liegt, können Polymere nach Fermis Goldener Regel nicht, oder mit nur geringer Wahrscheinlichkeit ans SPPs koppeln, da diese TM-polarisiert sind. Die Kopplung an SPPs kann bei kleinen Molekülen mitunter sehr hoch sein [114, 158, 159].

Die optischen Verluste durch Oberflächenplasmonpolaritonen mit einbezogen, lässt sich die gesamte Photonenverteilung in einer OLED mit Hilfe der Dispersionsrelation erläutern. Dies ist beispielhaft für eine Frequenz (Wellenlänge) ω_0 in Abbildung 2.3.5 zu sehen. In dieser Darstellung ergeben sich

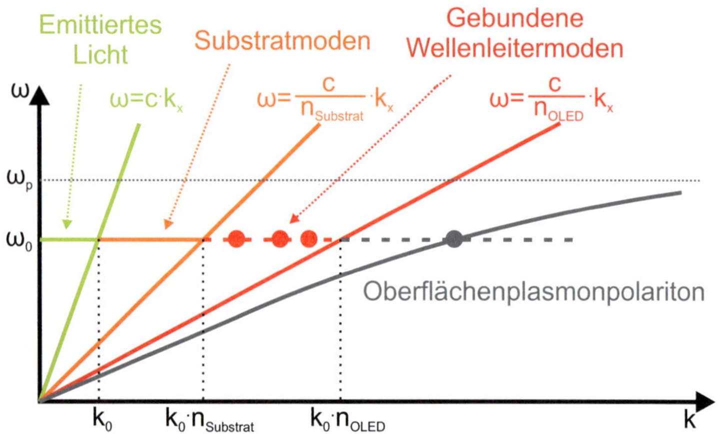

Abb. 2.3.5: Dispersionsrelation einer OLED für eine beispielhafte Frequenz ω_0. Emittiertes Licht und Substratmoden können als kontinuierlich betrachtet werden, gebundene Wellenleitermoden und Oberflächenplasmonpolaritonen sind diskretisiert.

verschiedene Bereiche für Photonen. Im Bereich des emittierten Lichts und der Substratmoden kann eine kontinuierliche Verteilung der Photonen (keine diskreten k-Vektoren) angenommen werden. Gebundene Moden und Oberflächenplasmonpolaritonen sind diskret verteilt.

2.3.4 Optische Kavität

Eine OLED bildet mit ihrer reflektierenden Kathode, der hochbrechenden Anode und den dünnen organischen Schichten dazwischen eine optische (Mikro-) Kavität (engl. *micro cavity*). Aufgrund der Transparenz der Anode spricht man auch von einer schwachen Kavität [160]. Die optische Kavität hat einen Einfluss auf das emittierte Spektrum [122, 161, 162], die Abstrahlcharakteristik einer OLED [163] und deren Auskoppeleffizienz [110, 164].

Durch die Reflexion an der Kathode treten Interferenzen im Dünnschichtsystem auf. Jede Mode, welche das Bauteil verlassen kann, ist eine Überlagerung ebener Wellen der emittierenden Dipole und kann im OLED-Stack, also im Nahfeld der Emitter, als stehende Welle betrachtet werden [165]. Je nach Position eines Emitters im Dünnschichtsystem kann mit einer unterschiedlichen Rate Γ an emittierende Moden gekoppelt werden. Der Zusammenhang ist über Fermis Goldene Regel gegeben [160, 166]:

$$\Gamma = \frac{2\pi}{h} \cdot \left| \vec{d} \cdot \vec{E} \right|^2 \rho(\omega). \tag{2.3.22}$$

Dabei ist $\vec{E}$ die Feldstärke an der Position des Emitters, $\vec{d}$ das Dipol-Moment des Emitters, $\rho(\omega)$ die zugehörige Zustandsdichte und h das Plancksche Wirkungsquantum. Durch ein entsprechendes „Cavity-Design" kann also die OLED in ihrer Effizienz und Emissionscharakteristik stark beeinflusst werden. Hierbei spielt insbesondere die Position des Emitters in Relation zur reflektierenden Kathode eine besondere Rolle. So können beispielsweise Ladungsträgertransportschichten (vgl. Abschnitt 2.2.1) als „optische Spacer" genutzt werden, um die Kavität einer OLED zu optimieren [82]. Dabei wird der Abstand der Emitterschicht zur reflektiven Kathode so eingestellt, dass eine besonders gute Kopplung an eine emittierende Mode stattfindet. In Abbildung 2.3.1 wurden die optischen Verlustkanäle diskutiert. Durch eine optimierte Kavität lassen sich die prozentualen Anteile von emittiertem Licht, Substratmoden und gebundenen Wellenleitermoden variieren [80]. So können OLEDs mit einer erhöhten Auskoppeleffizienz [110, 164, 167] oder einem erhöhten Anteil an Substratmoden [168] hergestellt werden.

2.3.5 Abstrahlcharakteristik

Als einer der großen Vorteile organischer Leuchtdioden wird oftmals deren Lambertsche Abstrahlcharakteristik genannt. Unter einem Lambertschen

Strahler versteht man eine vom Betrachtungswinkel unabhängig erscheinende Helligkeit (bzw. des photometrischen Äquivalents der Leuchtdichte, vgl. Abschnitt 2.4). So sind perfekt diffus reflektierende Oberflächen ebenfalls Lambertsche Strahler. Die Intensität I eines Lambertschen Strahlers in Abhängigkeit des Betrachtungswinkels θ lässt sich wie folgt beschreiben:

$$I(\theta) = I_0 \cdot \cos(\theta). \tag{2.3.23}$$

Hierbei entspricht I_0 der Intensität unter frontaler ($\theta = 0°$) Betrachtung. Abbildung 2.3.6a zeigt den winkelabhängigen Intensitätsverlauf eines Lambertschen Strahlers.

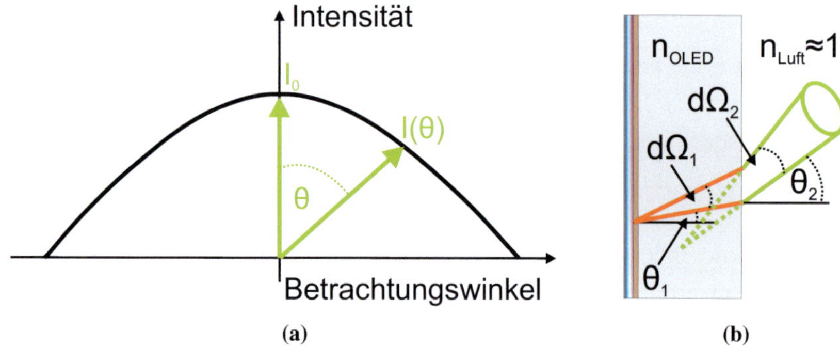

Abb. 2.3.6: (a) Intensitätsprofil eines Lambertschen Strahlers. (b) Brechung des in kleine Raumwinkel emittierten Lichts am OLED/Luft Übergang.

Die Begründung dafür, dass sich eine organische Leuchtdiode näherungsweise als Lambertscher Strahler beschreiben lässt, soll im Folgenden diskutiert werden. Die Schichten der OLEDs werden als störungsfrei (keine lichtstreuenden Defekte) angenommen. Außerdem wird von einer Betrachtung der Abstrahlcharakteristik im Fernfeld der OLED (Betrachtungsabstand groß gegenüber der Leuchtfläche) ausgegangen. Die Abstrahlcharakteristik lässt sich daher mit Hilfe der geometrischer Optik beschreiben (siehe auch [145]). Licht wird vom OLED-Stack in das Device unter dem Winkel θ_1 zur Normalen in einem sehr kleinen Raumwinkel $d\Omega_1$ emittiert (siehe Abb. 2.3.6b). Nach dem Snelliusschen Brechungsgesetz (siehe Formel 2.3.2) wird das Licht am OLED/Luft Übergang gebrochen. Der Raumwinkel $d\Omega_2$ ist gegenüber $d\Omega_1$ gering vergrößert mit dem Winkel θ_2 zur Normalen. Es ergibt sich daraus [145]:

$$\frac{d\theta_1}{d\theta_2} = \frac{\cos(\theta_2)}{\sqrt{n_{\text{OLED}}^2 - \sin^2(\theta_2)}}. \tag{2.3.24}$$

Für die Raumwinkel ergibt sich damit [145]:

$$\frac{d\Omega_1}{d\Omega_2} = \frac{\cos(\theta_2)}{n_{\text{OLED}} \cdot \sqrt{n_{\text{OLED}}^2 - \sin^2(\theta_2)}}. \tag{2.3.25}$$

Unter der Berücksichtigung der typischen Brechungsindizes ($n_{\text{Organik}} = 1,7 - 1,9$, $n_{\text{ITO}} = 1,8 - 2,1$) [99, 144, 147, 148] der typischen OLED-Materialien kann Formel 2.3.25 mit $\frac{\cos(\theta_2)}{n_{\text{OLED}}^2}$ angenähert werden [145], was wiederum näherungsweise einem Lambertschen Strahler entspricht. Oftmals wird die Annahme eines Lambertschen Strahlers bei der Messung der gesamten Abstrahlintensität von OLEDs angenommen, indem die Intensität $I(\theta = 0°)$ gemessen und unter der Annahme einer Lambertschen Abstrahlung die Gesamtintensität berechnet wird [169]. Solche Messungen können fehlerbehaftet sein, da die Abstrahlcharakteristik z.B. durch die optische Kavität vom Lambertschen Profil abweichen kann (vgl. Abschnitt 2.3.4). Weiterhin tritt die Abweichung realer OLEDs zum Lambertschen Strahler zumeist bei größeren Betrachtungswinkeln auf, was bei der Berechnung photometrischer Größen (vgl. Abschnitt 2.4) zu teilweise nicht vernachlässigbaren Fehlern führen kann.

Dennoch ist die näherungsweise Lambertsche Abstrahlcharakteristik einer der großen Vorteile von OLEDs gegenüber anderen Lichtquellen. Beim Einsatz von OLEDs in Displays führt dies zu hohen Betrachtungswinkeln [5, 10] und in der Allgemeinbeleuchtung kann das diffuse Licht von OLEDs für eine homogene Ausleuchtung genutzt werden [14].

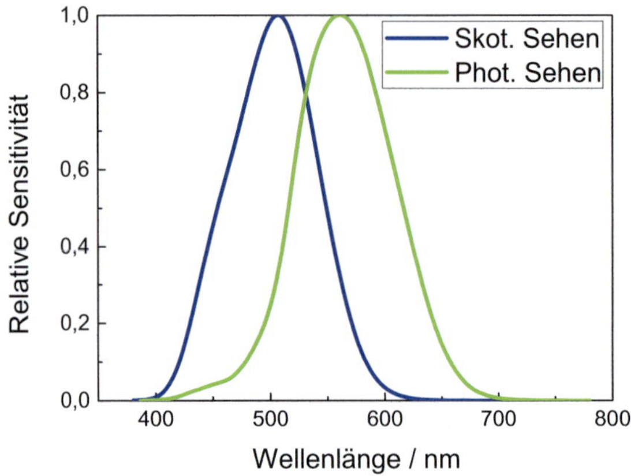

Abb. 2.4.1: $V(\lambda)$ –Kurven für das skotopische Sehen (blau) und das photopische Sehen (grün).

2.4 Lichttechnische Größen

Elektromagnetische Wellen werden vom menschlichen Auge nur in einem relativ kleinen Spektralbereich wahrgenommen. Sichtbares Licht liegt im Wellenlängenbereich von $\lambda = 380\,$nm bis $780\,$nm[5]. Das menschliche Auge besitzt eine stark wellenlängenabhängige Sensitivität. Dies bedeutet, dass bei gleicher optischer Leistung in Watt zwei unterschiedliche Wellenlängen unterschiedlich hell wahrgenommen werden. Aus diesem Grund werden Lichtquellen zumeist nicht mit radiometrischen Einheiten (physikalischen Einheiten), sondern mit photometrischen Einheiten, die die Wellenlängensensitivität des Auges mit berücksichtigen, beschrieben. Die Sensitivität des Auges wird über die sogenannte $V(\lambda)$ –Funktion berücksichtigt. $V(\lambda)$ ist eine empirisch erhobene Größe, welche von der CIE[6] standardisiert wurde [170–172]. Man unterscheidet dabei photopisches (Tag-) und skotopisches (Nacht-) Sehen. Abbildung 2.4.1 zeigt die entsprechenden $V(\lambda)$ –Kurven. Lichttechnische Größen be-

---

[5]Dies kann von Person zu Person variieren. Deshalb wird manchmal der sichtbare Bereich auch mit 400 nm bis 800 nm angegeben.

[6]Die internationale Beleuchtungskomission (franz. *Commission internationale de l'éclairage*, CIE)

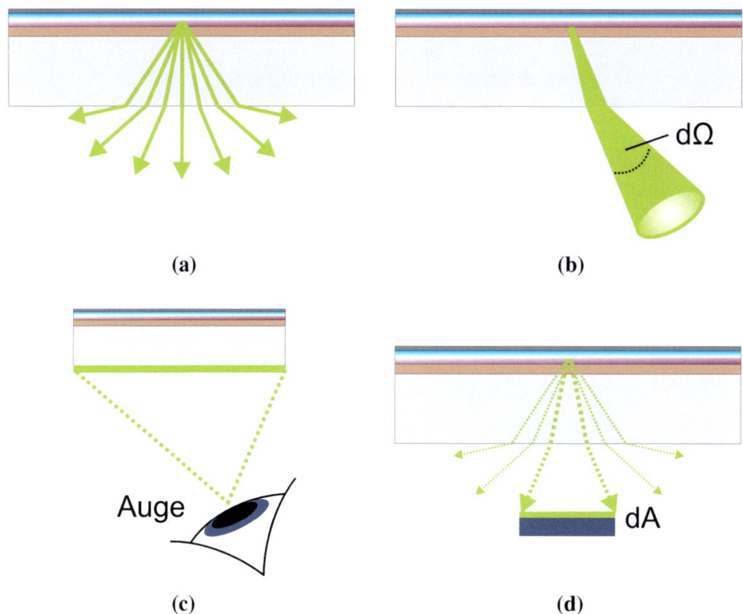

Abb. 2.4.2: Veranschaulichung der lichttechnischen Grundgrößen. (a) Lichtstrom ist die gesamte von der Lichtquelle emittierte Strahlungsleistung. (b) Die Lichtstärke ist die in einen Raumwinkel $d\Omega$ emittierte optische Leistung. (c) Die Leuchtdichte ist die vom Betrachter empfundene Helligkeit einer Fläche. (d) Die Beleuchtungsstärke ist die von einer Lichtquelle auf einem Flächensegment dA ankommende Lichtintensität.

rücksichtigen eben jene wellenlängenabhängige Sensitivität des menschlichen Auges und werden im folgenden Abschnitt erläutert.

2.4.1 Die 4 lichttechnischen Grundgrößen

Lichtstrom

Sämtliche von einer Lichtquelle emittierte Leistung, genauer der Strahlungsfluss, ist das radiometrische Äquivalent zum Lichtstrom, welcher in Abbildung 2.4.2a veranschaulicht ist. Die Einheit des Lichtstroms Φ ist Lumen [lm]. Er berechnet sich wie folgt:

$$\Phi = K_{\mathrm{m}} \int_{380\,nm}^{780\,nm} \phi_{e\lambda}\left(\lambda\right) \cdot V\left(\lambda\right) d\lambda. \qquad (2.4.1)$$

Dabei entspricht $\phi_{e\lambda}\left(\lambda\right)$ der spektralen Strahlungsleistung in $\frac{\mathrm{W}}{\mathrm{nm}}$, K_{m} dem (maximalen) photometrischen Strahlungsäquivalent von 683 $\frac{\mathrm{lm}}{\mathrm{W}}$ und $V\left(\lambda\right)$ der wellenlängenabhängigen Sensitivität des menschlichen Auges.

Effizienzen von Lichtquellen werden in $\frac{\mathrm{lm}}{\mathrm{W}}$ (Lumen pro Watt) angegeben. Diese Größe wird als Lichtausbeute bezeichnet und verknüpft die spektral gewichtete emittierte optische Leistung mit der von der Lichtquelle aufgenommenen elektrischen Leistung.

Lichtstärke

Die Lichtstärke I ist die emittierte Strahlungsleistung einer Lichtquelle in eine bestimme Raumrichtung, siehe Abbildung 2.4.2b. Sie ergibt sich daher zu

$$I = \frac{d\Phi}{d\Omega}, \qquad (2.4.2)$$

wobei $d\Omega$ dem Raumwinkel und Φ dem Lichtstrom entspricht. Das radiometrische Äquivalent ist die Strahlungsintensität. Die Lichtstärke besitzt die Einheit Candela [cd] und ist eine der sieben SI-Einheiten[7]. Im Zusammenhang mit LEDs und OLEDs werden Effizienzen oftmals auch mit der sogenannten Stromeffizienz in $\frac{\mathrm{cd}}{\mathrm{A}}$ (Candela pro Ampere) angegeben. Bei dieser Größe bleiben Spannungsabfälle unberücksichtigt. Die Stromeffizienz verknüpft also die emittierte Lichtstärke mit der durch das Bauteil fließenden Stromstärke.

Leuchtdichte

Die Leuchtdichte kann selbstleuchtende oder beleuchtete Flächen beschreiben. Sie ist ein Maß für die vom Betrachter empfundene Helligkeit der entsprechenden Fläche, genauer, sie beschreibt die in eine Raumrichtung ausgegebene

---

[7]Internationale Einheitensystem (franz. *Système international d'unités*, SI)

Dichte der Strahlung einer Fläche (vergleiche Abb. 2.4.2c). Die Leuchtdichte L besitzt deshalb die Einheit $\frac{cd}{m^2}$ (Candela pro Quadratmeter) und berechnet sich wie folgt:

$$L = \frac{d^2\Phi}{d\Omega \cdot dA \cdot cos(\varepsilon)},$$ (2.4.3)

wobei dA das betrachtete Flächenelement ist und ε der Winkel zwischen dem Betrachter und der Flächennormalen. Die Effizienz von OLEDs wird oft bei einer bestimmten Leuchtdichte ($\hat{=}$ Helligkeit) angegeben. So sind beispielsweise gängige Display-Leuchtdichten bei ca. 200-300 $\frac{cd}{m^2}$, während für die Allgemeinbeleuchtung (in Räumen) typischerweise Leuchtdichten von ca. 1000 $\frac{cd}{m^2}$ benötigt werden.

Beleuchtungsstärke

Die Beleuchtungsstärke E ist ein Maß für den Lichteinfall auf eine Fläche dA (siehe Abb. 2.4.2d). Dabei spielt die Fläche selbst und die Art des Lichteinfalls keine Rolle. Die Beleuchtungsstärke berechnet sich aus dem einfallenden Lichtstrom $d\Phi$ wie folgt:

$$E = \frac{d\Phi}{dA}.$$ (2.4.4)

Die Beleuchtungsstärke besitzt die Einheit Lux [lx].

2.4.2 Farbkoordinaten und Farbwiedergabe

Farben werden typischerweise über die Farbkoordinaten der CIE-Normfarbtafel (Farbdreieck) angegeben [173], welche in Abbildung 2.4.3 dargestellt ist. Das Farbdreieck entspricht dabei dem vom menschlichen Auge wahrnehmbaren Farbraum. Eine Farbe wird über die Angabe der x- und y-Farbkoordinaten eindeutig bestimmt. Zur Berechnung der Koordinaten benötigt man drei Normfarbwerte X, Y und Z, für die gilt:

$$X = k \int \varphi(\lambda)\bar{x}(\lambda)\,d\lambda,$$ (2.4.5)

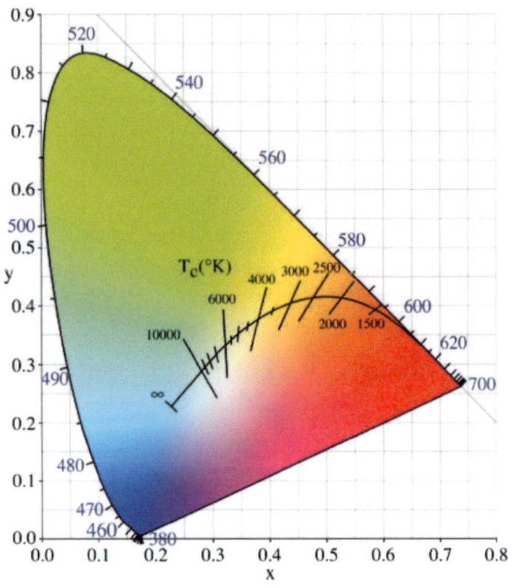

Abb. 2.4.3: Farbdreieck der CIE [174].

$$Y = k \int \varphi(\lambda)\bar{y}(\lambda)\,d\lambda, \qquad (2.4.6)$$

$$Z = k \int \varphi(\lambda)\bar{z}(\lambda)\,d\lambda. \qquad (2.4.7)$$

Hierbei entspricht $\varphi(\lambda)$ der relativen spektralen Strahlungsfunktion und $\bar{x}(\lambda)$, $\bar{y}(\lambda)$ und $\bar{z}(\lambda)$ den Normspektralwertfunktionen [175] welche in Abbildung 2.4.4 dargestellt sind. $\bar{x}(\lambda)$ und $\bar{z}(\lambda)$ beschreiben dabei die Farbart, während $\bar{y}(\lambda)$ der $V(\lambda)$–Funktion entspricht und die Helligkeit bestimmt. Die Farbkoordinaten im CIE-Farbdreieck berechnen sich daraus wie folgt:

$$x = \frac{X}{X+Y+Z}, \qquad (2.4.8)$$

$$y = \frac{Y}{X+Y+Z}. \qquad (2.4.9)$$

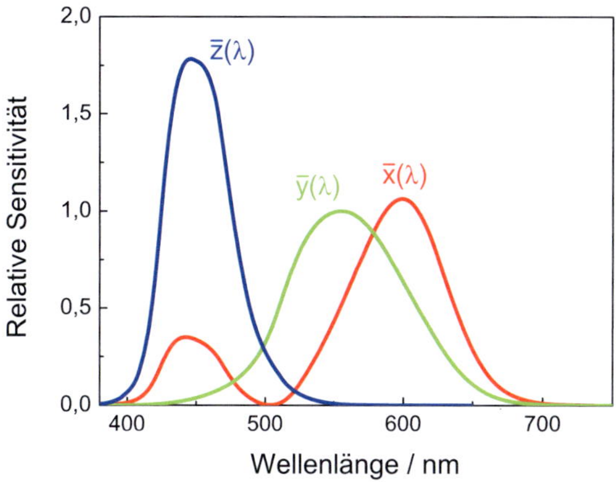

Abb. 2.4.4: Die drei standardisierten Normspektralwertfunktionen nach CIE.

Der Farbeindruck eines Spektrums ist durch die Farbkoordinaten eindeutig bestimmt. Eine weitere wichtige Größe in diesem Zusammenhang ist der Farbwiedergabeindex (engl. *color rendering index*, CRI). Er ist ein Maß dafür, wie eine Lichtquelle Farben wiedergeben kann. So kann eine Lichtquelle, welche aus zwei Linienstrahlern besteht, durchaus weißes Licht erzeugen, bei weitem aber nicht alle Farben wiedergeben. Der Farbwiedergabeindex errechnet sich nach der CIE Norm „15.3 Colorimetry". Eine klassische Glühlampe hat z.B. den maximalen Wert 100.

3 Methoden und Materialien

Dieses Kapitel soll einen Überblick über die verschiedenen Fabrikations- und Charakterisierungsmethoden geben, die in dieser Arbeit verwendet wurden. Es werden zunächst die Herstellung der verwendeten organischen Leuchtdioden (OLEDs) und die dazu nötigen Prozesse erläutert. Weiterhin wird die im Rahmen dieser Arbeit in vielfältiger Weise verwendete Fotolithografie erläutert. Die Herstellung der individuellen Mikro- und Nanostrukturen, die für die externe, interne und kombinierte Lichtauskopplung verwendet wurden, werden in den entsprechenden Ergebniskapiteln beschrieben. Des Weiteren werden in diesem Kapitel die in dieser Arbeit verwendeten Materialien sowie die Mess- und Charakterisierungsmethoden vorgestellt.

3.1 Dünnschichtprozessierung

Im Rahmen dieser Arbeit wurden Metalle, Dielektrika, organische Materialien, Fotolacke und Silikone in unterschiedlichster Weise prozessiert. Hierfür kamen im Wesentlichen zwei unterschiedliche Methoden zum Einsatz. Zum einen wurden Materialien flüssig abgeschieden, zum anderen über diverse Aufdampfverfahren aufgebracht. Im Folgenden sollen die für diese Arbeit wichtigsten Prozesse beschrieben werden.

3.1.1 Aufdampfverfahren

Thermisches Verdampfen

Das im Rahmen dieser Arbeit am häufigsten verwendete Aufdampfverfahren ist das thermische Aufdampfen. In Abbildung 3.1.1a ist das Prinzip dargestellt. Das zu verdampfende Material wird in einen Heiztiegel gegeben, welcher durch sehr hohe Ströme erhitzt wird bis das Material verdampft. Dies findet in einer Hochvakuumanlage statt, so dass das Material möglichst defektfrei an der entsprechenden Probe kondensieren kann. Über einen Schwingquarz, welcher sich in der Nähe der zu bedampfenden Probe befindet, kann die Schichtdicke kontrolliert werden[1]. Die Probe rotiert während der Bedampfung um die vertikale Achse, so dass eine möglichst homogene Schicht entsteht. Zur Strukturierung der aufgedampften Schicht werden normalerweise Schattenmasken eingesetzt.

Das thermische Aufdampfen wurde im Rahmen dieser Arbeit im Wesentlichen für Metalle (vor allem Elektroden) und diverse Salze verwendet. Es ist aber auch möglich, auf diese Weise organische Materialien zu verdampfen. Dies findet insbesondere bei der Prozessierung von OLEDs auf Basis Kleiner Moleküle (vergleiche Abschnitt 2.1.6) Anwendung. Über eine Co-Verdampfung (mehrere Quellen werden gleichzeitig geheizt) können so dotierte Schichten hergestellt werden. Der große Vorteil dieses Verfahrens ist, dass prinzipiell beliebig viele Schichten aufeinander abgeschieden werden können.

---

[1]Der Schwingquarz wird mit bedampft. Durch die zusätzlich aufgebrachte Masse ändert sich die Resonanzfrequenz. Diese Änderung wird als Messsignal für die Schichtdicke verwendet.

Dies ist der Grund, warum heutige hocheffiziente OLEDs im Wesentlichen aus (thermisch) aufgedampften Schichten bestehen [2, 6, 7] (siehe auch Abschnitt 2.2.1 und 2.2.3).

Elektronenstrahlverdampfen

Das Elektronenstrahlverdampfen eignet sich hauptsächlich für Materialien mit sehr hohem Schmelz- und Siedepunkt [176, 177]. Der Unterschied zum thermischen Verdampfen ist hierbei, dass das Material nicht über das Erhitzen eines Tiegels verdampft wird. Über ein elektrisches Feld werden Elektronen, welche an einem heißen Filament austreten, entsprechend beschleunigt und durch ein Magnetfeld auf das zu verdampfende Material gelenkt (siehe Abbildung 3.1.1b). Somit lassen sich stark lokalisiert hohe Temperaturen erreichen. Materialien, welche einen höheren Siedepunkt als ihre entsprechenden Tiegel haben, können so verdampft werden, ohne dass der Tiegel dabei schmilzt. Das Elektronenstrahlverdampfen findet wie das thermische Verdampfen ebenfalls unter Vakuum statt. Die Schichtdicke kann hier ebenfalls über einen Schwingquarz kontrolliert werden. In dieser Arbeit wurde das Verfahren im Wesentlichen zur Abscheidung von Oxiden verwendet, wie z.B. TiO_2 und SiO_2.

Sputtern

Sputtern (engl. *to sputter, zerstäuben*) ist genau genommen kein Aufdampfprozess. Bei dieser Art der Materialdeposition wird das abzuscheidende Material (sog. Target) in ein ionisiertes Gas (Plasma) gebracht. Die Ionen werden beschleunigt und schlagen Atome aus dem Target heraus, welche sich auf der entsprechenden Probe abscheiden (siehe Abbildung 3.1.1c). Man unterscheidet Sputterprozesse je nach Art der Beschleunigung des ionisierten Gases (z.B. Argon) in DC- (Gleichspannung), HF- (Hochfrequenz-) und Magnetron-Sputtern [178]. Im Gegensatz zu den oben genannten Aufdampfverfahren wird so die Probe vollständig beschichtet, d.h. z.B. dass auch Seitenkanten auf Strukturen etc. beschichtet werden. Aus diesem Grund eignen sich gesputterte Schichten weniger für Lift-Off Prozesse (siehe Abschnitt 3.3). Im Rahmen

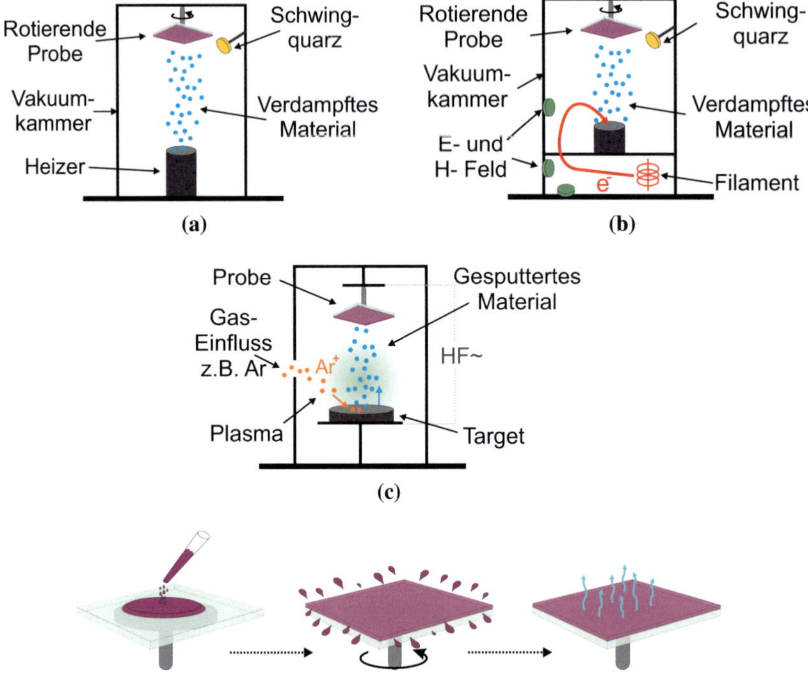

Abb. 3.1.1: Prinzipien verschiedener Prozesse zur Dünnschichtdeposition. (a) Thermisches Aufdampfen: Ein Heizer erwärmt das Material bis es verdampft. (b) Elektronenstrahlverdampfen: Elektronen werden über ein E-Feld beschleunigt und über ein H-Feld auf das Material gelenkt. Das Material wird lokal erhitzt und verdampft. (c) Sputtern: Gas (hier Argon) wird in eine Kammer geleitet, in welcher ein Plasma gezündet wird. Die Ionen schlagen Atome aus dem Target heraus, welche auf der Probe abgeschieden werden. Hier dargestellt: HF-Sputtern. (d) Spincoating: Ein in einem Lösemittel gelöstes Material wird auf ein Substrat gebracht. Das Substrat wird schnell rotiert, so dass das Lösemittel soweit verdampft, dass eine dünne Schicht auf dem Substrat entsteht.

dieser Arbeit wurde im wesentlichen HF-Sputtern verwendet um Indiumzinn-oxid abzuscheiden.

3.1.2 Flüssigprozessierung

Zur Prozessierung von Materialien aus der Flüssigphase existieren eine Reihe von verschiedenen Verfahren. So gibt es unterschiedliche Druckverfahren, das Rakeln, die Sprühbeschichtung oder die Tauchbeschichtung (engl. *dip coating*), um nur einige zu nennen. Bei allen Verfahren wird das entsprechende Material in einem geeigneten Lösungsmittel gelöst, um diese Lösung auf einem Substrat abzuscheiden. In dieser Arbeit wurde im Wesentlichen das Verfahren der Rotationsbeschichtung (engl. *spincoating*) verwendet, welches im Folgenden näher erläutert werden soll.

Spincoating

In Abbildung 3.1.1d ist der Prozessablauf des Spincoatings dargestellt. Ein in einem Lösemittel gelöstes Material wird mit einer Pipette gleichmäßig auf dem zu beschichtenden Substrat verteilt und anschließend definiert rotiert. Das Substrat wird dabei über eine Vakuumpumpe an den sog. „Chuck", den Substrathalter, angesaugt. Die Rotation erfolgt häufig in zwei Stufen. In der ersten Stufe wird das Substrat langsam gedreht, damit sich die Lösung gleichmäßig auf dem Substrat verteilen kann. In der zweiten Stufe wird die Rotationsgeschwindigkeit erhöht, die Lösung wird vom Substrat geschleudert und das Lösemittel verdampft. Es resultiert eine dünne Schicht auf dem Substrat. Je nach verwendetem Lösemittel und Material wird das fertig geschleuderte Substrat ausgeheizt um Lösemittelrückstände zu entfernen. Die resultierende Schichtdicke ist im Wesentlichen von der Viskosität der Lösung, der Umdrehungszahl und den Benetzungseigenschaften des Lösemittels auf dem Substrat abhängig. Im Rahmen dieser Arbeit wurden vor allem die organischen Materialien der OLEDs sowie diverse Fotolacke mit diesem Verfahren prozessiert.

3.2 OLED-Herstellung

Im Wesentlichen wird zwischen zwei grundlegenden Verfahren zur Herstellung von OLEDs unterschieden. Bauteile welche aus kleinen Molekülen (vergleiche Abschnitt 2.1.6) bestehen, werden unter (Hoch-) Vakuum aufgedampft während Polymer-OLEDs hingegen normalerweise flüssig prozessiert werden. Im Rahmen dieser Arbeit wurden ausschließlich solche flüssigprozessierte OLEDs auf Polymerbasis hergestellt.

3.2.1 Prozesskette und verwendetes Layout

Für diese Arbeit wurden zwei grundlegend unterschiedliche Device-Strukturen verwendet. Zum einen wurden OLEDs auf Basis von Indium-zinnoxid (ITO) Anoden hergestellt, zum anderen wurden ITO-freie Bauteile mit Polymer oder Polymer-Metall-Hybridanoden, prozessiert.

ITO-OLEDs

In Abbildung 3.2.1 sind die Prozessschritte zur Herstellung der in dieser Arbeit verwendeten ITO-basierten OLEDs dargestellt. Ein 1 mm dickes Borosilikatglas, welches mit 120 nm ITO beschichtet ist, wurde als Substrat verwendet. Die Substrate wurden auf eine Größe von 25 mm x 25 mm geschnitten. Das ITO beschichtete Substrat wurde fotolithografisch mit einem anschließenden nasschemischen Ätzprozess (vergleiche Abschnitt 3.3) strukturiert, so dass insgesamt 8 ITO-Streifen auf dem Substrat verbleiben (siehe Abbildung 3.2.1a). Die Substrate wurden nacheinander zuerst in Aceton und dann in Isopropanol für jeweils 10 min in einem Ultraschallbad gereinigt. Anschließend wurden die Substrate in einem Plasmaofen für 2 min mit einem Sauerstoffplasma behandelt, um Rückstände des Isopropanols zu entfernen und die Oberfläche hydrophil zu machen. Die Sauerstoffbehandlung von ITO erhöht außerdem die Austrittsarbeit von ITO [179–181], was im späteren Bauteil die Lochinjektion begünstigt (vergleiche Abschnitt 2.1.3). Nach der Reinigung der Substrate wurden alle folgenden Schritte in einer Glovebox unter Stickstoffatmosphäre durchgeführt.

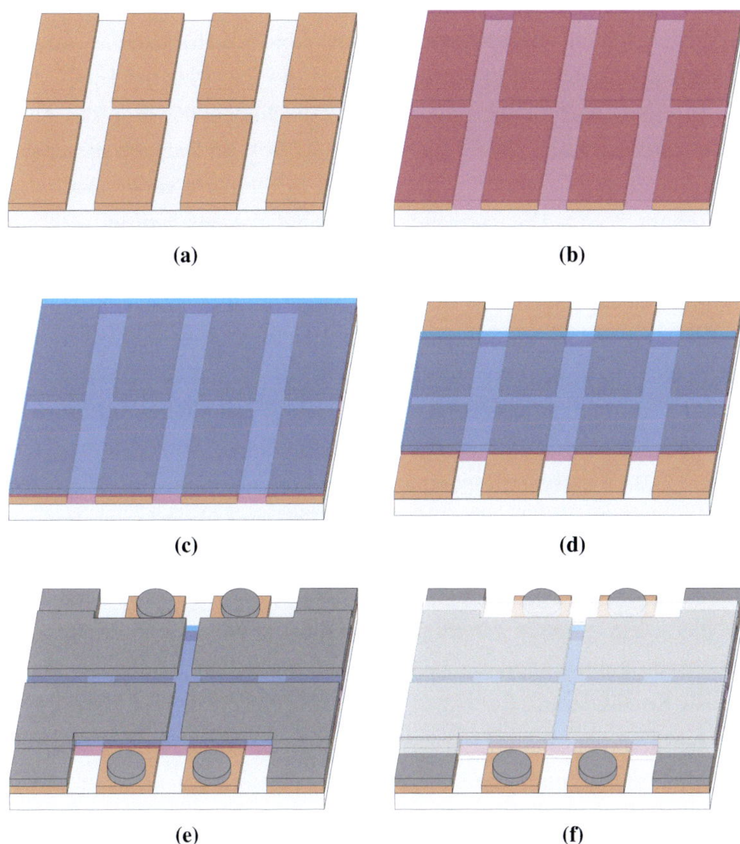

Abb. 3.2.1: Übersicht über den Herstellungsprozess der in dieser Arbeit verwendeten ITO-basierten OLEDs. (a) ITO beschichtetes Glas wurde zur Kontaktierung strukturiert. (b) PEDOT:PSS wurde per Spincoating aufgetragen. (c) Das emittierende Polymer wurde aufgeschleudert. (d) Die organischen Schichten wurden in den äußeren Bereichen mechanisch entfernt. (e) LiF und Aluminium wurden als Kathode aufgedampft. (f) Die OLED wurde verkapselt. Die äußeren Bereiche blieben zur Kontaktierung frei.

Als Lochinjektions- und Transportschicht wurde zuerst das Derivat VPAI 4083 des Polymers Poly(3,4- ethylenedioxythiophene) : poly(styrenesulfonate) (PEDOT:PSS, vergleiche Abschnitt 3.2.2) in einer ca. 20 nm dicken Schicht aufgeschleudert (siehe Abb. 3.2.1b). Um das Lösemittel Wasser aus der Schicht zu entfernen, wurden die Substrate bei 130 °C für ca. 30 min in einem Vakuumofen ausgeheizt. Anschließend wurde das emittierende Polymer aufgeschleudert (siehe Abb. 3.2.1c). Im Rahmen dieser Arbeit wurden diverse emittierende Polymere und Co-Polymere verwendet (vergleiche Abschnitt 3.2.2). Die verwendete Schichtdicke des Emittermaterials in den OLEDs ist dabei vom verwendeten Emitter abhängig.

Zur späteren Kontaktierung wurde die Organik in den äußeren Bereichen der vollständig bedeckten Substrate mechanisch entfernt. Als Elektroneninjektionsschicht bzw. Kathode wurde zunächst eine 1 nm dicke Schicht Lithiumfluorid (LiF) und anschließend eine 200 nm dicke Aluminiumschicht (Al) unter Hochvakuum (ca. 10^{-7} mbar) aufgedampft. Die Strukturierung wie in Abbildung 3.2.1e dargestellt erfolgte dabei über eine beim Aufdampfprozess verwendete Schattenmaske. Damit die OLEDs unter Umgebungsatmosphäre betrieben werden können, wurden sie verkapselt, wodurch sie vor Sauerstoff und Feuchtigkeit geschützt werden. Mit einem Epoxy (UHU plus endfest 300) wurde hierzu ein weiteres gereinigtes Glassubstrat aufgeklebt, um die OLED sandwichartig einzuschließen. Dabei bleiben die äußeren Bereiche des Substrates zur Kontaktierung frei zugänglich (siehe Abbildung 3.2.1f).

Jede fertig verkapselte OLED hat somit 4 Leuchtflächen mit jeweils einer Größe von 5 mm x 5 mm. Die äußeren 4 ITO-Streifen kontaktieren dabei die Kathode, die inneren 4 Streifen jeweils die zugehörige Anode.

ITO-freie OLEDs

Die in dieser Arbeit verwendeten ITO-freien OLEDs unterscheiden sich in Layout und Herstellungsprozess (siehe Abbildung 3.2.2) gegenüber den ITO-OLEDs. Als Substrat diente ebenfalls ein 1 mm dickes Borosilikatglas, welches wie bei den ITO-basierten OLEDs in Aceton, Isopropanol und einem

Sauerstoffplasma gereinigt wird. Die Prozessierung der ITO-freien Anoden fand ebenfalls in einer Glovebox unter Stickstoffatmosphäre statt.

Als Anodenmaterial wird das Polymer PEDOT:PSS in Form des hochleitfähigen Derivates Clevios PH 1000 verwendet. Dieses wird in einer ca. 80 nm dicken Schicht (siehe Abbildung 3.2.2a) aufgeschleudert. Zur späteren Kontaktierung wurde das PH 1000 strukturiert. Hierzu wurde ein 13 mm breites Glasplättchen als Maskierung auf die Schicht gelegt und mit Dicing-Tape[2] auf dem OLED-Substrat fixiert. Die freibleibenden PH 1000 Bereiche wurden in einem Sauerstoffplasma 6 min lang geätzt. Es resultiert ein 13 mm breiter PH 1000 Streifen auf dem Substrat (siehe Abb. 3.2.2b). Diese Schicht wurde anschließend für ca. 30 min in einem Vakuumofen bei 130 °C ausgeheizt. Darauf folgend wurde das emittierende Polymer aufgeschleudert (siehe Abb. 3.2.2c). Um später die Anode zu kontaktieren wurde mit einem in Toluol getränkten fusselfreiem Wattestäbchen das emittierende Polymer an den äußeren Bereichen des PEDOT-Streifen entfernt (siehe Abbildung 3.2.2d). Daraufhin wurde wie bei der Herstellung der ITO-basierten OLEDs die Kathode aus LiF und Al aufgedampft (Abb. 3.2.2e) und das fertige Device verkapselt (Abb. 3.2.2f). Die ITO-freien OLEDs haben ebenfalls vier 5 mm x 5 mm große Leuchtflächen.

3.2.2 Verwendete Materialien und Parameter

Im Folgenden sollen die wichtigsten im Rahmen dieser Arbeit verwendeten OLED-Materialien für Anode, Transport- und Emissionsschichten sowie Kathoden vorgestellt werden.

ITO

Indiumzinnoxid ist das für OLEDs am weitesten verbreitete Anodenmaterial und wurde im Rahmen dieser Arbeit entweder bereits fertig prozessiert auf Glas (bzw. PET, siehe Kapitel 7) erworben oder eigens gesputtert (siehe Kapitel 6). ITO ist ein elektrisch leitfähiges Metalloxid, welches sich aus

---

[2]Bei Dicing-Tape handelt es sich um ein Klebeband, welches rein auf Adhäsionskräften basiert. Es arbeitet also ohne Klebstoffe und kann damit rückstandsfrei entfernt werden.

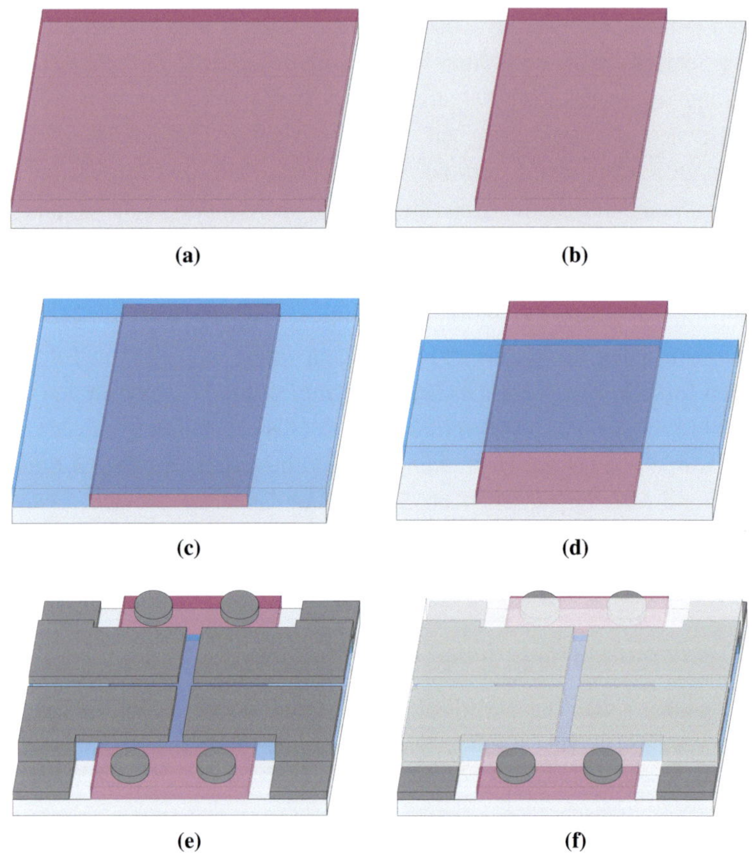

Abb. 3.2.2: Übersicht über den Herstellungsprozess der in dieser Arbeit verwendeten ITO freien OLEDs. (a) Ein gereinigtes Glassubstrat wurde mit PEDOT:PSS beschichtet. (b) PEDOT:PSS wurde durch Plasmaätzen strukturiert. (c) Das emittierende Polymer wurde aufgeschleudert. (d) Das Emittermaterial wurde im äußeren Bereich des Substrats entfernt. (e) Die Kathode aus LiF und Aluminium werden aufgedampft. (f) Verkapselung der OLED.

Indiumoxid und Zinnoxid zusammensetzt. Es eignet sich als Anodenmaterial, da ITO im sichtbaren Spektralbereich weitgehend transparent ist, eine relativ hohe Leitfähigkeit und eine typische Austrittsarbeit zwischen -4,7 eV und -5,0 eV besitzt [179–181]. Transparenz, Leitfähigkeit und Austrittsarbeit können dabei stark variieren und hängen von den Herstellungsparametern bzw. der Nachbehandlung der prozessierten ITO-Schichten ab. Typischerweise wird ITO gesputtert [182, 183], kann aber auch thermisch verdampft werden [184, 185]. Neben den Prozessparametern wie dem Sauerstoffgehalt des Sputtergases sind vor allem anschließende Temperatur- und Plasmabehandlungen für die Transparenz- und Leitfähigkeit des ITOs verantwortlich [186] (siehe auch Kapitel 6). Von den Prozess- und Nachbehandlungsparametern hängt außerdem der Brechungsindex ab, der zwischen 1,9 und 2,1 liegt [187].

PEDOT:PSS

Die Polymere PEDOT (Poly-3,4-ethylendioxythiophen) und PSS (Polystyrolsulfonat) bilden das leitfähige Polymer PEDOT:PSS, welches ein weit verbreitetes Lochinjektions- und Transportmaterial insbesondere bei flüssigprozessierten OLEDs ist. PEDOT:PSS ist in Wasser dispergiert, und kann in verschiedenen Derivaten bezogen werden. Diese unterscheiden sich in der Leitfähigkeit, Transparenz, dem PH-Wert, dem Feststoffgehalt und der Lage der HOMO/LUMO-Niveaus. Typische Werte für die Lage des HOMO-Niveaus liegen zwischen -4,8 eV und -5,2 eV, während die Lage des LUMO-Niveaus zwischen -2,4 eV und -2,6 eV variiert [188, 189]. Das im Rahmen dieser Arbeit verwendete PEDOT:PSS wurde von der Heraeus Precious Metals GmbH & Co. KG bezogen. Es kamen im Wesentlichen die Derivate VPAI 4083 und PH 1000 zum Einsatz.

VPAI 4083 eignet sich mit einem HOMO-Niveau von etwa -5,1 eV bis -5,2 eV [190] als Lochinjektions- und Transportmaterial. Das vom Hersteller erworbene VPAI 4083 wurde vor der Prozessierung zunächst mit einem hydrophilen 0,22 µm Partikelfilter gefiltert und mit deionisiertem Wasser im Verhältnis 1:1 verdünnt.

Das Derivat PH 1000 zeichnet sich durch eine besonders hohe Leitfähigkeit aus [191]. Beispielsweise kann durch die Zugabe von Dimethylsulfoxid (DMSO) die elektrische Leitfähigkeit stark erhöht werden [188], so dass Leitfähigkeitswerte erreicht werden können, die es ermöglichen, PEDOT:PSS als Anodenmaterial in OLEDs einzusetzen [87, 192, 193]. Die erworbene PH 1000 Lösung wurde mit einem hydrophilen 0,45 µm Partikelfilter vor der Prozessierung gefiltert. Weiterhin wurden 5 Vol.-% DMSO zur Erhöhung der Leitfähigkeit und 5 Vol.-% Isopropanol zur besseren Benetzung der Substrate hinzugegeben.

Emitter-Materialien

Im Wesentlichen wurden im Rahmen dieser Arbeit vier verschiedene emittierende Polymere verwendet, die von der Merck OLED Materials GmbH bezogen wurden.

- **Weiß emittierende Co-Polymere:** Als Hauptkette (engl. *backbone*) weiß emittierender Co-Polymere dient ein blau emittierendes Polymer, welches entsprechend mit rot und grün emittierenden Monomeren ergänzt wird [136, 137, 141]. Durch Variation der Rot- und Grünanteile kann so die Emissionsfarbe eingestellt werden. Der Vorteil solcher Emitter ist, dass mit nur einer Schicht eine OLED mit einer weißen Emission erreicht werden kann (vergleiche Abschnitt 2.2.3). Typischerweise zeigen Bauteile auf Basis solcher Co-Polymere eine spannungsabhängige Farbverschiebung der Emission. Diese kann mit dem Trapping von Elektronen im roten Anteil des Polymers und einem ungeblockten Durchwandern des Bauteils der Ladungsträger (vgl. Abschnitt 2.2.1) erklärt werden [194]. Bei den in dieser Arbeit verwendeten weiß emittierenden Co-Polymeren handelt es sich um Poly(Spirobifluoren) Derivate. Die drei verwendeten Co-Polymere SPW087, SPW093 und SPW111 der Merck OLED Materials GmbH unterscheiden sich im Wesentlichen durch ihre Molmassen. Die Co-Polymere wurden in dehydriertem Toluol in einer Konzentration von $4\,\frac{mg}{ml}$ bzw. $6\,\frac{mg}{ml}$ gelöst. Je nach Konzentration wurde so die Schichtdicke von ca. 50 nm bis ca. 70 nm variiert. So konnte gezielt die Kavität der OLEDs, und damit das Emissionsspektrum (siehe Abschnitt 2.3.4) beeinflusst werden, wodurch die weiße Emission von „warm-weiß" in „kalt-weiß" durchgestimmt werden konnte, d.h. die Rot-Anteile im Spektrum der „warm-weißen"-OLEDs sind verstärkt (vergleiche Spektren[3] in Abb. 3.2.3c). Die „kalt-weißen"-OLEDs haben einen Farbwiedergabeindex von $CRI_{KW} \approx 73$ und eine Farbtemperatur von ca. $CCT_{KW} \approx 15400\,K$. Die „warm-weißen"-OLEDs besitzen eine deutlich höhere Farbwiedergabe von $CRI_{WW} \approx 82$ bei einer Farbtemperatur von $CCT_{WW} \approx 6889\,K$.[4] In Abbildung 3.2.3a ist das Banddiagramm einer weißen OLED wie sie in dieser Arbeit verwendet wurde zu sehen. Aufgrund der verschiedenen Emittereinheiten eines Co-Polymers besitzen diese typischerweise mehrere HOMO- und LUMO-Niveaus[5]. Solche weiß-emittierenden Bauteile sind die in dieser Arbeit meistverwendeten OLEDs.

- **Blau emittierende Co-Polymere:** Für die in dieser Arbeit verwendeten blauen OLEDs wurde ebenfalls ein Co-Polymer (SPB-090-004) auf Poly(Spirobifluoren) Basis verwendet. Dieses Co-Polymer besitzt keine rote Emissionseinheit, weshalb die Emission im Blauen liegt. Das Polymer wurde in in einem dehydrierten Lösemittelgemisch aus O-Xylol und Anisol im Verhältnis 1:1 mit einer Konzentration von $8\,\frac{mg}{ml}$ verarbeitet. Die Schichtdicke des blauen Polymers in den hier gebauten OLEDs lag bei ca. 70 nm.

- **Super Yellow:** Super Yellow (SY) ist ein phenylsubstituiertes PPV-Derivat. Der kommerzielle Name „Super Yellow" rührt von seiner satten gelben Emission, mit einem Maxium bei ca. 550 nm, her. Das Emittermatierial Super Yellow ist ein weit verbreitetes „monochrom" emittierendes Polymer. In Abbildung 3.2.3b ist das Banddiagramm einer Super Yellow basierten OLED, wie sie in dieser Arbeit verwendet

---

[3]Die dargestellten Spektren wurden in Vorwärtsrichtung bei einer Leuchtdichte der OLEDs von ca. $500\,\frac{cd}{m^2}$ gemessen.

[4]Es sei angemerkt, dass der Farbwiedergabeindex eigentlich nicht nach CIE-Norm berechnet werden darf, da der Abstand zur Schwarzkörperkurve für OLEDs zu groß ist. Es ist allerdings üblich, den Farbwiedergabeindex dennoch anzugeben, da es kein anderes Maß für die Farbwiedergabe gibt.

[5]Die Lage der HOMO-Niveaus wurde über zyklische Voltammetrie, die Lage der LUMO-Niveaus über die optische Bandlücke bestimmt.

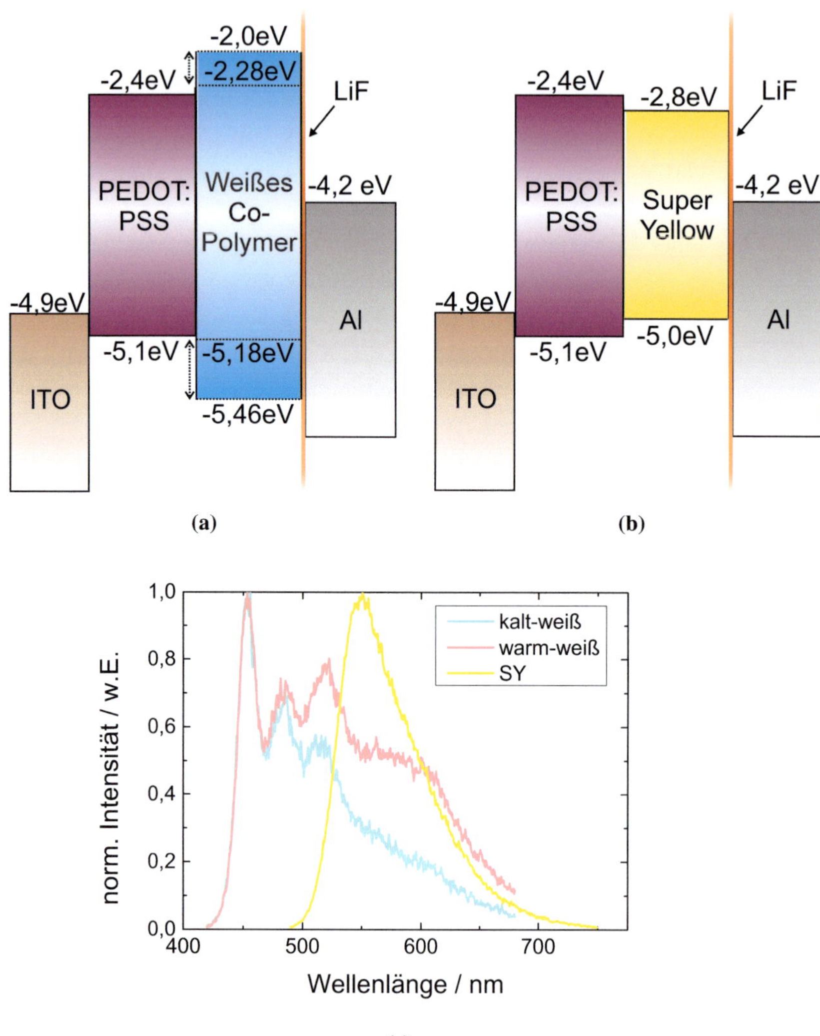

Abb. 3.2.3: (a) Banddiagramm einer weiß emittierenden OLED auf Basis von Co-Polymeren. Der Emitter hat mehrere HOMO- und LUMO-Niveaus. (b) Banddiagramm einer Super Yellow OLED. (c) Spektren der „kalt-weißen"-, „warm-weißen"- und Super Yellow-OLED.

wurde, gezeigt[6]. Zur Verarbeitung wurde Super Yellow in dehydriertem Toluol in einer Konzentration von 3 $\frac{mg}{ml}$ gelöst. Typische Schichtdicken lagen bei ca. 60-70 nm. Das Polymer zeichnet sich durch seine relativ geringe Empfindlichkeit gegenüber Sauerstoff und Wasser aus, weshalb dieses Polymer hauptsächlich für die im Rahmen dieser Arbeit hergestellten flexiblen OLEDs verwendet wurde.

- **Super Orange:** Super Orange ist wie Super Yellow phenylsubstituiertes PPV-Derivat mit etwas abgeänderten (längeren) Lumophoren zur orangenen Emission. Die Prozessparameter von Super Orange in dieser Arbeit waren dieselben wie die des Super Yellows.

In Abbildung 3.2.4 sind die vier verwendeten Emittermaterialien unter UV-Anregung in Lösung (Abb. 3.2.4a), nach dem Spincoaten als dünne Schicht (Abb. 3.2.4b) und als fertig prozessiertes Bauteil im elektrischen Betrieb (Abb. 3.2.4c) zu sehen.

Elektroneninjektion und Kathode

Als Kathode wurde im Rahmen dieser Arbeit eine kombinierte Schicht aus 1 nm Lithiumfluorid (LiF) und 200 nm Aluminium (Al) verwendet. Aluminium besitzt intrinsisch eine Austrittsarbeit von ca. -4,2 eV, weshalb die Injektionsbarriere für Elektronen hoch ist (siehe Banddiagramme in Abb. 3.2.3). Die sehr dünne Schicht LiF begünstigt dabei die Elektroneninjektion. Die injektionsbegünstigenden Eigenschaften des Salzes werden oft mit einer Aufspaltung des LiF durch Reaktion mit Aluminium in metallisches Lithium begründet, welches die Organik nahe der Elektrode n-dotiert [197–199].

3.3 Fotolithografie

Fotolithografie wird in der Regel dafür genutzt, Mikro- und Nanostrukturen in einen fotoaktiven Lack abzubilden und diese über weitere Schritte in ein anderes Material zu übertragen. Im Rahmen dieser Arbeit wurden diverse Mikro-

---

[6]Die Werte für HOMO/LUMO-Niveaus des Super Yellow entsprechen gängigen Literaturwerten [68, 195, 196]

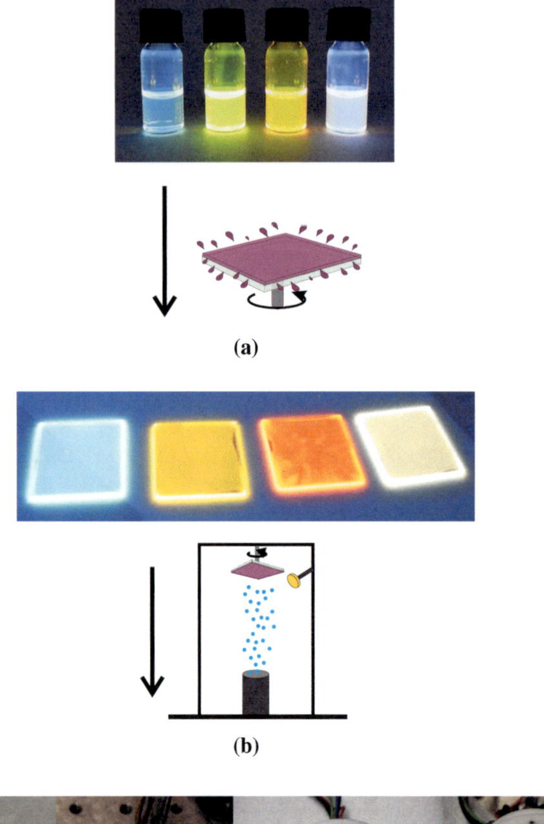

(a)

(b)

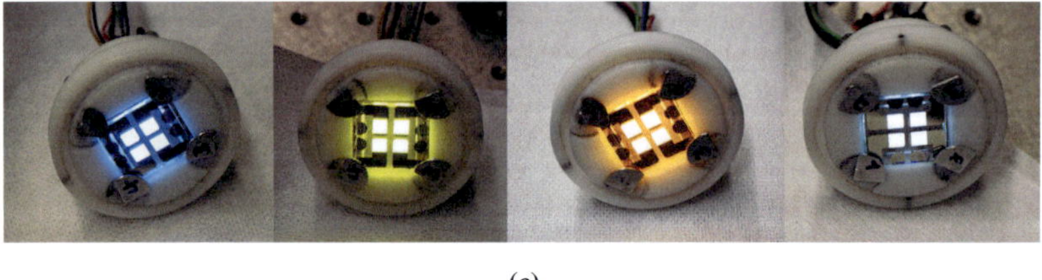

(c)

Abb. 3.2.4: Die vier in dieser Arbeit verwendeten Emittermaterialien. Von links nach rechts: Blaues Co-Polymer, Super Yellow, Super Orange, weißes Co-Polymer. (a) Unter UV-Anregung in Lösung. (b) Unter UV-Anregung als dünne Schicht. (c) Im elektrischen Betrieb als fertig prozessierte OLED.

und Nanostrukturen mit Hilfe fotolithografischer Verfahren hergestellt, weshalb die in dieser Arbeit verwendeten grundlegenden Prozesse der Fotolithografie erläutert werden sollen. Es gibt verschiedene Lithografieverfahren, Prozessabläufe und Strukturierungsverfahren, die im Folgenden nicht alle im Detail diskutiert werden können. Eine gute Übersicht findet sich in [200] wieder.

3.3.1 Prozessablauf

Ein typischer Prozessablauf der Fotolithografie ist in Abbildung 3.3.1 dargestellt. Zunächst wird ein Substrat, bspw. über Spincoating, mit einem Fotolack beschichtet (Abb. 3.3.1a). Fotolacke bestehen im Wesentlichen aus drei Komponenten: einem Polymer, einer fotoaktiven Komponente und diversen Lösemitteln. Oftmals wird zwischen Fotolack und Substrat ein Haftvermittler aufgebracht, um eine Ablösung des Lackes bei späteren Prozessschritten zu vermeiden. Um Lösemittelrückstände aus der Lackschicht zu entfernen wird das Substrat nach der Beschichtung häufig getempert (siehe Abb. 3.3.1b).

Die in den Lack zu übertragende Struktur ist auf einer Fotomaske abgebildet. Das Substrat wird durch solch eine Fotomaske mit UV-Strahlung belichtet[7] (siehe Abb. 3.3.1c). Dabei unterscheidet man zwischen der Kontaktbelichtung (Fotomaske ist in Kontakt mit dem Substrat), der Proximitybelichtung (Maske ist in geringem Abstand zum Substrat) und der Projektionsbelichtung (Maskenbild wird über ein optisches System auf den Lack abgebildet). Letztere wurde im Rahmen dieser Arbeit nicht verwendet. Je nach verwendetem Lack werden die belichteten Substrate ein weiteres mal getempert, um ggf. die fotoaktive Komponente des Lackes und damit die Vernetzung der Polymere zu aktivieren.

Anschließend werden die belichteten Substrate entwickelt. Man unterscheidet zwischen positiven und negativen Fotolacken. Positive Lacke werden bei der Lackentwicklung an den belichteten Stellen entfernt, bei negativen Lacken

---

[7]Da es sich um UV-Strahlung handelt, spricht man auch von optischer Lithografie. Es gibt lithografische Verfahren, bei denen die Belichtung bspw. mit einem Elektronen- oder Ionenstrahl vorgenommen wird. Diese Elektronenstrahllithografie wurde im Rahmen dieser Arbeit nicht verwendet. Deshalb ist im Folgenden unter Lithografie immer die optische Lithografie zu verstehen.

werden bei der Entwicklung die unbelichteten Stellen entfernt (siehe Abbildung 3.3.1d). Gegebenenfalls wird das fertig entwickelte Substrat ein weiteres mal getempert, um Entwicklerrückstände zu entfernen und/oder den stehengebliebenen Lack weiter auszuhärten.

3.3.2 Strukturübertragung

Oftmals ist es gewünscht die lithografisch hergestellte Lackstruktur auf ein anderes Material oder in eine Oberfläche zu übertragen. Man unterscheidet dabei zwischen additiven und subtraktiven Prozessen. In dieser Arbeit wurden im Wesentlichen zwei unterschiedliche Verfahren verwendet, der sogenannte Lift-Off Prozess (additiver Prozess) und verschiedene Ätzprozesse (subtraktive Prozesse).

Lift-Off

Die prinzipielle Prozessfolge des Lift-Off Verfahrens ist in Abbildung 3.3.2 dargestellt. Das mit Fotolack strukturierte Substrat (Abb. 3.3.2a) wird mit einem Material beschichtet (Abb. 3.3.2b). Die entsprechenden Metalle oder Dielektrika werden meist thermisch aufgedampft. Beschichtungsverfahren die eine komplette Oberfläche bedecken (z.B. Sputtern, vgl. Abschnitt 3.1.1) eignen sich nicht, da die Flanken der Lackstrukturen frei bleiben müssen. Anschließend an die Beschichtung wird der Fotolack inklusive dem darauf befindlichen Material mit einem geeigneten Lösemittel entfernt (engl. *lift-off*, abheben; Abb. 3.3.2c), so dass die entsprechende Struktur auf dem Substrat resultiert (Abb. 3.3.2d). Für Lift-Off Prozesse eignen sich besonders Lacke, die leicht lösbar sind (z.B. die meisten positiven Fotolacke). Außerdem sollte die Schichtdicke des Lackes für einen Lift-Off deutlich höher sein, als die entsprechende aufgebrachte Schicht.

Ätzprozesse

Im Gegensatz zum Lift-Off Verfahren wird die Lackstruktur durch Ätzprozesse auf eine bereits auf dem Substrat vorhandene Schicht übertragen (vgl.

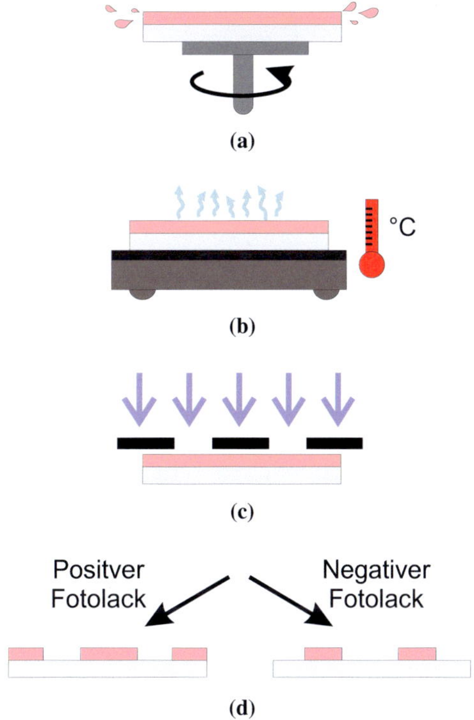

Abb. 3.3.1: Typische Prozesskette der optischen Lithografie. (a) Ein Substrat wird mit einem Fotolack beschichtet. (b) Um die Lösemittel aus der Lackschicht zu entfernen wird das Substrat getempert. (c) Das Substrat wird durch eine Fotomaske mit UV-Licht belichtet. (d) Das Substrat wird entwickelt. Man unterscheidet zwischen positiven und negativen Fotolacken. Positive Lacke: Belichtete Stellen werden gelöst. Negative Lacke: Unbelichtete Stellen werden gelöst.

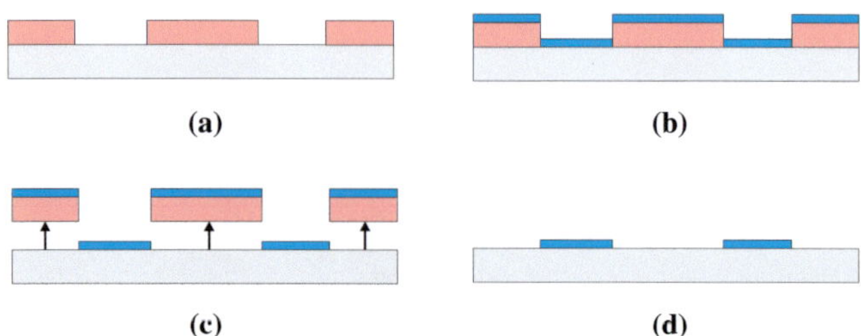

Abb. 3.3.2: Lift-Off Prozess. (a) Ausgehend von einer Lackstruktur (b) wird ein Material aufgebracht. (c) Der Lack wird mit einem Lösemittel abgehoben, so dass (d) die Struktur auf dem Substrat resultiert.

Abb. 3.3.3a), d.h. die Lackstruktur wird auf einem Metall oder Dielektrikum prozessiert. Sie dient dann als Maske für den Ätzprozess (siehe Abb. 3.3.3b). Wichtig beim Ätzen ist daher eine Selektivität, so dass nur das entsprechende Material und nicht die Lackmaske oder das Substrat abgetragen wird (siehe Abb. 3.3.3c). Die Lackmaske wird anschließend mit einem geeigneten Lösemittel entfernt (siehe Abb. 3.3.3d). Man unterscheidet dabei zwischen diversen Ätzverfahren:

- **Nasschemisches Ätzen:** Dabei wird die Probe in ein entsprechendes Ätzbad gegeben. Die vom Lack ungeschützten Stellen werden abgetragen. Nasschemisches Ätzen ist stark isotrop, d.h. der Ätzprozess läuft in alle Richtungen gleich schnell ab. Aus diesem Grund unterätzt man mit dem nasschemischen Verfahren typischerweise die Lackstruktur, weshalb sich das Verfahren nur für Strukturgrößen eignet, welche deutlich größer sind als die zu ätzende Schichtdicke. Ein großer Vorteil dieses Verfahrens ist die hohe Selektivität durch die Verwendung einer entsprechenden Ätzlösung. Nasschemisches Ätzen kam im Rahmen dieser Arbeit z.B. bei der Strukturierung der ITO-beschichteten Glassubstrate zum Einsatz (z.B. Leiterbahnenlayout, vgl. Abschnitt 3.2.1).

- **Plasmaätzen:** Dabei wird die zu ätzende Probe in ein Plasma gegeben. Die Ionen des Plasmas werden durch ein angelegtes hochfrequentes Feld beschleunigt, so dass die Ionen durch ihre kinetische Energie

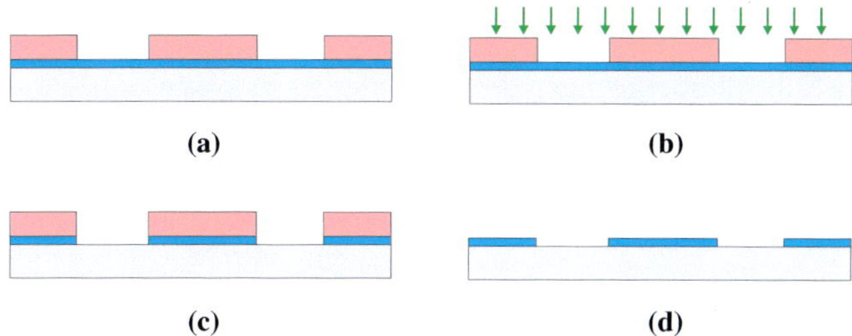

Abb. 3.3.3: Ätzprozess. (a) Die Lackstruktur befindet sich auf der Oberfläche die strukturiert werden soll. (b) An den lackfreien Stellen wird das Material abgetragen, (c) so dass die Oberfläche strukturiert wird. (d) Die Lackmaske wird mit einem entsprechenden Lösemittel entfernt.

Atome aus der Oberfläche herausschlagen. Aus diesem Grund weist Plasmaätzen eine geringe Selektivität auf, weswegen bei diesem Prozess eine widerstandsfähige Maskierung zur Strukturierung nötig ist. Der Vorteil dieses Verfahren ist, dass es aufgrund der starken Richtungsabhängigkeit der beschleunigten Ionen stark anisotrop ist. Plasmaätzen wurde im Rahmen dieser Arbeit im Wesentlichen zur Strukturierung der verwendeten Polymeranoden (siehe auch Abschnitt 3.2.1) verwendet.

- **Reaktives Ionenätzen:** Dieses Verfahren ähnelt dem Plasmaätzen. Die verwendeten Gase sind allerdings chemisch reaktiv (z.B. Fluor, Chlor, etc.), weshalb die Selektivität stark erhöht ist. Dieses Ätzverfahren wurde im Rahmen dieser Arbeit nicht verwendet.

3.3.3 Verwendete Fotolacke

Haftvermittler

Zur besseren Haftung des Fotolacks wurden im Rahmen dieser Arbeit im Wesentlichen zwei unterschiedliche Haftvermittler verwendet. Für positive Fotolacke wurde Hexamethyldisilazan (HMDS) verwendet, welches über einen Exsikkator aufgebracht wurde. Für negative Fotolacke wurde hauptsächlich der titanhaltige Haftvermittler TI Prime (MicroChemicals GmbH) verwendet, welcher mittels Spincoating aufgetragen wurde. Beide Haftvermittler basieren darauf, die Substratoberfläche hydrophob werden zu lassen, weshalb die meist unpolaren Fotolacke dann bessere Haftungseigenschaften aufweisen.

ma-P 12xx

Bei den Fotolacken aus der Reihe „ma-P 12xx" handelt es sich um positive Fotolacke der Firma „micro resist technology GmbH". Diese Lacke wurden mit unterschiedlichen Feststoffkonzentrationen verwendet, welche durch „xx" angegeben werden (siehe [201]). Die am häufigsten verwendeten Formulierungen waren in dieser Arbeit ma-P 1205 und ma-P 1215. Die ma-P Fotolacke zeichnen sich durch ihre relativ einfache Verarbeitung und ihre hohe Beständigkeit bei Ätzprozessen aus. Außerdem eignen sich diese Lacke für Lift-Off Prozesse, da sie sich sehr leicht mit vielen Lösemitteln wie Aceton, Isopropanol, Ethanol, etc. lösen lassen.

AR-P 31xx

Bei der Fotolackreihe „AR-P 3100" der Firma „Allresist GmbH" handelt es sich ebenfalls um einen positiven Fotolack. Auch hier unterscheiden sich die Formulierungen durch den Feststoffanteil (siehe [202]). In dieser Arbeit wurde dabei hauptsächlich die Formulierung AR-P 3120 und AR-P 3170 verwendet. Diese Lacke zeichnen sich durch ihren sehr hohen Kontrast und damit einhergehend dem sehr hohen Auflösungsvermögen aus. Die Lacke der AR-P Reihe lassen sich in sehr dünnen Schichten (<500 nm) applizieren und mit polaren Lösemitteln wie Aceton entfernen. Die AR-P Reihe eignet sich daher auch für die Herstellung von Nanostrukturen.

SU-8

Der Fotolack SU-8 (von MicroChem Corp.) ist wohl einer der weit verbreitetsten Fotolacke. Es handelt sich dabei um einen negativen Fotolack, der sich vor allem durch sein hohes Auflösungsvermögen, seine chemische, thermische und mechanische Stabilität, sowie seine Transparenz im sichtbaren Spektralbereich auszeichnet. Aus diesem Grund wird SU-8 häufig verwendet, wenn die in den Lack prozessierten Mikro- bzw. Nanostrukturen nicht weiter übertragen werden sollen, sondern permanente Lackstrukturen benötigt werden. SU-8 Formulierungen gibt es mit unterschiedlichen Feststoffanteilen und Viskositäten, weshalb mit diesem Lack Schichtdicken und damit Strukturgrößen von einigen Nanometern bis einige hundert Mikrometern möglich sind.

3.4 Mess- und Charakterisierungsmethoden

Im Folgenden sollen die Messaufbauten zur Charakterisierung der OLEDs und der entwickelten Auskoppelstrukturen vorgestellt werden. Einige analytische Verfahren und verwendete Geräte z.B. das Rasterkraftmikroskop (engl. *atomic force microscope*, AFM) oder das Rasterelektronenmikroskop (REM) werden, um den Rahmen dieser Arbeit nicht zu sprengen, nicht näher beschrieben.

3.4.1 OLED-Charakterisierung

Zur Effizienzmessung der OLEDs wurde eine Ulbricht-Kugel (U-Kugel) der Firma Gigahertz-Optik verwendet. Dabei wurde die OLED mit einer SMU (engl. *source measure unit*) betrieben (Keithley 238, Keithley Instruments Inc.). Dies ermöglichte das gleichzeitige Aufzeichnen einer Strom-Spannungs-Kennlinie und dem Messen der Effizienz in jedem Betriebspunkt.

In Abbildung 3.4.1 ist der verwendete Messaufbau schematisch dargestellt. Die Ulbricht-Kugel wird im englischen „integrating sphere" (zu deutsch „Integrationskugel") genannt, was das eigentliche Messprinzip der U-Kugel beschreibt. In dem verwendeten Aufbau wurde an einer Eintrittsöffnung, welche sehr klein gegenüber der Kugelinnenfläche ist, die zu messende OLED angebracht. Da die OLED in einen Halbraum emittiert (vgl. Abschnitt 2.3.5), wird so das gesamte Licht der OLED in die Kugel gestrahlt. Eine U-Kugel ist innen mit einer, im zu messenden Spektralbereich, diffus reflektierenden Schicht beschichtet (hier Bariumsulfat). Zwischen OLED und dem an einer zweiten Öffnung angebrachten Detektor ist eine ebenfalls diffus reflektierende Trennwand (engl. *baffle*), damit kein direkt emittiertes Licht der OLED

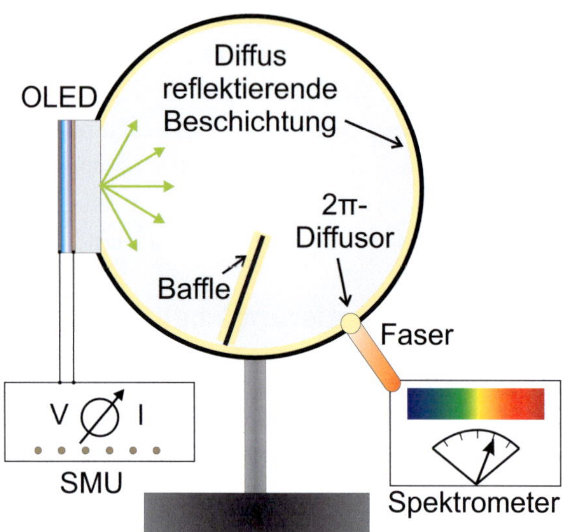

Abb. 3.4.1: Verwendeter Messaufbau zur Bestimmung des Lichtstroms und der Strom-Spannungs-Kennlinie einer OLED. Die OLED wurde über eine SMU angesteuert, der emittierte Lichtstrom wurde über eine Ulbricht-Kugel, welche an ein Spektrometer angeschlossen ist, gemessen.

detektiert wird. An eine weitere Öffnung ist vor einer multimodigen Glasfaser ein 2π-Diffusor angebracht. Die Glasfaser verbindet die U-Kugel mit einem Spektrometer (SpectraPro 300i, Acton Research Corp.) mit angeschlossener ICCD-Kamera (PI-MAX: 512, Princeton Instruments). Von einem über eine Kalibration bestimmten Faktor (Kugelfaktor) abgesehen, entspricht das so detektierte Spektrum der Integration über alle Raumrichtungen des von der OLED emittierten Lichts, also dem *Lichtstrom* der OLED. Da gleichzeitig zum Lichtstrom die von der OLED aufgenommene elektrische Leistung gemessen wurde, konnte die Effizienz (Lichtausbeute, siehe Abschnitt 2.4.1) der OLEDs gemessen werden.

Weiterhin konnten daraus weitere Kenngrößen der OLEDs bestimmt werden. Da bei den Messungen über die Integrationsdauer des Spektrometers sehr genau die Messdauer definiert war und das Spektrum in Watt pro Nanometer [$\frac{W}{nm}$] gemessen wurde, konnte spektral aufgelöst die Anzahl der

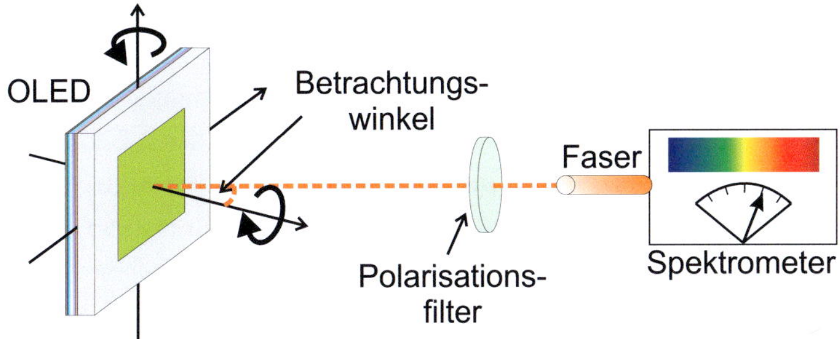

Abb. 3.4.2: Schematischer Aufbau des verwendeten Goniometers. Die OLED kann in zwei Richtungen um 180° rotiert werden. Mit einer im Fernfeld positionierten Faser kann so die Emission der OLED im kompletten Halbraum winkelaufgelöst detektiert werden. Optional kann ein Polarisationsfilter vor die Faser gebracht werden.

von der OLED emittierten Photonen pro Messintervall bestimmt werden. Daraus kann die externe Quanteneffizienz (Anzahl der emittierten Photonen pro injiziertem Elektron) der OLEDs ermittelt werden.

Unter der Annahme einer Lambertschen Abstrahlcharakteristik der OLEDs (vgl. Abschnitt 2.3.5) lässt sich die Lichtstärke und daraus die Leuchtdichte der OLEDs bestimmen. Da die Abstrahlcharakteristik der OLEDs (insbesondere durch das Applizieren einiger in dieser Arbeit entwickelten Auskoppelstrukturen) von der Lambertschen Charakteristik abweichen kann, kann die Ermittlung von Lichtstärke und Leuchtdichte fehlerbehaftet sein. Aus diesem Grund wurden in dieser Arbeit die OLEDs nicht mit den ermittelten Lichtstärken und Leuchtdichten verglichen. Diese dienen lediglich als (lichttechnische) Richtwerte für den zum Effizienzvergleich genutzten Betriebspunkt der OLEDs.

3.4.2 Messung der Abstrahlcharakteristik

Um die Abstrahlcharakteristik der OLEDs zu messen, wurde ein Goniometer, wie es schematisch in Abbildung 3.4.2 dargestellt ist, verwendet. Die OLED wurde auf einer in zwei Richtungen um 180° drehbaren Stage befestigt, wobei die zu vermessende Leuchtfläche immer in der Mitte der entsprechenden

Drehachse positioniert wurde. Während einer Messung wurde die OLED mit einem konstanten Strom betrieben, wobei wie bei den Effizienzmessungen in Abschnitt 3.4.1 eine SMU (Keithley 238) als Stromquelle diente. Eine multimodige Faser sammelt das von der OLED emittierte Licht ein, und leitet das Licht ebenfalls wieder in das Spektrometer (SpectraPro 300i, Acton Research Corp.). Optional kann vor die Faser ein Polarisationsfilter angebracht werden, um die Polarisation des emittierten Lichts untersuchen zu können. Die Faserentfernung wurde bei den durchgeführten Messungen so gewählt, dass die nummerische Apertur der Faser dem Winkelintervall der Rotation entsprach und von der Faser die gesamte Leuchtfläche „gesehen" wird. Da bei allen Messungen die Entfernung der Faser zur OLED groß gegenüber der Leuchtfläche war, kann stets von Messungen im Fernfeld der OLEDs ausgegangen werden.

Es ist mit dem in Abbildung 3.4.2 dargestellten Aufbau prinzipiell möglich, ein winkelaufgelöstes Spektrum im gesamten Halbraum durchzuführen. Da OLEDs Flächenstrahler sind, welche rotationssymmetrisch emittieren, wurden die meisten Messungen nur in einer Ebene unter einem Betrachtungswinkel von 0° bis 90° durchgeführt. Weiterhin ist es mit dem Aufbau möglich, flexible OLEDs definiert zu biegen, und deren Abstrahlcharakteristik in gebogenem Zustand zu messen (siehe Kapitel 7).

3.4.3 Transmissions- und Streumessungen

Viele der im Rahmen dieser Arbeit entwickelten Schichten und Strukturen wurden hinsichtlich ihrer Transmission bzw. Absorption untersucht und optimiert. Transmissionsmessungen wurden mit einem UV/VIS/NIR Transmissions- /Reflexions-Spektrometer (LAMBDA 1050, PerkinElmer) durchgeführt. Das Messprinzip ist in Abbildung 3.4.3 dargestellt. Es wird zwischen Messungen der direkten Transmission (siehe Abb. 3.4.3a) und der gesamten Transmission (siehe Abb. 3.4.3b) unterschieden. Bei der direkten Transmission werden zwei Lichtstrahlen gleicher Intensität betrachtet, wobei in einen der beiden Teilstrahlen das zu messende Medium gebracht wird. In einer (relativ zur Probengröße) sehr weit entfernten Position wird

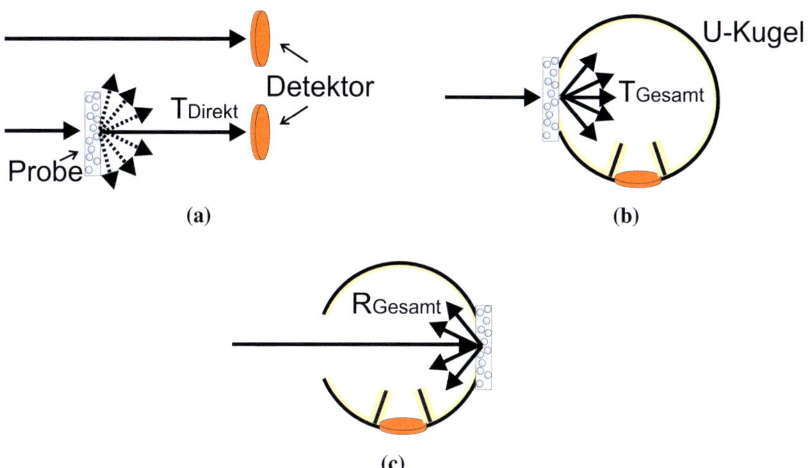

Abb. 3.4.3: Schematische Darstellung des Messprinzips eines UV/VIS/NIR Transmissions-/Reflexions-Spektrometers für die (a) direkte Transmission, (b) die gesamte Transmission und (c) die Reflexion einer Probe.

dann die Intensität der beiden Teilstrahlen detektiert und so die Transmission des Mediums bestimmt. Dabei wird nur Licht welches senkrecht durch das Substrat transmittiert wird gemessen, gestreutes Licht wird nicht detektiert. Deshalb wird bei der Messung der gesamten Transmission die Probe an der Öffnung einer U-Kugel (siehe auch Abschnitt 3.4.1) angebracht. Mit Hilfe der U-Kugel kann so das gesamte transmittierte Licht einer Probe gemessen werden. Weiterhin lässt sich durch die Probenposition in der U-Kugel (vergleiche Abbildung 3.4.3c) auch die Reflexion einer nicht spiegelnden Schicht messen. Die Absorption des entsprechenden Mediums ergibt sich dann aus der gemessenen Transmission T und Reflexion R wie folgt:

$$A = 1 - T - R. \tag{3.4.1}$$

Sämtliche in dieser Arbeit angegebenen Transmissionswerte wurden mit Hilfe einer U-Kugel gemessen, wobei bei allen angegeben Werten die Absorption des Substrates herausgerechnet wurde.

Da für einige der in dieser Arbeit entwickelten Schichten und Strukturen zur Beurteilung der Qualität ein Maß für die Streuung einer Schicht benötigt wurde, wurde ein Streukoeffizient χ_{Streu} definiert. Er ergibt sich aus dem Quotienten des gestreuten Lichts T_{Gestreut} und der Gesamttransmission T_{Gesamt} wie folgt:

$$\chi_{\text{Streu}} = \frac{T_{\text{Gestreut}}}{T_{\text{Gesamt}}} = \frac{T_{\text{Gesamt}} - T_{\text{Direkt}}}{T_{\text{Gesamt}}}. \tag{3.4.2}$$

Hier bei entspricht T_{Direkt} der direkt gemessenen Transmission eines streuenden Mediums. Für ein ideal streuendes Medium (lambertsch streuend) ergibt sich so ein Streukoeffizient von $\chi_{\text{Streu}}=1$.

3.4.4 Flächenwiderstandsmessung

Der elektrische Widerstand dünner Schichten wird über den Flächenwiderstand angegeben. Dabei muss die Flächenausdehnung sehr groß gegenüber der Schichtdicke sein. In diesem Fall gilt, dass eine quadratische Schicht, unabhängig von der Kantenausdehnung, den gleichen Widerstand besitzt. Ein Flächenwiderstand $R_\square$ hat die Einheit Ohm [Ω], wobei zur besseren Unterscheidung zum ohmschen Widerstand Flächenwiderstände oft in Ohm pro Quadrat [$\frac{\Omega}{\square}$] angegeben werden. $R_\square$ ergibt sich aus folgendem Zusammenhang:

$$R_\square = \rho \cdot \frac{L}{A}. \tag{3.4.3}$$

Hierbei entspricht L der Länge der Fläche, A der Querschnittfläche der Schicht und ρ entspricht dem spezifischen Widerstand des Materials. Der Flächenwiderstand wird oftmals über sogenannte 4-Punkt Messungen ermittelt. Im Rahmen dieser Arbeit wurde der Flächenwiderstand mit der in Abbildung 3.4.4 dargestellten Methode bestimmt. Die zu messende Schicht wurde in einem Rechteck auf einem Substrat prozessiert. An den äußeren Enden wurde Silberleitlack aufgebracht, so dass eine quadratische Schicht resultiert. Mit einem Multimeter kann nun der elektrische Widerstand der quadratischen Fläche gemessen werden. Diese Methode kann daher sowohl inert als auch unter normaler Atmosphäre durchgeführt werden.

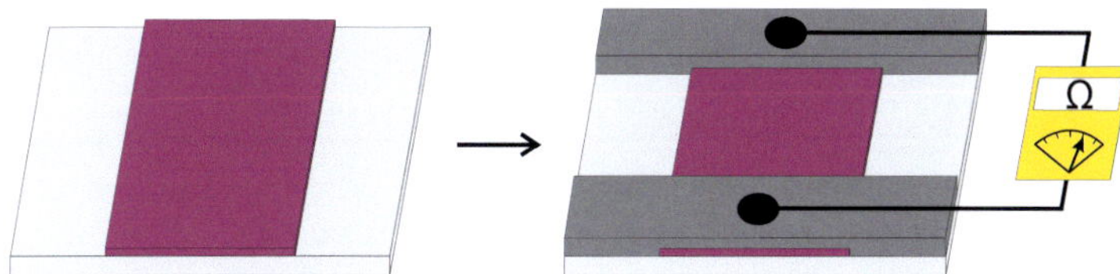

Abb. 3.4.4: Prinzip der Flächenwiderstandsmessung. Die zu messende Schicht wird rechteckig auf einem Substrat prozessiert (links). Die Enden des Rechtecks werden mit Silberleitlack überdeckt und über ein Multimeter wird so der Widerstand der quadratischen Fläche gemessen (rechts).

4 Externe Auskopplung

Die Auskopplung von im OLED-Substrat geführtem Licht wird als externe Auskopplung bezeichnet. Im Rahmen dieser Arbeit wurde untersucht, wie sich diese Substratmoden mit Hilfe von Mikrolinsenarrays (MLAs) auskoppeln lassen. In diesem Kapitel wird zunächst die in dieser Arbeit entwickelte Fabrikationsmethode großflächiger Mikrolinsenarrays vorgestellt. Es wurden diverse Linsengrößen und Geometrien hinsichtlich ihrer Eignung zur Auskopplung an insgesamt vier verschiedenen OLED-Typen untersucht. Die OLED-Effizienz lässt sich mit diesen MLAs um ca. 50 % steigern. Es wird gezeigt, dass dieser Faktor mehr oder minder unabhängig vom verwendeten Durchmesser der Mikrolinsen ist, und dass durch die Auskopplung der in dieser Arbeit entwickelten Mikrolinsenarrays ein Großteil der Substratmoden ausgekoppelt werden kann. Schließlich wird in diesem Kapitel demonstriert, dass die entwickelten Mikrolinsenarrays die Abstrahlcharakteristik einer OLED mit Lambertscher Abstrahlcharakteristik nicht beeinflussen.
Teile dieses Kapitels wurden bereits in [203–207] veröffentlicht.

Als externe Auskopplung bezeichnet man die Auskopplung von Substratmoden, also dem Anteil der erzeugten Photonen, welche aufgrund von Totalreflexion am Übergang Substrat/Luft im Bauteil geführt werden (siehe Abschnitt 2.3.1). Das am häufigsten eingesetzte Substratmaterial in OLEDs ist
Glas. Es können aber auch flexible Substrate wie z.B. PET eingesetzt werden.
Im Folgenden wird die Auskopplung Glassubstrat-basierter OLEDs diskutiert.
Auf die Auskopplung in flexiblen OLEDs wird in Kapitel 7 gesondert eingegangen.

Es wurden bereits verschiedene Ansätze zur externen Auskopplung veröffentlicht. So gibt es diverse Ansätze, bei denen über Lichtstreuung Substratmoden ausgekoppelt werden. Die Lichtstreuung wird bspw. über ein Anrauen
des Substrats [97, 208] oder das Aufbringen von Streuschichten [209–211] am
Glas/Luft-Übergang erreicht. Da solche Ansätze auf stochastischer Streuung
basieren, wird ein gewisser Anteil des Lichts am Glas/Luft-Übergang dennoch
zurück in den OLED-Stack gestreut. Die typische Reflexion eines OLED-
Stacks liegt bei ca. 70-90 %, d.h. durch die Mehrfach-Reflexionen können
Verluste durch Absorption auftreten. Höhere Effizienzsteigerungen wurden
daher durch Auskoppelansätze berichtet, welche auf Mikrostrukturen oder -
optiken basieren. So wurden Mikrolinsenarrays (MLAs) dazu verwendet, Substratmoden auszukoppeln [212–216]. Viele der bisher veröffentlichten Ansätze basieren auf MLAs, welche entweder sehr komplex in der Herstellung sind
[212, 214, 215, 217] und sich daher nur bedingt für großflächige Anwendungen eignen, oder aber aufgrund einer unzureichenden Linsengeometrie, einer
hohen Defektdichte in den Linsen oder einer nicht maximierten Packungsdichte nur relativ geringe Effizienzsteigerungen aufweisen [215, 216].

Im Rahmen dieser Arbeit wurde ein Herstellungsverfahren entwickelt, welches eine schnelle Fabrikation von großflächigen Mikrolinsenarrays mit mehr
oder minder beliebigen Packungsdichten, Linsengrößen, Aspektverhältnissen
und Geometrien ermöglicht. Die entwickelten Mikrolinsenarrays weisen eine
hohe Güte auf und können die Effizienz von OLEDs - je nach verwendetem
OLED-Typ - um etwa 50 % steigern.

4.1 Herstellung und Charakterisierung von MLAs

Im Folgenden wird der in dieser Arbeit entwickelte Herstellungsprozess für MLAs beschrieben. Es handelt sich dabei um einen Stempelprozess, der eine schnelle, zuverlässige und hochskalierbare Möglichkeit zur Prozessierung großflächiger Mikrolinsenarrays bietet. Dabei wird zunächst auf die Prozesskette zur Stempelherstellung eingegangen. Das hier entwickelte Verfahren bietet die Möglichkeit Stempel für beinahe jede Linsengeometrie (Durchmesser, Aspektverhältnis, Packungsdichte, etc.) herzustellen. Einmal angefertigt können die Stempel nahezu beliebig oft verwendet werden.

4.1.1 Herstellungsprozess

In Abbildung 4.1.1 ist eine schematische Übersicht des Herstellungsprozesses der in dieser Arbeit entwickelten Mikrolinsenarrays zu sehen.

Zunächst wurde eine Silizium-Wafer gereinigt und mit einer SU-8 Schicht beschichtet (vgl. Abschnitt 3.1.2 und 3.3.3). Je nach späterem Aspektverhältnis der Mikrolinsen wurde die Schichtdicke variiert. Wie in Abb. 4.1.1a dargestellt, wurde der beschichtete Wafer mittels Fotolithografie (vgl. Kontaktbelichtung Abschnitt 3.3) belichtet. Nach der Entwicklung des Fotolacks resultieren Lacksäulen auf dem Wafer (Abb. 4.1.1b). Der Durchmesser dieser Säulen hat einen wesentlichen Einfluss auf die spätere Linsengröße. Der Abstand der Säulen beeinflusst maßgeblich die Packungsdichte des späteren MLA. Die Lacksäulen wurden in Polydimethylsiloxan[1] (PDMS) gegossen (Abb. 4.1.1c). PDMS eignet sich wegen seiner chemischen Stabilität und mechanischen Flexibilität besonders. Nach dem Aushärten dieses Silikons, kann das PDMS abgezogen werden (Abb. 4.1.1d). Der so entstandene PDMS-Stempel wurde nun dafür verwendet, die Säulenstruktur in Polymethylmethacrylat[2] (PMMA) zu übertragen. PMMA wurde in Anisol gelöst und auf ein Glassubstrat gebracht (Abb. 4.1.1e). Der Stempel wurde nun gleichmäßig über die gesamte

---

[1]PDMS ist ein Zwei-Kompontenten-Silikon. Das im Rahmen dieser Arbeit verwendete PDMS wurde von Sylgard bezogen (Sylgard 184). Es wurde mit dem zugehörigen „Curing Agent" im Verhältnis von 10:1 angesetzt.

[2]Auch als Plexiglas bekannt

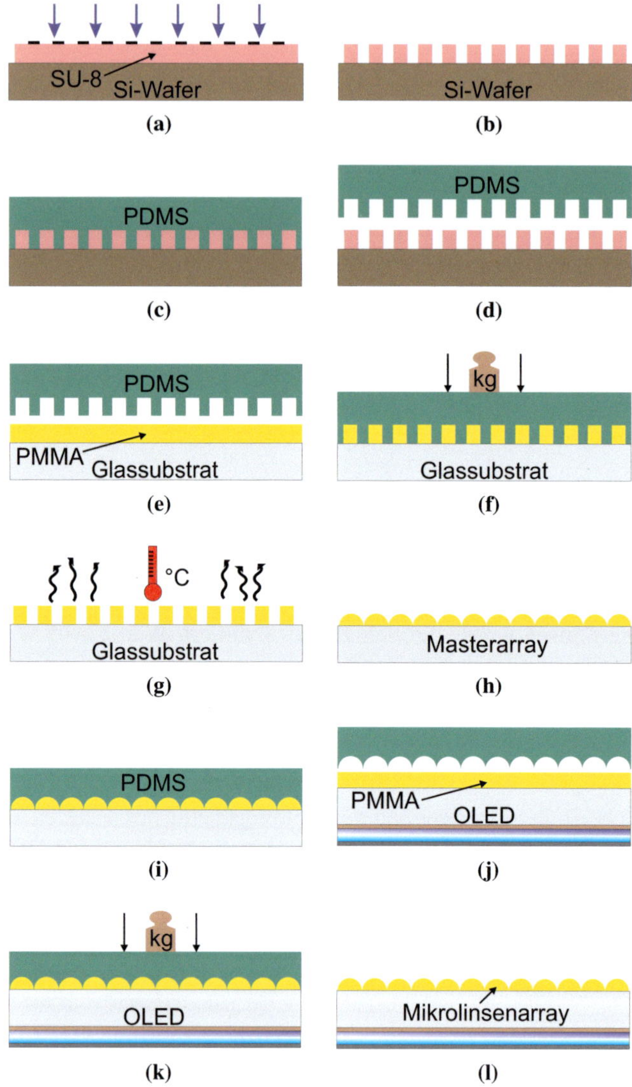

Abb. 4.1.1: Herstellungsprozess der Mikrolinsenarrays. (a) & (b) Belichtung und Entwicklung von Säulen in SU-8. (c) & (d) Gießen der Säulen in PDMS zur Herstellung eines PDMS-Stempels. (e) & (f) Stempeln der Säulen in gelöstes PMMA. (g) & (h) Schmelzen der Säulen zu einem Mikrolinsenarray. (i) Herstellung eines PDMS-MLA-Stempels. (j)-(l) Stempeln der MLAs auf eine fertig prozessierte OLED.

Fläche gleichmäßig mit 0,11 $\frac{kg}{cm^2}$ angepresst (Abb. 4.1.1f). Bei höherem Anpressdruck konnte eine leichte Verzerrung des flexiblen PDMS-Stempels, und damit einhergehend eine Verformung der Säulenstruktur beobachtet werden. Ein zu niedriger Druck kann dazu führen, dass das viskose PMMA unter dem Stempel verläuft, und damit eine undefinierte Struktur entsteht. Nach dem Aushärten des PMMAs bei Raumtemperatur wurde der PDMS-Stempel entfernt. Die auf dem Substrat resultierenden PMMA-Säulen wurden auf einer Heizplatte bei 250 °C angeschmolzen (Abb. 4.1.1g), wodurch sich die Säulen zu Mikrolinsen zusammenziehen (Abb. 4.1.1h). Die Dauer dieses sogenannten Reflows (zu deutsch: Rückfluss) beeinflusst maßgeblich die resultierende Form der Linsen. Der so entstandene Master des MLAs wurde nun wie zuvor die Lacksäulen in PDMS gegossen (Abb.4.1.1i). Der so entstandene Mikrolinsenstempel wurde dazu verwendet, das Array schnell zu reproduzieren. Auf den Glas/Luft-Übergang einer fertig verkapselten OLED wurde eine in Anisol gelöste PMMA-Schicht gebracht (Abb. 4.1.1j) und der Mikrolinsenarray-Stempel ebenfalls wieder mit 0,11 $\frac{kg}{cm^2}$ angepresst. Nach dem Aushärten des PMMAs bei Raumtemperatur wurde der Stempel abgezogen und das fertige MLA resultiert auf der OLED (Abb. 4.1.1l).

Der Vorteil dieses Verfahrens ist, dass sich über die Höhe, den Durchmesser und den Abstand der Säulen, sowie über die Reflow-Parameter mehr oder minder jede beliebige Mikrolinsengeometrie erreichen lässt. Einmal hergestellt kann der Mikrolinsenstempel quasi beliebig oft verwendet werden[3]. In Abbildung 4.1.2 sind beispielhafte Rasterelektronenmikroskop-(REM) Aufnahmen diverser MLAs mit verschiedenen Mikrolinsengrößen und Geometrien gezeigt. Weiterhin kann so ein MLA auf eine OLED prozessiert werden, ohne diese durch eine thermische Belastung zu degradieren.

4.1.2 T-Topping

Die zur optischen Fotolithografie verwendeten Quecksilberdampflampen besitzen verschiedene Linien im Emissionsspektrum, welche als die so

---

[3]Die PDMS-Stempel können nach Gebrauch in einem Aceton-Ultraschallbad gereinigt werden.

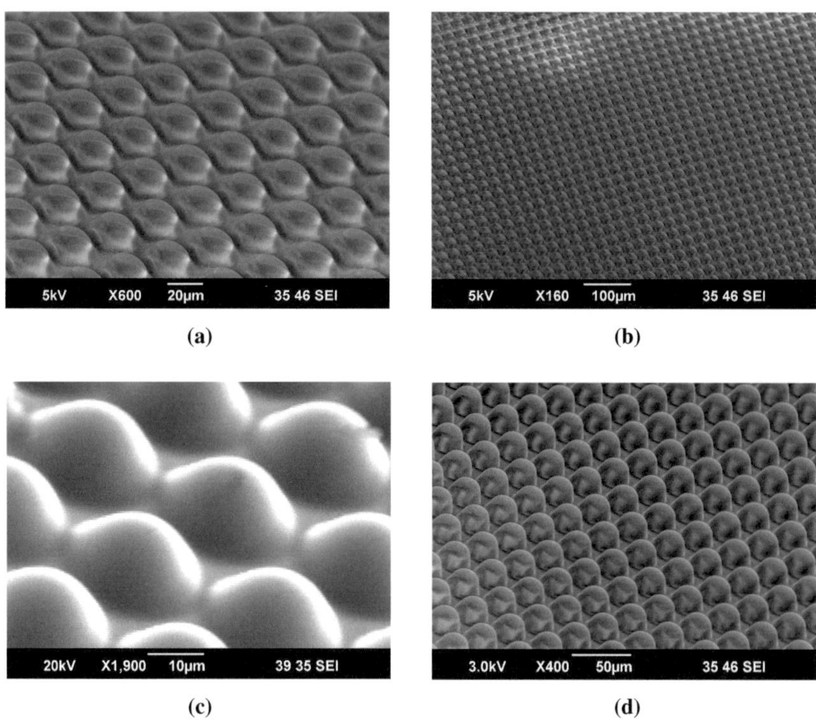

(a) (b)

(c) (d)

Abb. 4.1.2: REM-Aufnahmen von Mikrolinsenarrays mit verschiedenen Linsendurchmessern und Aspektverhältnissen.

genannten g-, h- und i-Linien[4] bezeichnet werden. Insbesondere im Bereich um die i-Linie emittieren Quecksilberdampflampen relativ breitbandig, so dass auch Wellenlängen unterhalb von 350 nm emittiert werden. Dieser Spektralbereich wird vom Fotolack SU-8 besonders stark absorbiert und führt daher zu einer verstärkten Aktivierung der fotoaktiven Komponente. Bei dicken Lackschichten bzw. hohen Strukturen werden daher die substratnahen Bereiche weniger und die oberen Bereiche der Lackschicht verstärkt belichtet. Eine homogene Aktivierung der fotoaktiven Komponente und damit eine anschließende homogene Polymerisation durch die gesamte Schicht ist daher nur sehr schwer möglich. Es bilden sich pilz- bzw. T-förmige Strukturen aus, man spricht vom sogenannten T-Topping [200], welches auch bei den in dieser Arbeit hergestellten Säulenstruktur für die MLA-Fabrikation beobachtet wurde. In Abb. 4.1.3a und 4.1.3b sind beispielhafte REM-Aufnahmen von Säulenstrukturen mit T-Topping zu sehen.

Für den in dieser Arbeit zur Herstellung von MLAs entwickelten Prozess ist es nötig, möglichst geringe Abstände zwischen den Säulen zu haben, um eine hohe Packungsdichte des späteren MLAs zu erhalten. Außerdem ist eine Abformung durch PDMS-Stempel der pilzförmigen Strukturen, bzw. die Stempelherstellung nicht möglich, da dabei die gesamte Struktur vom Substrat abgezogen würde. Aus diesem Grund wurde der in Abschnitt 3.3 beschriebene Fotolithografie-Prozess zur Herstellung der Säulenstrukturen modifiziert. Zwischen Quecksilberdampflampe und Maske wurde ein UV-Filter (BG-28[5], Schott) gebracht, um die spektralen Anteile unterhalb der i-Linie herauszufiltern. Durch den Einsatz des Filters wurde die notwendige Belichtungszeit zwar deutlich erhöht, allerdings konnte durch das geänderte Spektrum eine homogene Aktivierung der fotoaktiven Komponente des Lacks und damit einhergehend eine gleichmäßige Polymerisation durch die gesamte Lackschicht erreicht werden. In Abbildung 4.1.3c und 4.1.3d sind beispielhaft zwei REM-Aufnahmen von Säulenstrukturen zu sehen die mit dem Einsatz des UV-Filter, d.h. ohne T-Topping, hergestellt wurden.

---

[4]g-Linie: $\lambda \approx 436\,nm$; h-Linie: $\lambda \approx 405\,nm$; i-Linie: $\lambda \approx 365\,nm$

[5]Transmission des BG-28-Filters: $T_{\lambda=320\text{nm}} = 0\,\%$; $T_{\lambda=350\text{nm}} = 28\,\%$; $T_{\lambda=370\text{nm}} = 50\,\%$

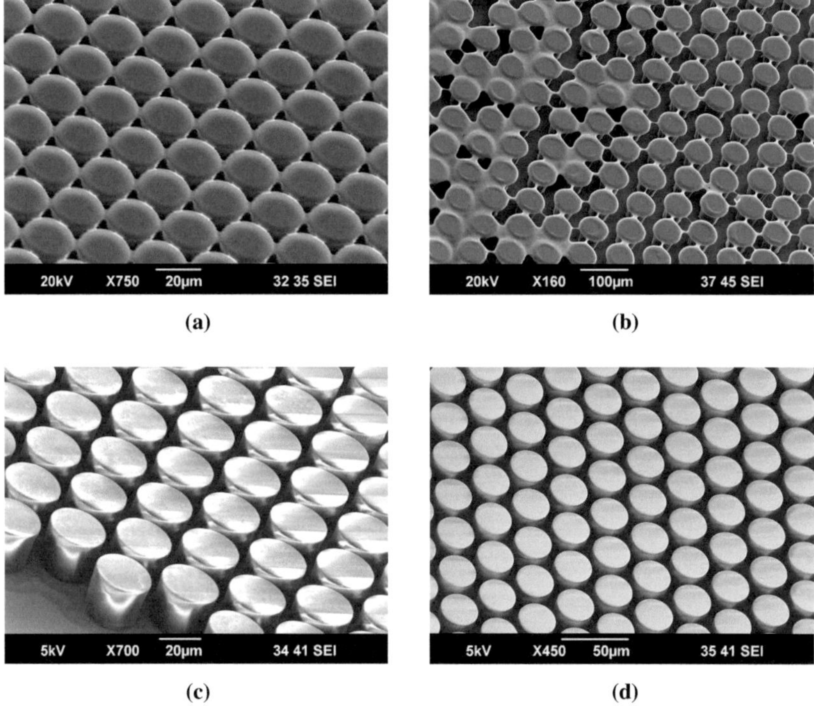

Abb. 4.1.3: REM-Aufnahmen. (a) und (b) Säulenstrukturen mit T-Topping. Es ist zu erkennen, dass einzelne Säulen miteinander „pilzförmig" verbunden sind. (c) und (d) Durch den Einsatz eines UV-Filters bei der Fotolithografie lässt sich das T-Topping reduzieren und damit die dargestellten Säulenstrukturen mit steilen Flanken herstellen.

4.2 Streuung und Transmission

In dieser Arbeit wurden im wesentlichen Mikrolinsen mit einem Aspektverhältnis von 1 (:1), einer maximal hexagonalen Packungsdichte und Durchmessern von 10 µm, 20 µm und 30 µm hergestellt und untersucht. Im Folgenden werden die unterschiedlichen MLAs nach ihrem Linsendurchmesser unterschieden und entsprechend mit D10, D20 und D30 bezeichnet.

Für den Einsatz zur Lichtauskopplung in OLEDs, darf das Licht am Übergang vom Substrat in das MLA nicht totalreflektiert werden. Daher ist es notwendig, dass der Brechungsindex des MLAs dem des Substrats entspricht (engl. *index-matching*). Das in OLEDs häufig verwendete Glassubstrat hat mit einem Brechungsindex von $n_{\mathrm{Glas}} \approx 1,5$ in etwa den gleichen Brechungsindex wie die in dieser Arbeit entwickelten PMMA-Mikrolinsen mit $n_{\mathrm{PMMA}} \approx 1,49$. Die Lichtauskopplung aus dem OLED-Substrat basiert bei Mikrolinsen nicht auf dem Prinzip stochastischer Streuung, sondern darauf, dass Licht aufgrund der Krümmung der Mikrolinsen unterhalb des Winkels der Totalreflexion auf den Linsen/Luft-Übergang trifft. Der dispersive Brennpunkt f_{ML} der plankonvexen Mikrolinsen lässt sich über folgenden Zusammenhang bestimmen [218]:

$$f_{\mathrm{ML}} = \frac{R}{n(\lambda) - 1}.$$

(4.2.1)

Hierbei entspricht R dem Krümmungsradius der Linsen und $n(\lambda)$ dem Brechungsindex des Linsenmaterials. So haben die größten in dieser Arbeit untersuchten Linsen (D30) eine Brennweite von ca. 30 µm. Hinter diesem Brennpunkt laufen die Strahlen auseinander. Da die OLED in das Substrat bereits diffus emittiert (siehe Abschnitt 2.3), ist damit auch keine Fokussierung des von der OLED in das Substrat emittierten Lichts zu erwarten. Daraus folgt, dass obwohl mit einer refraktiven Optik Licht aus den OLEDs gekoppelt wird, bei der Transmission von Licht durch das MLA eine streuende Wirkung zu erwarten ist.

Um die Streuwirkung der MLAs zu qualifizieren, wurde mit der in Abschnitt 3.4.3 beschriebenen Methode der Streukoeffizient χ_{MLA} der unterschiedlichen Mikrolinsenarrays gemessen. Zur Verifikation dieses Messprinzips wurden

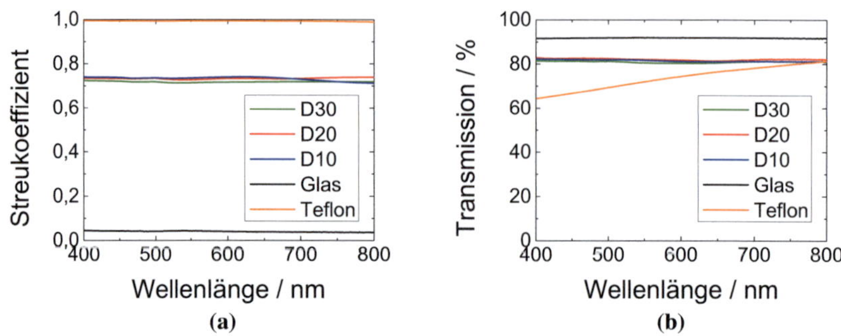

Abb. 4.2.1: (a) Gemessene Streukoeffizienten für die Mikrolinsenarrays mit 10 µm, 20 µm und 30 µm Linsendurchmesser. Als Referenz wurde der Streukoeffizient für Glas und Teflon bestimmt. (b) Transmission der verschiedenen MLAs.

außerdem der Streukoeffizient für Glas und eine 500 µm dicke Teflonfolie bestimmt. Teflon gilt im sichtbaren Spektralbereich als nahezu perfekter Lambertscher Diffusor, weshalb hier ein Streukoeffizient von 1 zu erwarten ist. Ein nicht-streuendes Medium wie (defektfreies) Glas sollte daher einen Streukoeffizienten von 0 besitzen. Die gemessenen Streukoeffizienten für Teflon ($\chi_{\text{Teflon}} = 0{,}99$) und Glas ($\chi_{\text{Glas}} = 0{,}04$) bestätigen die erwarteten Ergebnisse (Abb. 4.2.1a).

Für die Mikrolinsenarrays unterschiedlicher Größe haben sich Streukoeffizienten von etwa $\chi_{\text{MLA}} = 0{,}73$ ergeben (siehe Abb. 4.2.1a). Die Streueffizienz der MLAs ist also nahezu unabhängig von der Linsengröße, und liegt etwas unter der von Teflon. In Kapitel 5.2 wird gezeigt werden, dass die Streuwirkung ausreicht um Richtungsabhängigkeiten in der Emission der OLED zu minimieren. Betrachtet man die Transmission der MLAs (siehe Abb. 4.2.1b), so liegt diese bei über 80 % und ist ebenfalls unabhängig von der Linsengröße. Im folgenden Abschnitt werden die MLAs hinsichtlich ihrer Eignung zur Lichtauskopplung in OLEDs untersucht.

4.3 Effizienzbetrachtungen

In Abschnitt 2.3.4 wurde beschrieben, dass je nach OLED-Stack, also dem verwendeten Dünnschichtstapel von organischen Materialien, die optische Kavität einer OLED variiert. Je nach verwendetem OLED-Stack kann daher der prozentuale Anteil der erzeugten Photonen in gebundenen Wellenleitermoden, Substratmoden und emittiertem Anteil unterschiedlich sein. Aus diesem Grund wurden die Mikrolinsenarrays hinsichtlich ihrer Eignung zur Auskopplung an insgesamt vier verschiedenen OLED-Stacks untersucht. Hierfür wurden die in Abschnitt 3.2.2 beschriebenen ITO-basierten gelb emittierenden „Super Yellow"-, „blaue"-, „warm-weiße"- und „kalt-weiße" OLEDs verwendet[6].

4.3.1 Charakterisierung

Die OLEDs wurden in einer U-Kugel (3.4.1) hinsichtlich ihrer Effizienz jeweils mit und ohne MLA vermessen. Dabei wurde immer ein und dieselbe Leuchtfläche verglichen, d.h. direkt nach der Messung einer OLED *mit* dem entsprechenden MLA wurden die Mikrolinsen mit einem Skalpell vom Glas abgezogen und die Substratoberfläche mit Aceton und Isopropanol gereinigt. Anschließend wurde dieselbe Leuchtfläche der OLED erneut *ohne* MLA vermessen. Da so zwischen den Messungen mit und ohne MLA jeweils nur wenige Minuten lagen, kann eine Degradation der OLED durch Alterung ausgeschlossen werden. Weiterhin wurde kein Einfluss der eigentlichen Messung auf das elektrische Charakteristik der OLEDs beobachtet. Eine Veränderung der intrinsischen Effizienz der Bauteile zwischen den beiden Messungen kann somit ausgeschlossen werden. Um dies zu verifizieren ist in Abbildung 4.3.1a beispielhaft die gemessene Strom-Spannungs-Kennlinie derselben OLED („warm-weiße" OLED) mit und ohne D30-MLA aufgetragen. Es ist zu erkennen, dass sich das elektrische Verhalten der OLEDs zwischen zwei Messungen nicht ändert. In Abbildung 4.3.1b sind beispielhaft die zugehörigen Effizienzmessungen ein und derselben Leuchtfläche mit und ohne einem D30-

---

[6]Wie in Abschnitt 3.2.2 erläutert, wurde bei „warm" und „kalt" weißen OLEDs derselbe Emitter (das weiß emittierende Co-Polymer „SPW093") mit unterschiedlicher Schichtdicke (optische Kavität) verwendet.

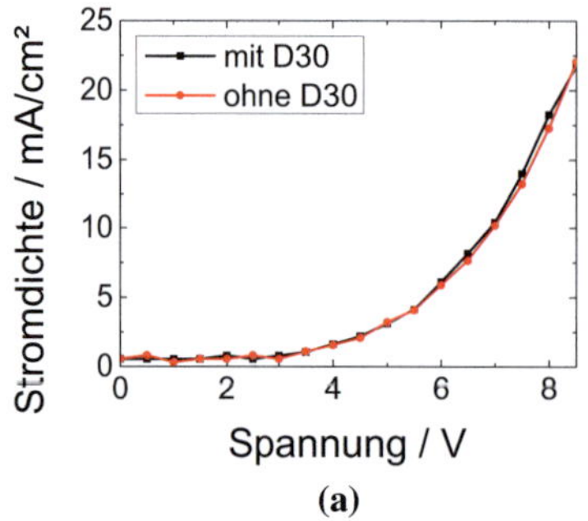
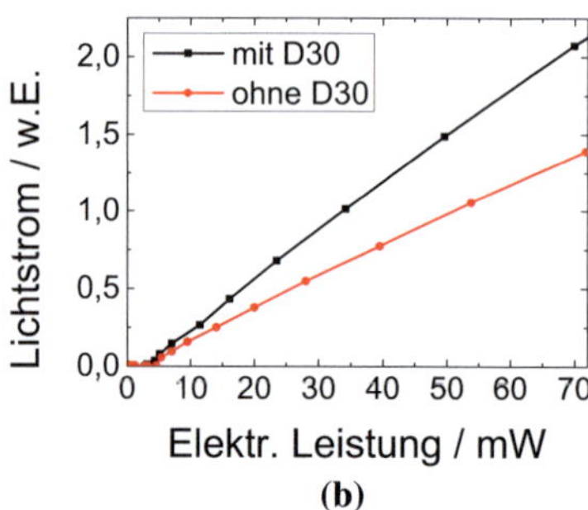

Abb. 4.3.1: (a) Gemessene Strom-Spannungs-Kennlinie der gleichen Leuchtfläche einer „warm-weißen" OLED mit und ohne MLA. (b) Zugehöriger gemessener Lichtstrom aufgetragen über der aufgenommenen elektrischen Leistung mit und ohne einem 30 µm MLA. Bei gleicher aufgenommener elektr. Leistung hat die OLED einen um ca. 50 % erhöhten Lichtstrom.

Mikrolinsenarray gezeigt. Es ist zu erkennen, dass die OLED bei gleicher aufgekommener elektrischer Leistung einen etwa 50 % höheren Lichtstrom ausgibt. Sämtliche im Folgenden angegebenen Werte für Effizienzsteigerungen wurden auf diese Weise bestimmt.

Insgesamt wurden für jeden OLED-Stack und jedes Mikrolinsenarray - also jede OLED-MLA-Kombination - 4 Substrate mit jeweils 4 Leuchtflächen pro Substrat (vergleiche Abschnitt 3.2.1) gemessen. Dabei wurden immer max. zwei der Substrate in derselben OLED-Charge hergestellt. Bei der Ermittlung der angegeben Fehlerbalken wurden „grobe Ausreißer" (Abweichung >±25 %) nicht mit berücksichtigt. Solche Abweichungen können bspw. durch Verunreinigungen des MLAs entstehen. Die angegebenen Fehlerbalken beinhalten dabei sowohl Unterschiede in der Effizienzsteigerung innerhalb einer Messung sowie die Abweichungen zwischen den gemessenen Leuchtflächen.

4.3.2 Einfluss des Mikrolinsendurchmessers

In Abbildung 4.3.2 sind für die Mikrolinsenarrays mit einem Durchmesser von 10 µm, 20 µm und 30 µm die gemessenen Effizienzsteigerungen für die vier hier untersuchten verschiedenen OLED-Stacks dargestellt. Es ist zu erkennen,

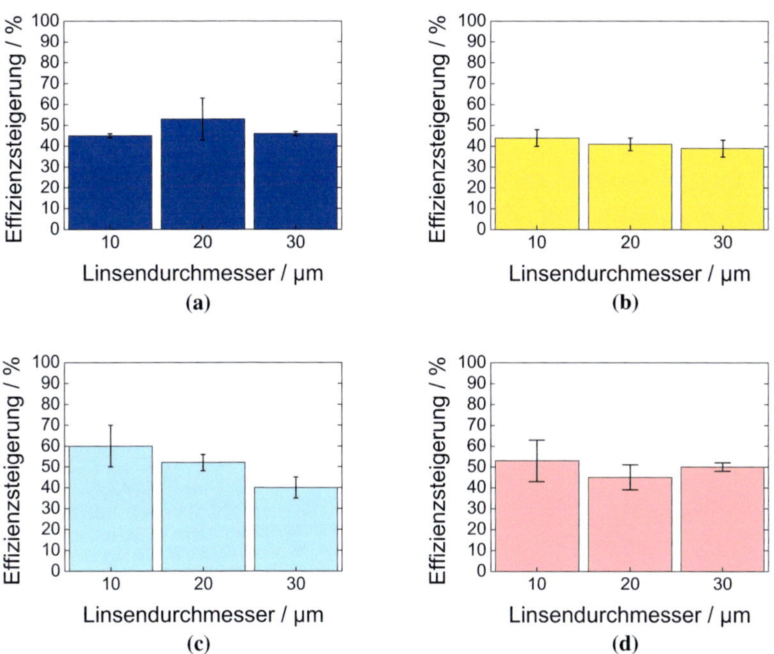

Abb. 4.3.2: Gemessene Effizienzsteigerungen für Mikrolinsenarrays mit einem Durchmesser von 10 µm, 20 µm und 30 µm bei (a) „blauen"-, (b) „Super Yellow"-, (c) „kalt-weißen"-, (d) „warm-weißen"-OLEDs.

dass die Unterschiede in der Effizienzsteigerung in Abhängigkeit der Größe der Linsen gering sind. Die größte Varianz in der Effizienzsteigerung ist bei „kalt-weißen"-OLEDs zu erkennen (Abb. 4.3.2c), wo sich die Erhöhung zwischen 40 % (D30-Array) und 60 % (D10-Array) bewegt. Da diese OLEDs im Gegensatz zu bspw. den „warm-weißen"-OLEDs eine gänzlich andere Schichtdicke und damit optische Kavität aufweisen, kann dies zu einer unterschiedlichen Verteilung der Photonen im Substrat (vgl. Abschnitt 2.3.4) und damit einer unterschiedlichen Auskoppeleffizienz für unterschiedliche Durchmesser der Mikrolinsen führen. Aus diesem Grund kann die Effizienzsteigerung in Abhängigkeit des verwendeten OLED-Stacks leicht variieren. So zeigen die untersuchten „blauen"-OLEDs eine Steigerung der Effizienz zwischen 46 % (D10-Array) und 53 % (D20-Array) auf (Abb. 4.3.2a), während bei „Super Yellow"-OLEDs dieser Faktor zwischen 39 % (D30-Arrays) und 44 % (D10-Arrays) liegt (Abb. 4.3.2b). Die in den folgenden Kapiteln dieser Arbeit am häufigsten eingesetzten OLEDs sind „warm-weiße"-OLEDs (Abb. 4.3.2d). Hier liegt die Effizienzsteigerung durch die MLAs zwischen 45 % (D20-Array) und 53 % (D10-Array). Die Fehlervarianz der Effizienzsteigerung des D30-Arrays liegt bei diesem OLED-Typ bei $\pm 2\,\%$ und ist damit sehr gering. Aus diesem Grund wurden für alle in dieser Arbeit weiteren Untersuchungen an „warm-weißen"-OLEDs D30-Arrays verwendet, durch welche eine Effizienzsteigerung von 50 % erreicht werden kann.

4.3.3 Effizienz der Mikrolinsenarrays

Bei den bisher durchgeführten Untersuchungen wurde das in Abschnitt 3.2.1 beschriebene OLED-Layout genutzt. D.h. das verwendete Glassubstrat war 1 mm dick und die Leuchtfläche der OLEDs 25 mm² groß. Aus rein geometrischen Überlegungen der Lichtführung in solch einem Bauteil kann in diesem Fall das erzeugte Licht (je nach lateraler Position der Erzeugung) nur maximal 1-2 mal mit dem MLA „interagieren", bevor es sich außerhalb der Leuchtfläche befindet. Relativ steil zurückreflektiertes Licht hat nach einer verlustbehafteten Refexion an der Kathode erneut die Möglichkeit ausgekoppelt zu werden. Aus diesem Grund kann die Überlegung aufgestellt werden, ob bei OLEDs mit größerer Leuchtfläche oder dünnerem Substrat die Auskoppelwahrscheinlichkeit durch die MLAs erhöht wird. Durch die erhöhte Anzahl der Reflexionen in diesen Fällen und der damit erhöhten Möglichkeit zur Auskopplung durch das MLA, hängt die erzielte Effizienzsteigerung maßgeblich von der Auskoppeleffizienz der Mikrolinsenarrays ab.

Um die Effizienz der Mikrolinsenarrays hinsichtlich ihrer Auskopplung zu untersuchen, wurden OLEDs mit vergrößerten Leuchtflächen untersucht. Das in Abschnitt 3.2.1 beschriebene OLED-Layout wurde leicht abgewandelt, so dass die Leuchtflächen von 5 mm x 5 mm sukzessive auf 8 mm x 8 mm, 11 mm x 11 mm und 14 mm x 14 mm vergrößert werden konnten. Die zuvor durchgeführten Überlegungen legen nahe, dass die Auskoppeleffizienz der MLAs im Wesentlichen von der Häufigkeit der Interaktion des geführten Lichts mit dem MLA abhängt. Um den freien Parameterraum durch vielfältige OLED-Stacks einzuschränken, wurden die Untersuchungen des Einfluss der Leuchtflächengröße auf die Effizienzsteigerung daher mit diesem abgewandelten Layout nur mit „warm-weißen"-OLEDs und D30-Arrays durchgeführt. Es sei erwähnt, dass die Abwandlung des OLED-Layouts zur Folge hatte, dass pro Substrat nur eine Leuchtfläche zur Untersuchung zur Verfügung stand. Aus diesem Grund wurden in zwei unabhängig voneinander hergestellten OLED-Chargen für jede Leuchtflächengröße jeweils drei Bauteile hergestellt und untersucht.

Weiterhin wurden „warm-weiße" OLEDs auf Glassubstraten mit einer Dicke 125 µm und dem „Standard"-Layout (5 mm x 5 mm Leuchtflächen) hergestellt. Da im Rahmen dieser Arbeit keine kommerziellen ITO-beschichteten Glassubstrate in dieser Dicke zur Verfügung standen, wurde ITO eigens auf diese Substrate gesputtert (wie in Abschnitt 3.1.1 beschrieben) .

In Abbildung 4.3.3a sind die Ergebnisse für die unterschiedlich großen Leuchtflächen dargestellt. Wie sich zeigt, ist keine Zunahme in der Effizienzsteigerung durch größere Leuchtfläche zu erkennen. Tendenziell sinkt für größere Leuchtflächen die gemessene Effizienzsteigerung sogar leicht ab. Aufgrund des Flächenwiderstandes der ITO-Anode besitzen die OLEDs größerer Leuchtflächen eine leicht inhomogene Leuchtdichte, was wiederum die etwas abnehmende Effizienzsteigerung durch das MLA erklären könnte. Dies

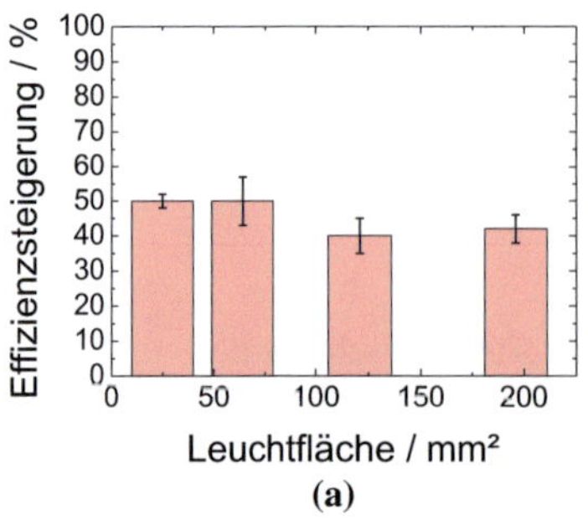 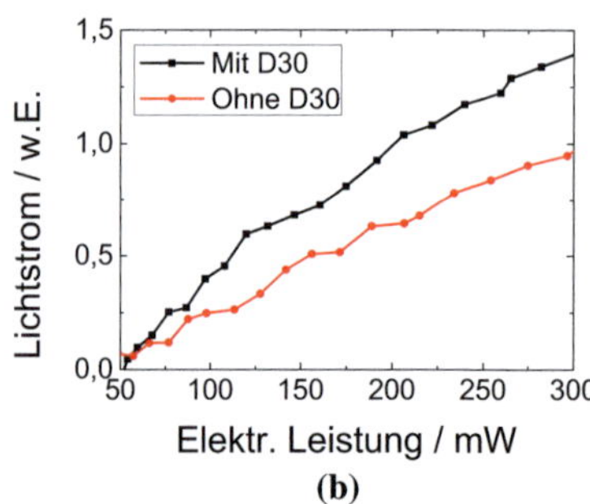

(a)   (b)

Abb. 4.3.3: (a) Gemessene Effizienzsteigerungen „warm-weißer"-OLEDs mit D30-Arrays in Abhängigkeit der Größe der Leuchtfläche. (b) Gemessene Effizienzsteigerung einer OLED mit 125 µm dicken Glassubstrat.

wird unterstützt durch die Ergebnisse für die OLEDs mit dünnerem Substrat (Abb. 4.3.3b). Diese zeigen eine ebenfalls unveränderte Effizienzsteigerung von 50 % ($\pm$5 %) auf. Die erhöhten Schwankungen bei den OLEDs auf dünnerem Substrat erklären sich durch die bei diesen OLEDs selbst gesputterten ITO-Anoden. Diese besitzen einen größeren Flächenwiderstand als das kommerziell erworbene ITO, und insbesondere aufgrund seiner Sprödigkeit weist es auf den dünnen Substraten durch das Handling im Herstellungsprozess der OLEDs schnell Risse auf[7]. Hierdurch ist die OLED im elektrischen Betrieb instabiler, weshalb es im Verlauf der Messkurven in Abb. 4.3.3b zu leichten Abweichungen kommen kann.

Zusammenfassend konnte gezeigt werden, dass die in dieser Arbeit entwickelten Mikrolinsenarrays sehr effizient Licht aus dem Substrat auskoppeln. Die Ergebnisse legen nahe, dass ein hoher Anteil der Substratmoden bereits beim ersten „Auftreffen" auf das MLA ausgekoppelt wird. In Abbildung 4.3.4 ist eine Fotografie einer OLED gezeigt, die die Auskopplung von Substratmoden visualisiert. Die 14 mm x 14 mm große Leuchtfläche ist zur Hälfte mit einem D30-MLA bedeckt. Substratmoden werden ohne MLA typischerweise an der Kante des Substrats emittiert. Das Kantenlicht ist im Bereich mit dem

---

[7]Die Eigenschaften des gesputterten ITOs werden ausführlich in Kapitel 6 diskutiert.

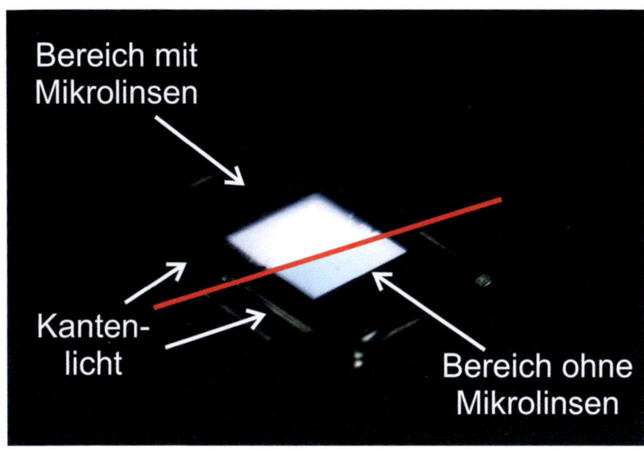

Abb. 4.3.4: Fotografie einer OLED, deren Leuchtfläche zur Hälfte mit einem D30-MLA bedenkt ist. Das emittierte Kantenlicht ist in dem Bereich mit dem MLA deutlich geringer.

MLA deutlich schwächer, was auf eine erhöhte Auskopplung des Lichts in den Halbraum schließen lässt.

4.4 Abstrahlcharakteristik

Um zu untersuchen, welchen Einfluss die Mikrolinsenarrays auf die Abstrahlcharakteristik der OLEDs haben, wurden die OLEDs mit dem in Abschnitt 3.4.2 beschriebenen Goniometer vermessen. Die miteinander verglichenen Messungen mit und ohne MLA wurden dabei wie bei den Effizienzmessungen in Abschnitt 4.3 an derselben Leuchtfläche durchgeführt. Um Schwankungen während der Messung gering zu halten, wurden die OLEDs mit einem konstanten Strom (hier 1,5 mA) betrieben.

In Abbildung 4.4.1a-4.4.1c ist beispielhaft die gemessene Abstrahlcharakteristik „warm-weißer"-OLEDs mit und ohne die MLAs unterschiedlicher Größe dargestellt. Dabei ist die normierte Intensität bei einer Emissionswellenlänge von 450 nm über dem Betrachtungswinkel aufgetragen. Es ist keine signifikante Änderung in der Abstrahlcharakteristik zu erkennen. In Abbildung

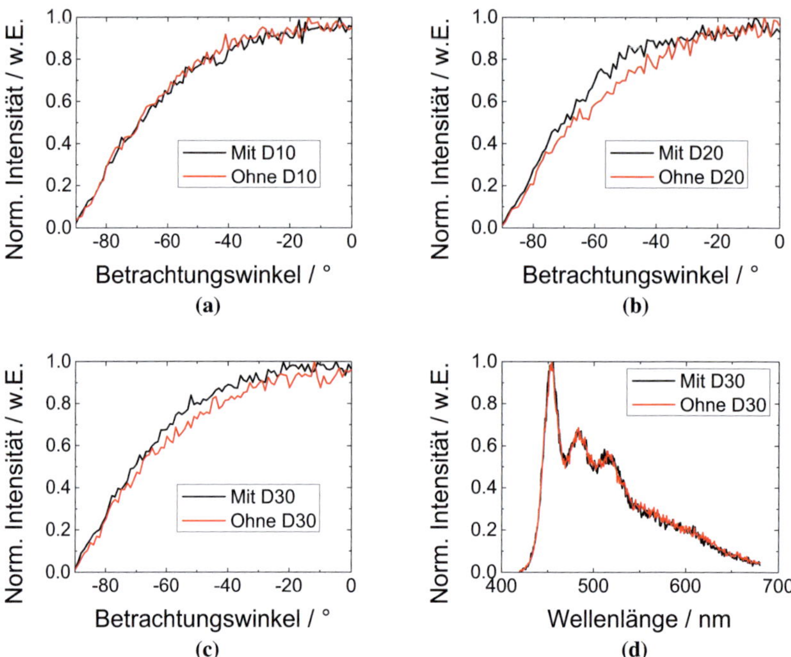

Abb. 4.4.1: (a)-(c) Abstrahlcharakteristik einer „warm-weißen"-OLED bei einer Wellenlänge von 450 nm mit und ohne MLA. (d) Emissionsspektrum unter 0° Betrachtungswinkel mit und ohne D30-MLA.

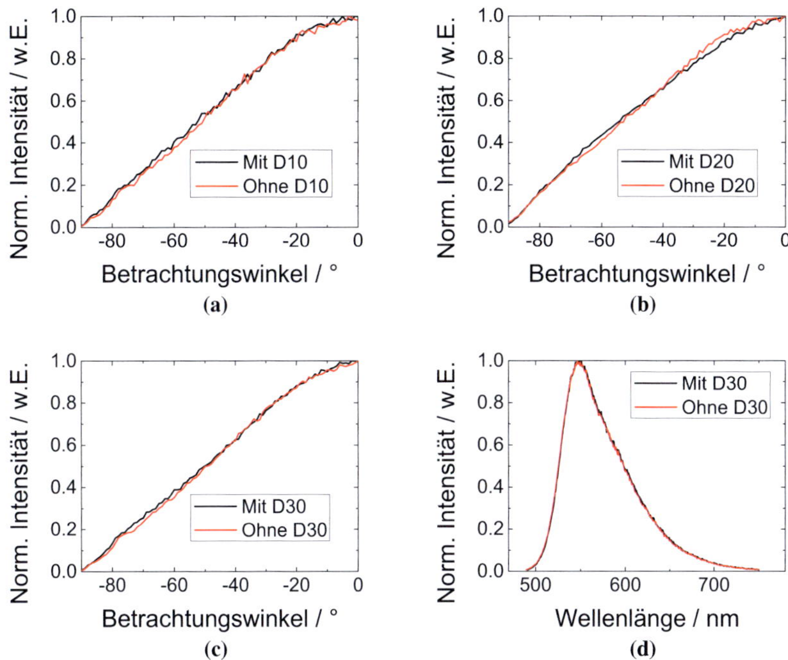

Abb. 4.4.2: (a)-(c) Abstrahlcharakteristik einer SY-OLED bei einer Wellenlänge von 550 nm mit und ohne MLA. (d) Emissionsspektrum unter 0° Betrachtungswinkel mit und ohne D30-MLA.

4.4.1d ist beispielhaft ein Spektrum unter senkrechter Betrachtung der OLED mit und ohne MLA gezeigt. Ein Einfluss der MLAs auf das emittierte Spektrum der OLEDs konnte ebenfalls nicht beobachtet werden. Zur Verifikation ist in Abbildung 4.4.2a-4.4.2c die Abstrahlcharakteristik einer Super Yellow-OLED mit und ohne D10-, D20- und D30-MLAs bei einer Emissionswellenlänge von 550 nm gezeigt. Auch hier konnte kein nennenswerter Einfluss der MLAs auf die Abstrahlcharakteristik oder das emittierte Spektrum (Abb. 4.4.2d) beobachtet werden.

Es lässt sich festhalten, dass durch das hier entwickelte Verfahren zur Herstellung von Mikrolinsenarrays sehr effizient Substratmoden ausgekoppelt werden können. Dies ermöglicht auch für weitere Untersuchungen in dieser Arbeit eine Abschätzung des prozentualen Anteils an Licht im Substrat. Die Effizienz der hier untersuchten OLEDs konnte mit den MLAs um rund 50 % gesteigert werden, ohne die Abstrahlcharakteristik der OLEDs zu beeinflussen.

5 Interne Auskopplung

Im Rahmen dieser Arbeit wurden zwei unterschiedliche Methoden zur Auskopplung von gebundenen Wellenleitermoden - also zur internen Auskopplung - entwickelt. Zum einen wird in diesem Kapitel untersucht, inwiefern sich Mikrostrukturen aus dem niederbrechenden Material Magnesiumfluorid (MgF_2) zur internen Auskopplung eignen. Dazu wurden MgF_2-Mikrosäulen in die ITO-Anode integriert. Durch eine Optimierung der Struktur konnte die Effizienz von weißen OLEDs um bis zu 38 % gesteigert werden, ohne die elektrischen Eigenschaften oder die Abstrahlcharakteristik zu beeinflussen. Zum anderen wurden periodische Nanostrukturen aus dem besonders hochbrechenden Material Titandioxid (TiO_2) in den OLED-Stack implementiert. Durch eine Optimierung der Höhe dieser TiO_2-Bragg-Gitter konnte eine Effizienzsteigerung von rund 100 % erreicht werden. Weiterhin wird in diesem Kapitel untersucht, inwiefern sich diese Ansätze zur internen Auskopplung mit dem in Kapitel 4 diskutierten Ansatz zur externen Auskopplung kombinieren lässt. Es wird demonstriert, dass eine Kombination von internen und externen Ansätzen unabdingbar für eine effiziente Lichtauskopplung ist. So wird gezeigt, dass durch optimierte MgF_2-Mikrosäulen in Kombination mit Mikrolinsenarrays die Effizienz weißer OLEDs um den Faktor 2 gesteigert werden kann. Bei entsprechenden TiO_2-Bragg-Gittern in Kombination mit einem MLA kann dieser Faktor sogar 4 betragen.
Teile dieses Kapitels wurden bereits in [203, 206, 207, 219] veröffentlicht.

Unter interner Auskopplung wird die Auskopplung von gebundenen Wellenleitermoden und Oberflächenplasmonpolaritonen aus den organischen Schichten bzw. den Elektroden verstanden (vergleiche Abschnitt 2.3.2). Im Gegensatz zur externen Auskopplung greifen Methoden der internen Auskopplung in den eigentlichen OLED-Stack ein. Deshalb ist es eine große Herausforderung gebundene Wellenleitermoden auszukoppeln ohne dabei das elektrische Verhalten der OLED zu beeinflussen.

Bisher publizierte Ansätze zur internen Auskopplung basieren beispielsweise auf stochastischer Streuungen gebundener Moden durch Oberflächenmodifikation nahe der Wellenleiterstruktur [88, 220, 221] oder durch Nanopartikel in oder nahe dem OLED-Stack [222–224]. Solche Ansätze beeinflussen aufgrund der erhöhten Rauigkeit oftmals stark das elektrische Verhalten der Bauteile [221, 222]. Ansätze zur Auskopplung von Wellenleitermoden auf Basis von Mikrostrukturen sind oftmals sehr aufwändig in der Herstellung und/oder reduzieren die aktive Leuchtfläche der OLEDs [225–227]. Es wurde demonstriert, dass Ansätze zur Lichtauskopplung über periodische Nanostrukturen (Bragg-Gitter) sich zur Lichtauskopplung eignen [228–231]. Solche periodischen Strukturen wurden auch als Ansätze zur Auskopplung von Oberflächenplasmonen verwendet [159, 232, 233]. Durch solch eine diffraktive Auskopplung wird das Emissionsspektrum verändert und die Abstrahlcharakteristik wird stark wellenlängenselektiv. Solche periodischen Nanostrukturen wurden daher bisher nur in monochromen OLEDs eingesetzt, da Bragg-Gitter in weißen OLEDs zu einem Farbwinkelverzug führen.

Im Rahmen dieser Arbeit wurden zwei unterschiedliche Ansätze zur internen Lichtauskopplung entwickelt und untersucht. Zum einen wurde ein Ansatz basierend auf Mikrostrukturen (Mikrosäulen) entwickelt, der sich zur Lichtauskopplung in weißen OLEDs eignet, ohne die Emissionscharakteristik oder das elektrische Verhalten zu beeinflussen. Durch eine Optimierung der Struktur konnte eine Steigerung der Lichtausbeute um bis zu 38 % erreicht werden.

Zum anderen wurde ein hochbrechendes Bragg-Gitter entwickelt, welches in weißen OLEDs zum Einsatz kam. Durch eine Optimierung dieser Gitterstruktur konnte so die Lichtausbeute der OLEDs um einen Faktor von bis zu 2 gesteigert werden. In Kombination mit den in Kapitel 4 diskutierten Mikrolinsenarrays konnte die Effizienz weißer OLEDs insgesamt um den Faktor 4 gesteigert werden. Diese optimierten OLEDs zeigen dabei keinen Farbwinkelverzug und besitzen eine Lambertsche Abstrahlcharakteristik.

5.1 MgF$_2$-Mikrosäulen

Da es sich bei der internen Lichtauskopplung durch Mikrostrukturen um einen refraktiven Streuprozess[1] handelt, sind vor allem Ansätze über Mikrostrukturen vielversprechend, da zunächst keine wellenlängen- und/oder winkelabhängige Selektivität bei der Auskopplung zu erwarten ist. In dieser Arbeit wurden Mikrosäulen aus dem niederbrechenden Material Magnesiumfluorid (MgF$_2$) in den von der ITO-Anode und der OLED gebildeten Wellenleiter integriert. Es konnte gezeigt werden, dass die dadurch erzielte Störung des Wellenleiters zu einer erhöhten Lichtauskopplung aus OLEDs führt.

5.1.1 Herstellung MgF$_2$-Mikrosäulen

In Abbildung 5.1.1 ist eine Übersicht über den Herstellungsprozess der in dieser Arbeit entwickelten MgF$_2$-Mikrosäulen und deren Integration in die ITO-Anode dargestellt. Ausgehend von einem gereinigten und mit Fotolack (ma-P 1215) beschichteten ITO-Substrat (Abb. 5.1.1a) wurden Säulenstrukturen mit 2,5 µm Durchmesser in den Lack über einen klassischen fotolithografischen Prozess (vgl. Abschnitt 3.3) belichtet und entwickelt (Abb. 5.1.1b). Der Abstand der Säulen wurde dabei zwischen 5 µm, 10 µm und 15 µm variiert. Die Lackschicht diente als Ätzmaske, um die durch die Säulenstruktur im Lack freigelegten ITO-Stellen mittels eines nasschemischen Ätzprozesses (Abb. 5.1.1c) durch konzentrierte Salzsäure zu entfernen. Die Säulenstruktur wurde somit in die ITO-Schicht übertragen (Abb. 5.1.1d). Auf das Substrat wurde nun MgF$_2$ thermisch aufgedampft (Abb. 5.1.1e). Die Dicke dieser aufgedampften Schicht entspricht dabei der späteren Höhe der

---

[1] Der Übergang zwischen refraktiver und diffraktiver Optik ist nicht eindeutig definiert. Prinzipiell können Optiken, deren geometrische Ausdehnung deutlich größer als die Wellenlänge des Lichts ist, als refraktiv angesehen werden.

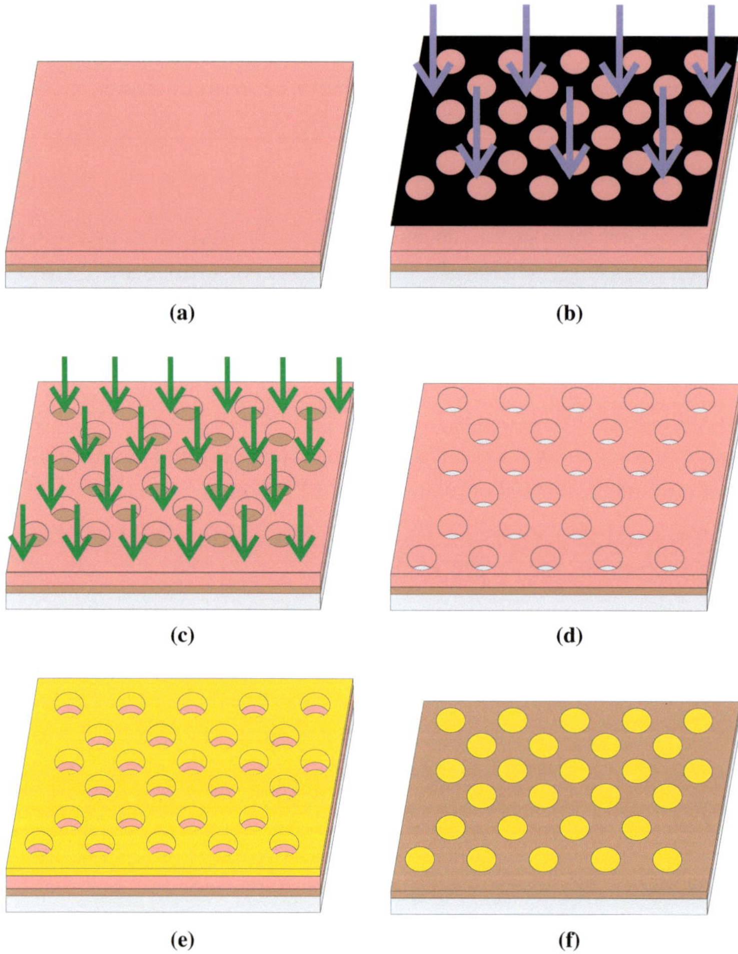

(a)   (b)

(c)   (d)

(e)   (f)

Abb. 5.1.1: Übersicht über den Herstellungsprozess der in dieser Arbeit entwickelten MgF$_2$-Mikrosäulen. (a) Basis ist ein mit einem Fotolack beschichtetes ITO-Substrat. (b) In den Fotolack werden die Säulenstrukturen fotolithografisch belichtet und entwickelt. (c) Mittels nasschemischem Ätzen wird das ITO an den entsprechenden Stellen bis auf das Glas (d) geätzt. (e) MgF$_2$ wird aufgedampft. (f) Per Lift-Off wird der Lack entfernt, die MgF$_2$-Mikrosäulen sind nun in dem ITO integriert.

im ITO integrierten MgF$_2$-Mikrosäulen, und wurde zwischen 33 nm, 66 nm und 100 nm variiert. Mittels eines Lift-Offs wurde die Lackschicht und das sich darauf befindende MgF$_2$ entfernt. In der ITO-Schicht sind nun die MgF$_2$-Mikrosäulen integriert (Abb. 5.1.1f). In Abbildung 5.1.2a ist beispielhaft eine Rasterelektronenmikroskop- (REM) Aufnahme einer ITO-Schicht mit MgF$_2$-Mikrosäulen zu sehen.

Aufgrund der starken Isotropie des Ätzprozesses (vgl. Abschnitt 3.3.2) kommt es zu einer Unterätzung der Lackstruktur und damit zu einem dünnen „Spalt" zwischen der ITO- und MgF$_2$-Säulenwand. Die Unterätzung liegt im Bereich der ITO-Schichtdicke (120 nm) und ist damit gering gegenüber dem Durchmesser der Säulen (2,5 µm). In der in Abbildung 5.1.2b beispielhaft gezeigten AFM-Aufnahme einer mit MgF$_2$-Mikrosäulen strukturierten ITO-Schicht ist dieser Spalt zu sehen.

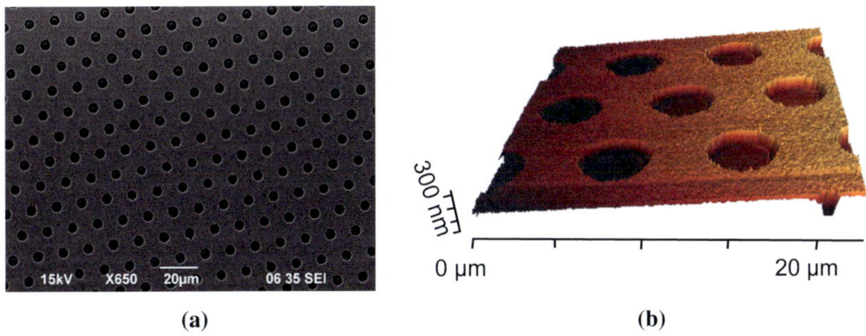

(a)   (b)

Abb. 5.1.2: Beispielhafte REM- (a) und AFM- (b) Aufnahme einer mit MgF$_2$-Mikrosäulen strukturierten ITO-Anode.

Auf die mit MgF$_2$-Mikrosäulen strukturierten ITO-Substrate wurden, wie in Abschnitt 3.2.1 beschrieben, weiße OLEDs (WOLEDs) prozessiert[2]. MgF$_2$ zeichnet sich nicht nur durch seinen niedrigen Brechungsindex im sichtbaren Spektralbereich aus ($n_{MgF_2} \approx 1{,}38$), sondern auch durch seine chemische Stabilität. Dies ermöglicht die Flüssigprozessierung des OLED-Stacks auf den MgF$_2$-Mikrosäulen ohne diese anzulösen. Durch die Flüssigprozessierung

---

[2] Bei dem in diesem Kapitel verwendeten OLED-Stack handelt es sich ausschließlich um „warm-weiße"-OLEDs, siehe Abschnitt 3.2.2.

wird der diskutierte Spalt zwischen ITO- und MgF$_2$-Säulenwand im Wesentlichen durch die erste prozessierte Schicht (PEDOT:PSS) gefüllt. In Abbildung 5.1.3 ist schematisch der Querschnitt einer WOLED mit integrierten MgF$_2$-Säulen zu sehen.

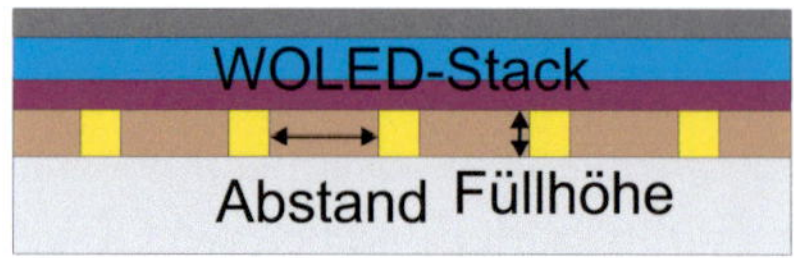

Abb. 5.1.3: Schematischer Querschnitt einer WOLED mit in der ITO-Anode integrierten MgF$_2$-Säulen.

5.1.2 Charakterisierung der strukturierten ITO-Anode

Um den Einfluss der Strukturierung mit MgF$_2$-Mikrosäulen auf die Eigenschaften der ITO-Anode zu untersuchen, wurde zunächst die Transmission der ITO-Schichten in Abhängigkeit des Abstandes der Säulen bestimmt. Abbildung 5.1.4 zeigt die für die strukturierten ITO-Schichten gemessene Transmission. Bei den gezeigten Kurven handelt es sich beispielhaft um MgF$_2$-Mikrosäulen mit einer Höhe von 66 nm. Es ist zu erkennen, dass weder die MgF$_2$-Mikrosäulendichte, sprich der Abstand der Säulen, noch die Strukturierung selbst einen Einfluss auf die Transmission der ITO-Anode hat. Ebenso wenig konnte ein Einfluss der Säulenhöhe auf die Transmission beobachtet werden.

Weiterhin wurde der Flächenwiderstand mit der in Abschnitt 3.4.4 beschriebenen Methode bestimmt, um den Einfluss auf das elektrische Verhalten der strukturierten ITO-Schicht zu untersuchen. Es konnte kein nennenswerter Einfluss der Strukturierung auf den Flächenwiderstand gemessen werden. Der Flächenwiderstand blieb unabhängig vom Säulenabstand und der Säulenhöhe konstant bei $R_{\mathrm{MgF_2},\square}=13\,\frac{\Omega}{\square}\left(\pm0,3\,\frac{\Omega}{\square}\right)$. Das im Rahmen dieser Arbeit genutzte ITO-Glas besitzt einen Flächenwiderstand etwa $R_{\mathrm{ITO},\square}=12,5\,\frac{\Omega}{\square}$.

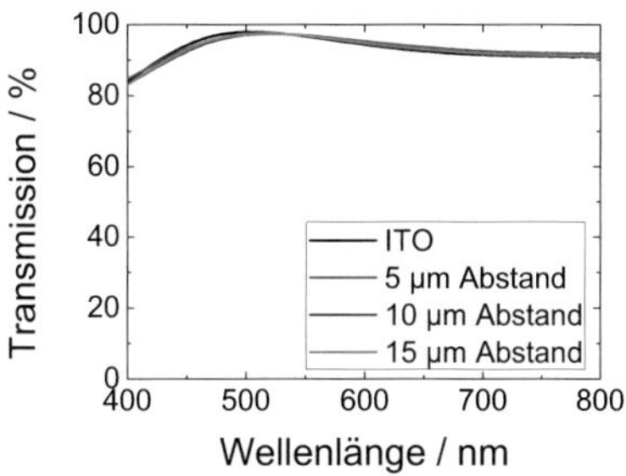

Abb. 5.1.4: Gemessene Transmission für mit MgF$_2$-Mikrosäulen strukturierte ITO-Anoden.

5.1.3 Effizienzbetrachtung

Die Effizienzen der OLEDs mit und ohne MgF$_2$-Mikrosäulen wurde, wie in Abschnitt 3.4.1 beschrieben, mit einer U-Kugel gemessen. Alle OLEDs wurden im Rahmen dieser Arbeit „batchweise" hergestellt. Pro Batch wurden 9 Substrate mit je 4 Leuchtflächen prozessiert. Im Falle der OLEDs mit MgF$_2$-Mikrosäulen wurden pro Batch jeweils 2 Substrate mit den Säulenabständen 5 µm, 10 µm und 15 µm sowie 3 Referenz-Substrate verarbeitet, wobei die Höhe der Säulen innerhalb eines Batches konstant blieb. Die absoluten Effizienzen der OLEDs können von Batch zu Batch schwanken. Diese Schwankungen können z.B. durch variierende Sauerstoff-Werte in den Gloveboxen, Verunreinigungen in der Atmosphäre, instabilem Druck bei den Aufdampfprozessen etc. erklärt werden. Aus diesem Grund beziehen sich die im Folgenden angegebenen Werte der Effizienzsteigerung immer auf die im selben Batch hergestellten Referenz-OLEDs. Um die im Folgenden diskutierten Ergebnisse zu verifizieren wurden alle OLED-Konfigurationen in mindestens zwei unabhängig voneinander hergestellten Batches prozessiert.

Zunächst wurde untersucht, inwiefern die Dichte der Mikrosäulen (Abstand der Säulen) sowie deren Höhe sich auf die Auskopplung in WOLEDs auswirkt. In Abbildung 5.1.5 ist die gemessene Effizienzsteigerung der WOLEDs für unterschiedliche Säulenabstands/höhen- Konfigurationen dargestellt. Die Effizienzsteigerung bezieht sich hierbei, wie in Kapitel 4.3, auf den von der

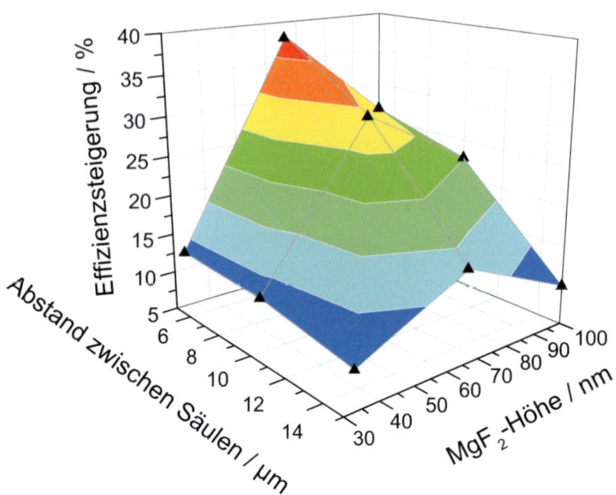

Abb. 5.1.5: Gemessene Effizienzsteigerung in Abhängigkeit des Abstands und der Höhe der MgF$_2$-Mikrosäulen.

OLED emittierte Lichtstrom bei einer aufgenommenen elektrischen Leistung, die einer Leuchtdichte der Referenz-WOLED von ca. 300 $\frac{cd}{m^2}$ entspricht.

Es zeigt sich, dass für MgF$_2$-Mikrosäulen mit einer Höhe von 66 nm und einem Abstand von 10 µm eine maximale Effizienzsteigerung von 38 % erreicht werden kann. Da MgF$_2$ ein Isolator ist, führt eine hohe Säulendichte, also ein geringer Abstand der Säulen, zu einer Reduktion der aktiven Fläche. Eine geringe Säulendichte führt zu einer geringeren Anzahl an Störzentren im Wellenleiter, was eine geringe Auskoppelwahrscheinlichkeit zur Folge hat. Dies erklärt zum Einen die niedrigere Effizienzsteigerung bei großen Abständen der Mikrosäulen, zum Anderen kann aus diesem Grund der Säulenabstand nicht beliebig reduziert werden. Aufgrund des Auflösungsvermögens des in dieser Arbeit zur Herstellung der Mikrosäulen verwendeten Mask-Aligners konnte der Abstand der Säulen nicht geringer als 5 µm eingestellt werden.

Eine mögliche Ursache für den Einfluss der Säulenhöhe auf die Effizienzsteigerung ist die sich dadurch unterscheidende Korrugation des OLED-Stacks. Dies kann zu unterschiedlichen Streuwirkungen führen, was unmittelbar die Auskopplung der gebundenen Moden beeinflussen kann. Für den in dieser Arbeit verwendeten WOLED-Stack lag das im untersuchten Bereich gemessene Optimum bei 66 nm. Bei kleineren Säulenhöhen kann es sein, dass die Streuwirkung der Mikrosäulen zu gering ist. Höhere Säulen neigen zu Kurzschlüssen oder können durch die Flüssigprozessierung des OLED-Stacks und den dabei verwendeten Lösemitteln angelöst werden, was zu geringeren Effizienzen führt.

Die Strukturierung der ITO-Anode mit MgF$_2$-Mikrosäulen kann, obwohl sich der Flächenwiderstand der Elektrode nicht signifikant ändert (siehe Abschnitt 5.1.2), zu einer Änderung des elektrischen Verhaltens der WOLEDs führen. In Abb. 5.1.6 sind repräsentative Strom-Spannungskennlinien der WOLEDs für unterschiedliche Säulenabstände bei einer Säulenhöhe von 66 nm gezeigt. Eine Veränderung der U-I-Kennlinie in Abhängigkeit der Säulenhöhe konnte nicht beobachtet werden. Es ist zu erkennen, dass die Strukturierung zu keinen wesentlichen Veränderungen im elektrischen Verhalten der Bauteile führt. Die leichte Streuung der U-I-Kennlinien gegenüber der Referenz-WOLED bei hohen Spannungen kann durch die eingeführte Korrugation erklärt werden. Durch die Korrugation und der damit einhergehend lokal leicht variierenden Schichtdicke kann sich lokal der elektrische Widerstand ändern, was zu den dargestellten Abweichungen der U-I-Kennlinien insbesondere bei hohen Spannungen führen kann. Die Effizienzen der OLEDs wurden bei deutlich niedrigeren Betriebspunkten verglichen, weshalb der Effekt der Effizienzsteigerung im Wesentlichen einem optischen Effekt zugewiesen werden kann, der mit einer Auskopplung der gebundenen Wellenleitermoden zusammenhängt.

Um den Effekt der Auskopplung durch die MgF$_2$-Mikrosäulen näher zu untersuchen wurden Transfermatrix-Simulationen (T-Matrix) durchgeführt. Die T-Matrix-Methode ermöglicht das Berechnen des Intensitätsprofils der gebundenen Wellenleitermoden in einem Dünnschichtstapel[3]. Abbildung 5.1.7a zeigt beispielhaft das errechnete 1-D Modenprofil der TE$_0$-Mode in

---

[3]Eine genaue Erläuterung des T-Matrix-Formalismus ist in [234] zu finden

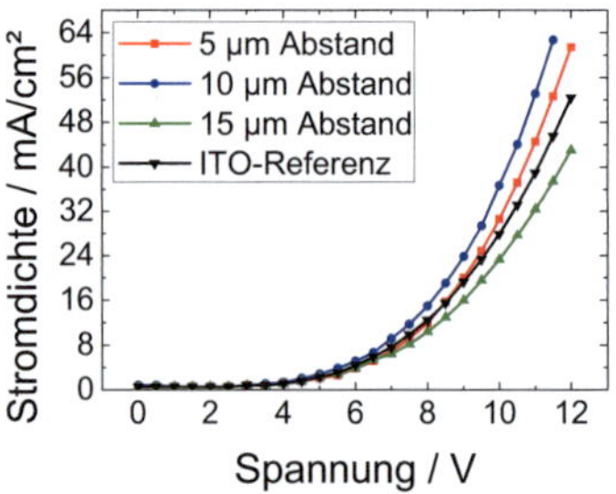

Abb. 5.1.6: Gemessene Strom-Spannungs-Kennlinien für verschiedene MgF$_2$-Mikrosäulen Abstände und einer Mikrosäulenhöhe von 66 nm.

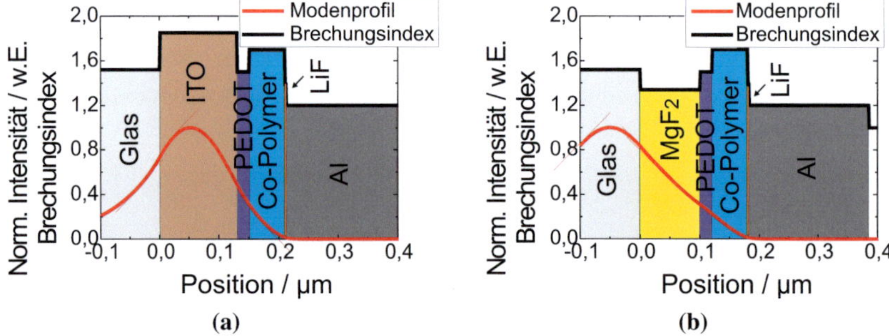

Abb. 5.1.7: (a) Modenverteilung in einer „warm-weißen" OLED und zugehöriges Brechungsindexprofil. Die gebundene Mode läuft im Wesentlichen in der ITO-Schicht. (b) Modenverteilung an der Position einer MgF$_2$-Mikrosäule.

der Referenz-OLED[4]. Es ist zu erkennen, dass der Füllfaktor der gebundenen Mode innerhalb der ITO-Schicht hoch ist. Aus diesem Grund ist die Störung durch die MgF$_2$-Mikrosäulen im ITO effizient, um die Auskopplung zu erhöhen. Aufgrund des niedrigen Brechungsindex des MgF$_2$ ($n_{MgF_2} \approx 1{,}38$) kann an dem Punkt der Mikrosäulen die gebundene Mode nicht mehr im ITO laufen. Sie schiebt daher in das Glassubstrat (siehe Abb. 5.1.7b). Damit gehen die in der Wellenleitermode gebundenen Photonen in das Substrat oder schließlich in Luft über. Die gebundene Mode wird also aus dem Wellenleiter

---

[4]Zur Berechnung wurde das Glassubstrat und die an das Aluminium angrenzende Luftschicht mit einer unendlichen Ausdehnung angenommen.

gestreut, was die gemessene Effizienzsteigerung erklärt. Die Details und die quantitative Modellierung dieses Auskoppelprozesses sind allerdings noch Gegenstand aktueller Forschung.

5.1.4 Abstrahlcharakteristik

Um den Einfluss der in dieser Arbeit entwickelten MgF$_2$-Mikrosäulen auf die Abstrahlcharakteristik der WOLEDs zu untersuchen, wurden diese, wie in Abschnitt 3.4.2 beschrieben, goniometrisch vermessen. In Abbildung 5.1.8 sind beispielhaft die winkelaufgelösten Emissionsspektren der WOLEDs mit 66 nm Säulenhöhe und 5 µm, 10 µm und 15 µm Säulenabstand dargestellt. Dabei ist das emittierte Spektrum über den Betrachtungswinkel aufgetragen. Die (normierte) Intensität ist farblich kodiert. Bei einem Vergleich der winkelaufgelösten Emissionsspektren der strukturierten WOLEDs (Abb. 5.1.8a-5.1.8c) mit der der Referenz-WOLEDs (Abb. 5.1.8d), ist keine Veränderung zu erkennen. D.h., dass trotz der Periodizität der MgF$_2$-Mikrosäulenstrukturierung und der relativ kleinen Strukturgröße (Säulendurchmesser $\approx$ 2,5 µm) das Emissionsverhalten der weißen OLED nicht beeinflusst wird..

5.1.5 Einfluss auf Substratmoden

Das im Substrat geführte Licht wird durch Totalreflexion am Glas-Luft-Übergang und durch Reflexion an der Aluminium-Kathode im Substrat geführt (siehe Abschnitt 2.3.1). Aus diesem Grund „interagieren" auch Substratmoden mit den MgF$_2$-Mikrosäulen. Zur Untersuchung ob eine teilweise Streuung der Substratmoden an der Mikrostruktur zur Erhöhung der Effizienz der MgF$_2$-Mikrosäulen-WOLEDs beiträgt, wurden die in Kapitel 4 diskutierten Mikrolinsenarrays (MLAs) auf den MgF$_2$-WOLEDs appliziert, und wie in Abschnitt 4.3.1 in ihrer Effizienz vermessen. Zum Einsatz kamen für diese Untersuchungen MLAs mit 30 µm Linsendurchmesser (D30-Array).

Abbildung 5.1.9 zeigt den gemessenen Lichtstrom einer MgF$_2$-WOLED (Säulenhöhe 66 nm, Säulenabstand 10 µm) mit und ohne MLA in Abhängigkeit der von der WOLED aufgenommenen elektrischen Leistung. Es ist zu erkennen, dass die WOLED mit dem MLA einen um 50 % erhöhten Lichtstrom

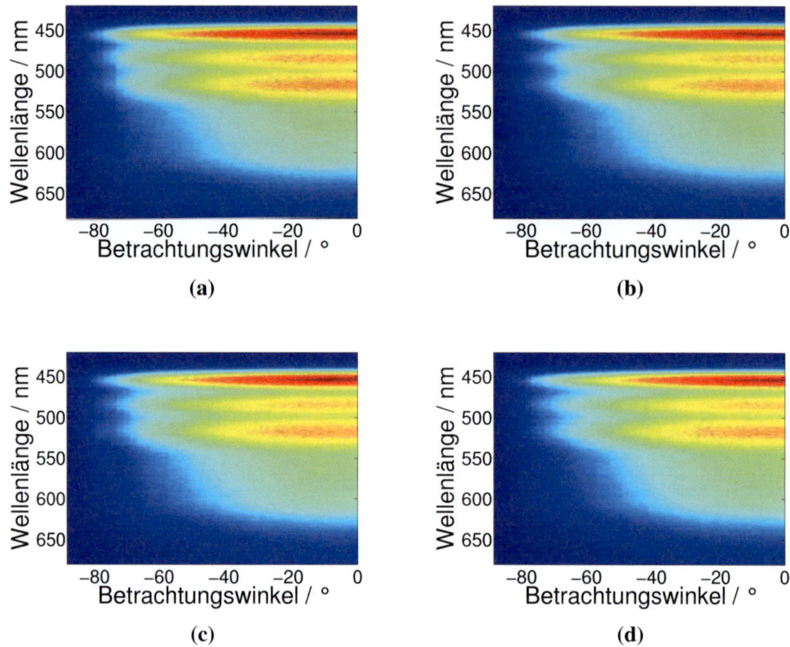

Abb. 5.1.8: Normierte winkelaufgelöste Emissionsspektren für verschiedenen MgF_2-Mikrosäulen Abstände. (a) 5 µm, (b) 10 µm, (c) 15 µm, (d) Referenz-OLED

bei gleicher aufgenommener elektrischer Leistung besitzt, was einer Effizienzsteigerung von 50 % entspricht. Da dieser Faktor unverändert gegenüber einer WOLED ohne MgF_2-Mikrosäulen ist (vgl. auch Kapitel 4), kann davon ausgegangen werden, dass durch das Einbringen der Mikrosäulen die ausgekoppelten Photonen aus dem Dünnschichtwellenleiter gleichmäßig in emittiertes Licht und Substratmoden gestreut werden. Die Menge an Licht im Substrat wird daher prozentual nicht beeinflusst. Es kann also davon ausgegangen werden, dass durch die MgF_2-Mikrosäulen keine Substratmoden ausgekoppelt werden. Abbildung 5.1.10 zeigt die Abstrahlcharakteristik der MgF_2-WOLEDs mit und ohne MLA. Wie zu erwarten war, wird das Emissionsver-

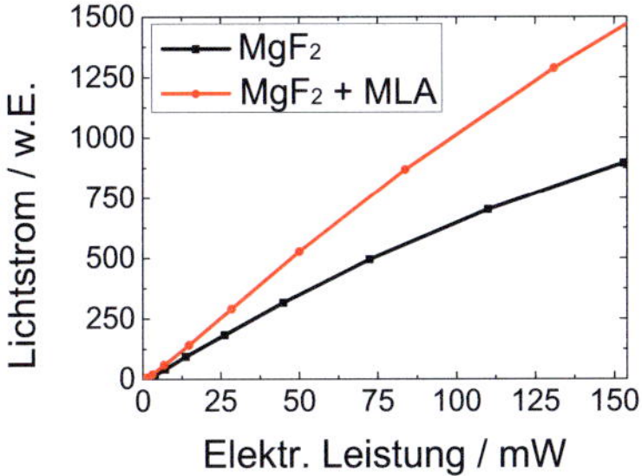

Abb. 5.1.9: Gemessene Effizienzsteigerung für MgF$_2$-Mikrosäulen-WOLEDs mit einem D30-Mikrolinsenarray.

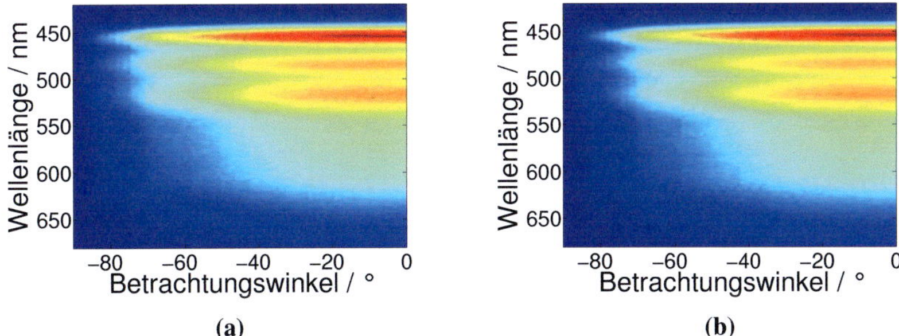

(a)   (b)

Abb. 5.1.10: Normierte winkelaufgelöste Emissionsspektren für MgF$_2$-Mikrosäulen OLEDs mit (a) und ohne (b) D30-Mikrolinsenarray.

halten der MgF$_2$-WOLEDs durch das MLA nicht beeinflusst (vergleiche Abschnitt 4.4).

Ein weiterer wichtiger Zusammenhang ist, dass die in Abbildung 5.1.9 gemessene Effizienzsteigerung durch das D30-Mikrolinsenarray an einer bereits durch die MgF$_2$-Mikrosäulen in ihrer Effizienz gesteigerten WOLED gemessen wurde. Daraus folgt, dass sich die Faktoren zur Effizienzsteigerung der internen und externen Auskopplung bei Kombination multiplizieren. Eine MgF$_2$-WOLED mit MLA besitzt gegenüber einer Referenz-OLED ohne MgF$_2$-Mikrosäulen und ohne MLA eine um den Faktor $\approx 2{,}07$ gesteigerte Effizienz.

Zusammenfassend lässt sich also sagen, dass durch die relativ einfach Strukturierung der ITO-Anode durch MgF_2-Mikrosäulen die Effizienz der hier untersuchten WOLEDs um einen Faktor von bis zu 1,38 gesteigert werden konnte, ohne die Abstrahlcharakteristik der WOLEDs zu beeinflussen. Dieser Ansatz zur internen Auskopplung führt in Kombination mit den in Kapitel 4 diskutierten Mikrolinsenarrays zur externen Auskopplung zu einer gesamten Steigerung der Effizienz um den Faktor $\approx 2,07$.

5.2 TiO$_2$-Bragg-Gitter

Diffraktive Ansätze zur Lichtauskopplung über periodische Nanostrukturen werden oftmals aufgrund ihrer wellenlängenselektiven und winkelabhängigen Auskopplung als nicht geeignet für den Einsatz in weißen OLEDs angesehen. Im Rahmen dieser Arbeit wurden TiO$_2$-Bragg-Gitter in weiße OLEDs implementiert, welche in Kombination mit den in Kapitel 4 diskutierten Mikrolinsenarrays nicht nur zu einer um den Faktor 4 erhöhten Lichtauskopplung führten, sondern auch eine spektral- und winkelunabhängige Lambertsche Abstrahlcharakteristik aufweisen.

5.2.1 Bragg-Streuung

Die Auskopplung von gebundenen Wellenleitermoden und Oberflächenplasmonpolaritonen in OLEDs durch periodische Gitterstrukturen basiert auf der Bragg-Streuung, welche im Folgenden erläutert werden soll.

In Abbildung 5.2.1 ist schematisch ein Wellenleiter mit implementierter Gitterstruktur dargestellt. Einem eindimensionalen Gitter mit der Periode Λ

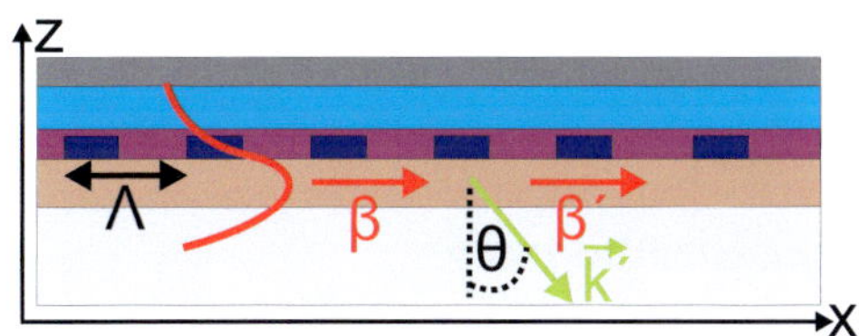

Abb. 5.2.1: Prinzip der Bragg-Streuung. Bei Addition des reziproken Gittervektors zur x-Komponente β des Wellenvektors der gebundenen Mode muss auf die Impulserhaltung geachtet werden. Die Ausbreitungskonstante β bleibt erhalten, weshalb die z-Komponente den Impuls aufnehmen muss. Die gebundene Mode wird unter dem Winkel θ ausgekoppelt.

kann ein reziproker Gittervektor $\vec{G}$ zugeordnet werden, der sich wie folgt ergibt:

$$\vec{G} = G \cdot \vec{e}_x = \frac{2\pi}{\Lambda} \cdot \vec{e}_x. \tag{5.2.1}$$

Eine Mode die sich in x-Richtung ausbreitet besitzt die Ausbreitungskonstante β (x-Komponente des k-Vektors, vgl. Abschnitt 2.3.2). Bei Streuung einer Mode an der Gitterstruktur wird ein ganzzahliges Vielfaches des reziproken Gittervektors zur x-Komponente des Wellenvektors addiert bzw. subtrahiert:

$$\vec{\beta}' = \vec{\beta} \pm m \cdot \vec{G}. \tag{5.2.2}$$

Bei dem Streuprozess muss auf Energie- und Impulserhaltung geachtet werden. Da die Ausbreitungskonstante β konstant bleibt, spricht man hier von Quasiimpulserhaltung. Bei eindimensionalen Gittern ist in y-Richtung die Struktur isotrop, weshalb der Impuls in diese Richtung streng erhalten ist. In z-Richtung ist die Struktur anisotrop, weshalb die z-Komponente des Wellenvektors die Änderung des Impulses aufnehmen kann. Die hiermit verbundene Richtungsänderung wird als die Streuung der Mode verstanden. Die gestreute Mode besitzt dann den k-Vektor $\vec{k}'$, dessen x-Komponente konstant bleibt. Die Richtungsänderung erfolgt somit für jede Wellenlänge mit einem unterschiedlichen zum Lot gemessenen Winkel θ. Dieser Winkel ergibt sich unter Berücksichtigung des effektiven Brechungsindex n_{eff} der Mode des Schichtwellenleiters (vgl. Abschnitt 2.3.2) und der Periode Λ der Gitterstruktur zu:

$$\theta = \arcsin\left(n_{\text{eff}} - m\frac{\lambda_0}{\Lambda}\right). \tag{5.2.3}$$

5.2.2 Laserinterferenzlithografie

Die in dieser Arbeit verwendeten Bragg-Gitter wurden über das Verfahren der Laserinterferenzlithografie (LIL) hergestellt. Mit Hilfe der LIL lassen sich ein- und zweidimensionale periodische (Nano-) Strukturen in Fotolackschichten übertragen. Dieses Verfahren ist im Gegensatz zu anderen Methoden zur Herstellung von Nanostrukturen wie z.B. der Elektronenstrahllithografie deutlich schneller. Weiterhin ist es mit Hilfe der LIL möglich, große Substrate zu belichten (gezeigt wurden Flächen von bis zu 4,8 m² [235]).

Der im Rahmen dieser Arbeit entworfene LIL-Aufbau ist in Abbildung 5.2.2 schematisch dargestellt. Ein Festkörperlaser (FQCW 266-50/100 der

Firma CryLas GmbH) mit einer Emissionswellenlänge von $\lambda=266$ nm wurde über einen Strahlteiler in zwei Teilstrahlen aufgespalten. Diese wurden über Drehspiegel in einem definierten Winkel zueinander abgelenkt. Da es in diesem Wellenlängenbereich keine idealen Strahlteiler gibt, besitzen die beiden Teilstrahlen eine unterschiedliche Intensität. In den Teilstrahl mit höherer Intensität wurde aus diesem Grund ein teildurchlässiger Spiegel gebracht, um die Intensität anzugleichen. Der von diesem Spiegel reflektierte Anteil wurde auf eine Fotodiode gelenkt, über welche so die relative Intensität des Lasers gemessen wurde. Dieses Signal diente zur Einstellung der Belichtungsdosis und wurde vor jeder Belichtung kalibriert. Über Streu- und/oder Beugungseffekte an den optischen Komponenten, sowie durch Streuung an Partikeln in der Luft, wird das gaußsche Strahlprofil des Lasers gestört, so dass das Strahlprofil typischerweise konzentrische Ringe aufzeigt. Um diese zu filtern, wurden beide Teilstrahlen über ein Objektiv in ein Pinhole fokussiert. Die Fokussierung in das Pinhole dient als Raumfilter, so dass das gefilterte Strahlprofil annähernd gaußförmig ist. Weiterhin werden durch die Fokussierung die beiden Teilstrahlen aufgeweitet. Auf einer hinreichend weit entfernten Probe können die Wellenfronten als eben angesehen werden, wodurch ein Interferenzmuster auf die Probe abgebildet wird.

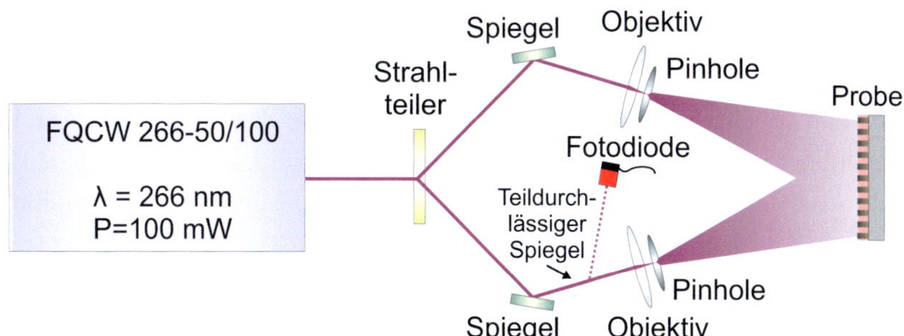

Abb. 5.2.2: Schema des zur Laserinterferenzlithografie verwendeten Aufbaus.

Es bildet sich ein wie in Abbildung 5.2.3 dargestelltes sinusoidales Interferenzmuster im Fotolack aus, welches analytisch berechnet werden kann. Hierzu wird im Folgenden davon ausgegangen, dass die Einfallswinkel der

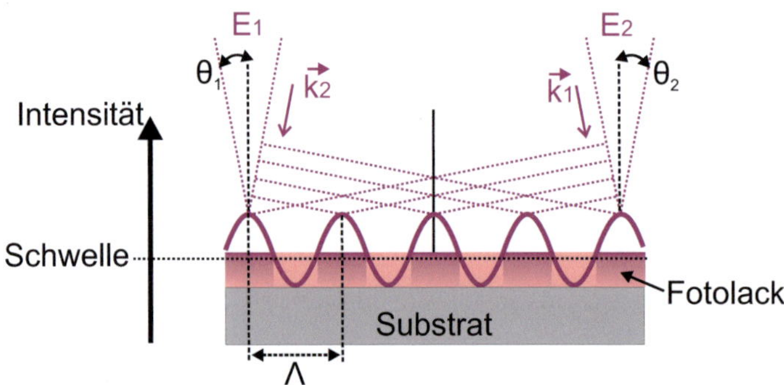

Abb. 5.2.3: Entstehung der Gitterstruktur. Die unter einem Winkel einfallenden ebenen Wellen interferieren. Es wird im Lack eine sinusoidale Intensitätsverteilung abgebildet. An den Stellen wo die Polymerisationsschwelle des Fotolacks überschritten wird, wird die fotoaktive Komponente des Lacks aktiviert. Es bildet sich eine periodische Struktur mit der Gitterperiode Λ aus.

Teilstrahlen gleich sind[5] ($\theta_1 = -\theta_2 = \theta$) und die Teilstrahlen die selbe Intensität A besitzen. Die Teilstrahlen lassen sich als ebene Welle wie folgt beschreiben:

$$E_1(x, t) = A \cos(k_1 \cdot x - \omega t), \qquad (5.2.4)$$

$$E_2(x, t) = A \cos(k_2 \cdot x - \omega t + \triangle\varphi). \qquad (5.2.5)$$

Dabei entspricht $\triangle\varphi$ der Phasenverschiebung der beiden Teilstrahlen. Die in Abbildung 5.2.3 dargestellte Intensitätsverteilung I im Lack ergibt sich durch zeitliche Mittelung (stationärer Fall) bei Überlagerung der beiden Teilstrahlen wie folgt:

$$I = \left\langle \left| (E_1(x, t) + E_2(x, t)) \right|^2 \right\rangle_{\mathrm{T}} \qquad (5.2.6)$$

$$= \left\langle 4A^2 \cos^2\left(k_0 x \sin\theta - \frac{\triangle\varphi}{2}\right) \cdot \cos^2\left(\frac{\triangle\varphi}{2} - \omega t\right) \right\rangle_{\mathrm{T}} \qquad (5.2.7)$$

---

[5]Für den Fall $\theta_1 \neq -\theta_2$ ergeben sich prismatische Interferenzmuster, welche in dieser Arbeit nicht genutzt wurden und im Folgenden daher nicht betrachtet werden.

$$= \lim_{T \to \infty} \frac{1}{T} \int_0^T 4A^2 \cos^2 \left(k_0 x \sin\theta - \frac{\triangle\varphi}{2} \right) \cdot \cos^2 \left(\frac{\triangle\varphi}{2} - \omega t \right) dt \qquad (5.2.8)$$

$$= \frac{\triangle\varphi \cdot A^2}{2} \cos^2 \left(k_0 x \sin\theta - \frac{\triangle\varphi}{2} \right). \qquad (5.2.9)$$

Fotolacke besitzen im Allgemeinen eine Schwelle, also eine Intensität oberhalb der die fotoaktive Komponente des Lacks aktiviert wird (vergleiche Abschnitt 3.3). Obwohl das so im Lack abgebildete Interferenzmuster sinusförmig ist, ist das später resultierende Gitter deshalb nicht sinusförmig. Näherungsweise kann von einer „binären" Vernetzung des Fotolacks ausgegangen werden. Alle Bereiche oberhalb der Schwelle werden daher aktiviert und alle Bereiche unterhalb dieser Schwelle bleiben „unbelichtet", vergleiche Abbildung 5.2.3. Nach der Entwicklung des Fotolacks ergibt sich so eine periodische Gitterstruktur, deren Tastverhältnis sowohl über die Intensitätsverteilung des Interferenzmusters als auch über die verwendete Lackschichtdicke eingestellt werden kann. Die Periode Λ kann über den Einfallswinkel der Teilstrahlen wie folgt bestimmt werden:

$$\Lambda = \frac{\lambda}{\sin(\theta_1) - \sin(\theta_2)} = \frac{\lambda}{2 \sin\theta}, \quad \textit{für } \theta_1 = -\theta_2 = \theta. \qquad (5.2.10)$$

5.2.3 Bauteil-Herstellung und verwendete Materialien

TiO$_2$ ist im sichtbaren Spektralbereich weitgehend transparent und besitzt einen sehr hohen Brechungsindex, weshalb im Rahmen dieser Arbeit TiO$_2$-Bragg-Gitter auf der ITO-Anode einer WOLED hergestellt wurden. Der hohe Brechungsindex ($n_{TiO_2} \approx 2,5 - 3,2$) des TiO$_2$[6] im sichtbaren Spektralbereich

---

[6]TiO$_2$ kann in drei unterschiedlichen Kristallmodifikationen vorkommen: Rutil, Anatas und Brookit. Der Brechungsindex von TiO$_2$ ist stark von dieser Kristallphase abhängig und zudem dispersiv. Das in dieser Arbeit prozessierte TiO$_2$ ist aufgrund der starken Erhitzung bei der Prozessierung durch das Elektronenstrahlverdampfen sehr wahrscheinlich Rutil [236]. Für die in dieser Arbeit durchgeführten Berechnungen wurden daher Literaturwerte des Brechungsindex für rutiles TiO$_2$ verwendet.

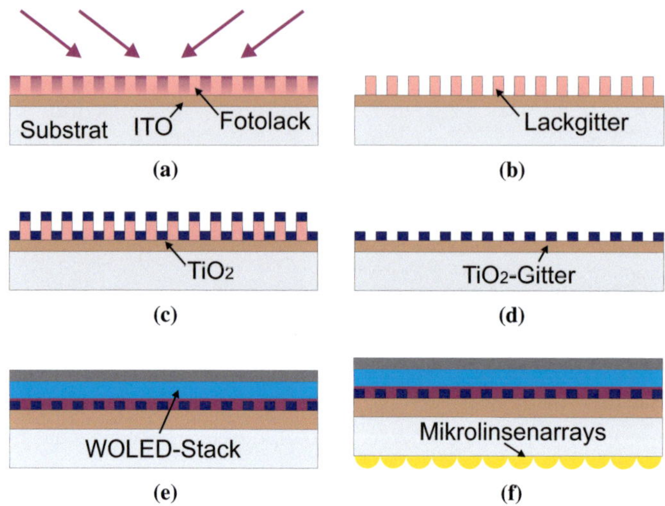

Abb. 5.2.4: Herstellungsprozess der WOLEDs mit TiO_2-Gittern und Mikrolinsenarrays. (a) Ein mit Fotolack beschichtetes ITO-Substrat wird mittels Laserinterferenzlithografie belichtet. (b) Nach der Entwicklung resultiert ein Fotolackgitter auf dem Substrat. (c) Es wird eine Schicht TiO_2 aufgedampft. (d) Nach dem Lift-Off resultiert ein TiO_2-Gitter auf dem Substrat. (e) Ein („warm-weißer") OLED-Stack wird auf das Substrat prozessiert. (f) Auf den Glas/Luft-Übergang wird ein Mikrolinsenarray gestempelt.

bildet einen hohen Kontrast zu der umgebenden Organik ($n_{Organik} = 1,7 - 1,9$), was die Bragg-Streuung begünstigt (vgl. Abschnitt 5.2.1).

In Abbildung 5.2.4 ist eine Übersicht über die einzelnen Schritte zur Herstellung der untersuchten Bauteile zu sehen. Über das in Abschnitt 5.2.2 beschriebene Verfahren der Laserinterferenzlithografie wurde in eine sich auf einem mit ITO beschichteten Glassubstrat befindenden Fotolackschicht (AR-P 3170) eine Gitterstruktur belichtet und entwickelt (Abb. 5.2.4a). Auf das resultierende Lackgitter (Abb. 5.2.4b) wurde mit Hilfe des Verfahrens des Elektronenstrahlverdampfens eine Schicht TiO_2 aufgebracht (Abb. 5.2.4c). Nach einem Lift-Off-Prozess resultiert das TiO_2-Bragg-Gitter auf der ITO-Schicht (Abb. 5.2.4d). Auf das so strukturierte ITO-Substrat wurden, wie in Abschnitt 3.2.1 beschrieben, „warm-weiße"-OLEDs prozessiert (Abb. 5.2.4e). Auf den Substrat/Luft-Übergang wurde schließlich noch optional ein

Mikrolinsenarray (vgl. Abschnitt 4.1.1) gestempelt. In diesem Kapitel wurden ausschließlich Mikrolinsen mit einem Durchmesser von 30 µm verwendet (D30-Array).

In Abbildung 5.2.5a und 5.2.5b sind beispielhafte Rasterelektronenmikroskop-Aufnahmen von TiO$_2$-Bragg-Gitter auf ITO zu sehen. Abbildung 5.2.5c zeigt eine REM-Aufnahme eines mit einem fokussierten Ionenstrahl (engl. *focused ion beam, FIB*) hergestellten Querschnitts einer WOLED mit 15 nm hohem TiO$_2$-Gitter, Abb. 5.2.5d die einer WOLED mit 35 nm hohem Gitter. Es ist zu erkennen, dass sich die Korrugation der Gitterstruktur durch alle Schichten des Bauteils „drückt". Der planarisierende Effekt der Flüssigprozessierung des WOLED-Stacks ist bei einer geringeren Gitterhöhe stärker ausgeprägt.

5.2.4 Effizienzbetrachtung

Im Folgenden wird zunächst die Effizienz der WOLEDs mit Gitterstruktur - aber *ohne* Mikrolinsenarray - betrachtet. Die Periode der Bragg-Gitter wurde mit Hilfe der Bragg-Bedingung (Formel 5.2.3) so berechnet, dass der Auskoppelwinkel θ für gebundene Moden im gesamten sichtbaren Spektralbereich bei Beugung erster Ordnung unterhalb des Winkels zur Totalreflexion am Glas/Luft-Übergang bleibt. Es ergab sich so eine Periode von $\Lambda = 330\,nm$, welche bei den folgenden Untersuchungen nicht variiert wurde. Es wurden Gitterhöhen von 15 nm und 35 nm untersucht. Wie bei den in Abschnitt 5.1.3 betrachteten WOLEDs, wurden die Gitter-OLEDs in ihrer Effizienz nur mit Referenz-WOLEDs verglichen, welche im selben Batch hergestellt wurden. Um die im Folgenden gezeigten Ergebnisse zu verifizieren wurde jede Bauteil-Konfiguration in zwei von einander unabhängigen Batches prozessiert[7]. Die gezeigten Messkurven sind keine Mittelung, sondern repräsentative Messreihen für die entsprechenden Bauteilkonfigurationen. Die angegebenen Abweichungen beziehen sich wiederum auf die Abweichungen zwischen den untersuchten Bauteilen.

---

[7]Pro Batch wurden jeweils 3 Referenzsubstrate, 3 Substrate mit 15 nm hohem TiO$_2$-Gitter und 3 Substrate mit 35 nm hohem TiO$_2$-Gitter prozessiert. Jedes Substrat besitzt wie in Abschnitt 3.2.1 beschrieben 4 Leuchtflächen, also 4 individuell untersuchte OLEDs.

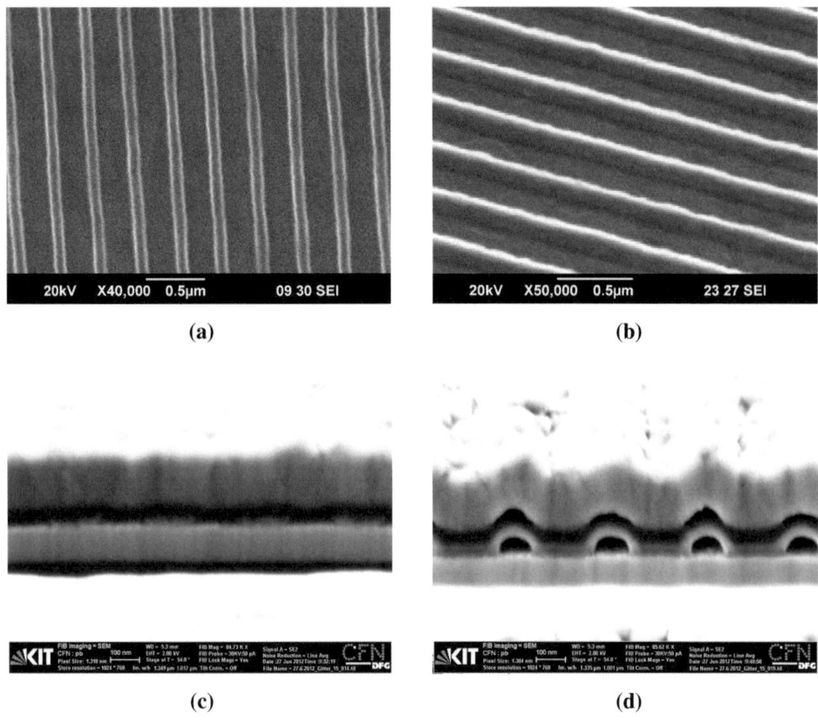

Abb. 5.2.5: (a) REM-Aufnahmen eines TiO$_2$-Bragg-Gitter auf ITO. (b) TiO$_2$-Bragg-Gitters unter 45° Betrachtungswinkel. Es sind die steilen Seitenwände des Gitters zu sehen. (c) REM-Aufnahme eines mit einem FIB angefertigten Querschnitts einer fertig prozessiert WOLED mit 15 nm und (d) 35 nm hohem TiO$_2$-Bragg-Gitter.

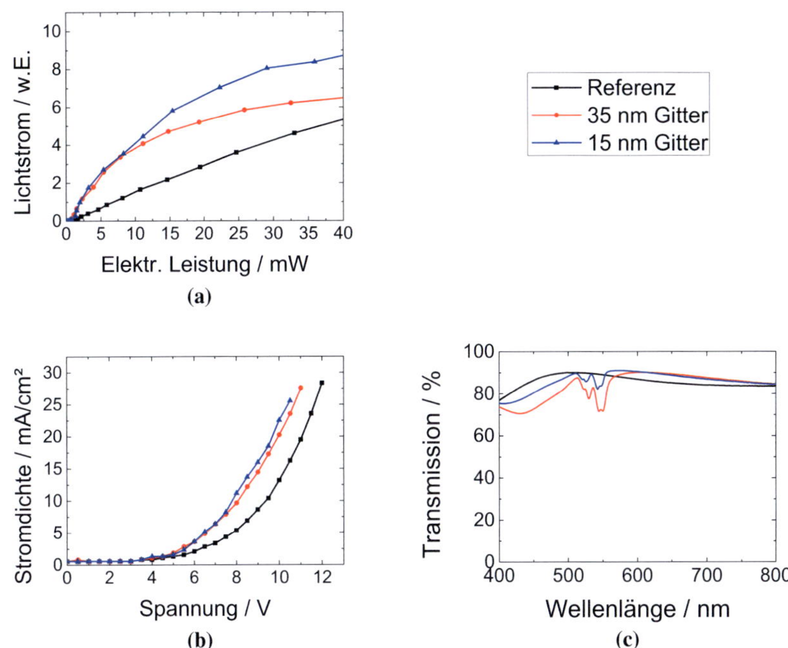

Abb. 5.2.6: (a) Gemessener Lichtstrom aufgetragen über der aufgenommenen elektrischen Leistung für die WOLEDs mit 15 nm und 35 nm TiO$_2$-Gitter im Vergleich zu einer Referenz-WOLED. (b) Zugehörige Strom-Spannungs-Kennlinie. (c) Gemessene Transmission für ein 15 nm und 35 nm hohes TiO$_2$-Gitter auf einem ITO beschichteten Glassubstrat.

In Abbildung 5.2.6a ist der gemessene Lichtstrom in Abhängigkeit der von den WOLEDs aufgenommenen elektrischen Leistung dargestellt. Im Folgenden wird der Lichtstrom bei einer Leistungsaufnahme von ~25 mW verglichen, was bei der Referenz-OLED in etwa einer Leuchtdichte von ca. 300 $\frac{\text{cd}}{\text{m}^2}$ entspricht. Die WOLEDs zeigen in Abhängigkeit von der Gitterhöhe unterschiedliche Effizienzen. Man erkennt, dass Bauteile mit einer Gitterhöhe von 35 nm um ca. 59 % ($\pm$4 %) und Bauteile mit einer Gitterhöhe von 15 nm um etwa 104 % ($\pm$5 %) effizienter sind, als die entsprechenden Referenz-OLEDs. Betrachtet man die zugehörigen Strom-Spannungs-Kennlinien (Abb. 5.2.6b), so ist zu erkennen, dass die Stromdichten in den Gitter-WOLEDs etwas erhöht sind. Dieser Effekt ist bei korrugierten OLEDs in der Literatur bekannt, und wird durch eine durch die Korrugation hervorgerufene lokale Variation der Schichtdicke und der damit einhergehenden lokalen Feldüberhöhung erklärt [231, 237]. Obwohl die WOLEDs flüssigprozessiert wurden, ist der planarisierende Effekt dieser Prozessierungsmethode gering, so dass sich die Korrugation durch das gesamte Bauteil „drückt" (siehe Abbildung 5.2.5c und 5.2.5d). Es kann daher nicht vollkommen ausgeschlossen werden, dass die gemessene Effizienzsteigerung auch durch elektrische Effekte bedingt ist. Allerdings besitzen die Bauteile mit 15 nm und 35 nm Gitterhöhe beinahe dieselbe U-I-Charakteristik, weisen aber deutlich unterschiedliche Effizienzen auf. Deshalb kann davon ausgegangen werden, dass für die Effizienzsteigerung ein optischer, bzw. ein Auskoppeleffekt maßgeblich verantwortlich ist. Dass eine unterschiedliche Transmission für die verschiedenen Gitterhöhen für die variierenden Effizienzen der WOLEDs verantwortlich ist, kann, wie die in Abbildung 5.2.6c dargestellten gemessenen Transmissionen zeigen, ausgeschlossen werden.

Betrachtet man die gemessene Effizienzsteigerung für die 15 nm und 35 nm Gitter-WOLEDs (rund 100 % bzw. 60 %), so ist dies zunächst unerwartet. Von einer höheren Gitterstruktur ist eine höhere Streuwirkung zu erwarten, und damit auch eine effizientere Auskopplung. Weiterhin haben Transfer-Matrix-Simulationen[8] gezeigt, dass bei höherem Gitter der Füllfaktor in der „Gitterschicht", also der Überlapp der gebundenen Mode mit dem Gitter zunimmt (siehe Abb. 5.2.7). Daraus erhöht sich der Wechselwirkungsquerschnitt des Gitters mit der gebundenen Mode. Da für eine geringere Gitterhöhe allerdings eine höhere Effizienzsteigerung gemessen wurde, muss neben dem Streuquerschnitt des Gitters und dem Überlapp der Mode mit der Gitterstruktur noch ein anderer Effekt die Auskopplung beeinflussen.

In [238] wurde beispielsweise gezeigt, dass je nach OLED-Stack und Gittergeometrie Photonen durch ein Bragg-Gitter in den Dünnschichtwellenleiter des OLED-Stacks eingekoppelt werden können. Ein Bragg-Gitter kann Pho-

---

[8]Der Brechungsindex für die Gitterstruktur wurde für die Simulation aus dem Mittelwert von TiO_2 und PEDOT:PSS bestimmt, was einem Tastverhältnis von 1 entspricht. Das Glassubstrat und die an das Aluminium angrenzende Luft wurde als unendlich ausgedehnt angenommen.

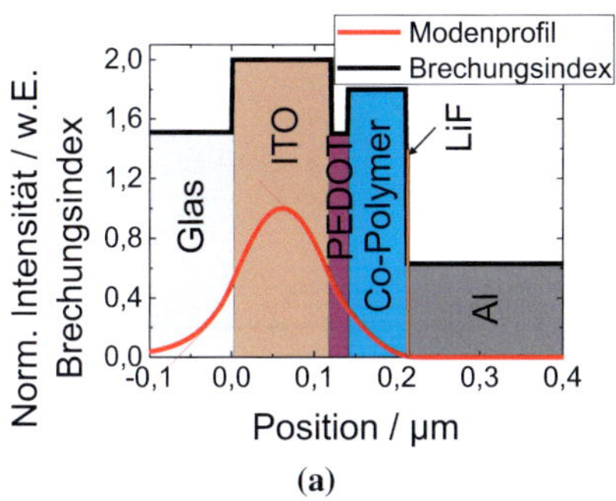

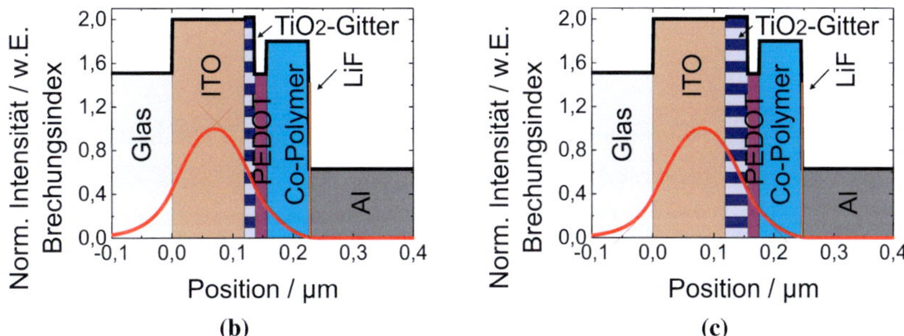

Abb. 5.2.7: T-Matrix-Simulation der Modenverteilung der TE$_0$-Mode in einer „warm-weißen" OLED und das zugehörige Brechungsindexprofil bei einer Wellenlänge von 450 nm für (a) die Referenz-WOLED, (b) 15 nm und (c) 35 nm TiO$_2$-Gitter-WOLEDs.

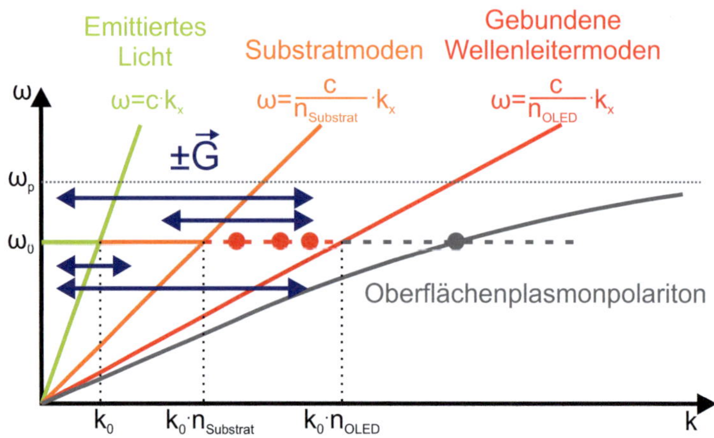

Abb. 5.2.8: Lichtverteilung in einer OLED anhand der Dispersionsrelation. Über den Gittervektor $\vec{G}$ kann Licht aus gebundenen Moden in Substratmoden oder in Luft und vice versa gekoppelt werden.

tonen aus einem Wellenleiter also nicht nur auskoppeln, sondern auch einkoppeln. Betrachtet man die Lichtverteilung in einer OLED mit Hilfe der Dispersionsrelation für eine beispielhafte Frequenz ω_0, so ergibt sich die in Abbildung 5.2.8 dargestellte Verteilung (vergleiche Abschnitt 2.3.3). Prinzipiell können alle Lichtbereiche im Bauteil, also die gebundenen Wellenleitermoden, die kontinuierlich verteilten Substratmoden sowie die emittierten Photonen mit dem Bragg-Gitter wechselwirken. Über den mit Formel 5.2.2 beschriebenen Zusammenhang können Photonen daher durch Addition bzw. Subtraktion des reziproken Gittervektors in die unterschiedlichen Lichtbereiche der OLED koppeln. Die Effizienz einer Gitter-OLED ist somit eine Frage der „Kopplungs-Bilanz". Bei den hier untersuchten WOLEDs fällt die Bilanz für das emittierte Licht bei den 15 nm Gittern positiver als bei den 35 nm Gittern aus. Inwiefern durch die Gitterstruktur eine Kopplung von Substratmoden auftritt und inwiefern diese die Auskoppeleffizienzen beeinflusst, wird im folgenden Abschnitt näher untersucht.

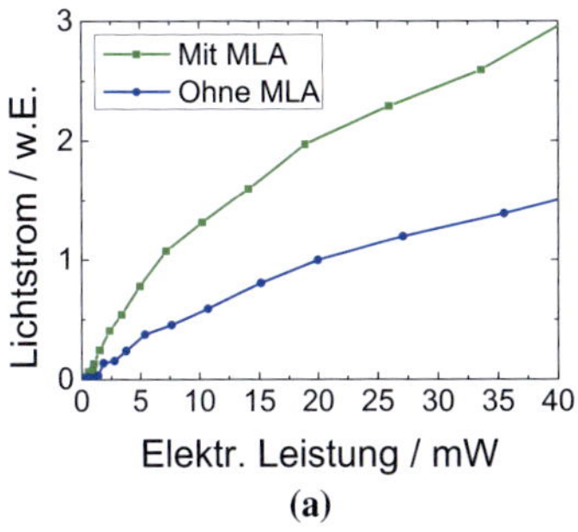
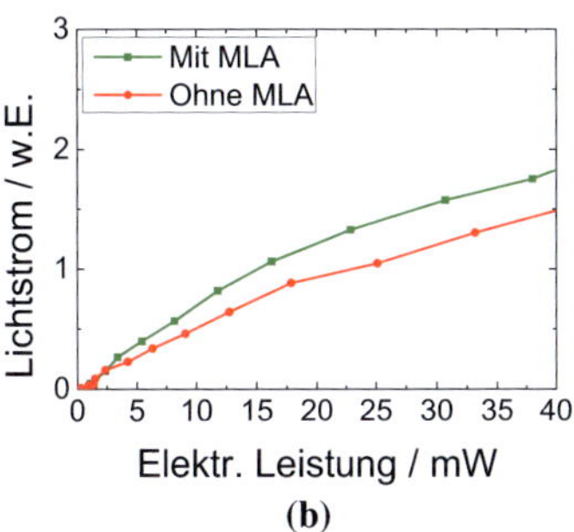

Abb. 5.2.9: Gemessene Effizienzsteigerung für WOLEDs mit D30-Mikrolinsenarray und (a) 15 nm bzw. (b) 35 nm TiO$_2$-Gitter.

5.2.5 Kopplung von Substratmoden

Zur Untersuchung des Einflusses der TiO$_2$-Gitter auf die Substratmoden der WOLEDs wurden auf die im vorangegangen Abschnitt diskutierten gitterstrukturierten WOLEDs, sowie auf die zugehörigen Referenz-WOLEDs, Mikrolinsenarrays mit einem Durchmesser von 30 µm prozessiert (vgl. Kapitel 4). Bei den im Folgenden diskutierten Messungen wurden immer dieselben Leuchtflächen miteinander verglichen, d.h. wie in Kapitel 4 näher beschrieben, wurde die Effizienz einer OLED zuerst mit MLA und nach dem Entfernen ohne MLA gemessen.

In Abbildung 5.2.9 ist der gemessene Lichtstrom über der von den WOLEDs aufgenommenen elektrischen Leistung mit und ohne Gitterstruktur aufgetragen. Es ist zu erkennen, dass die Bauteile mit einer Gitterhöhe von 15 nm um weitere 94 % ($\pm$4 %) in ihrer Effizienz gesteigert werden konnten (Abb. 5.2.9a), während bei einer Gitterhöhe von 35 nm lediglich eine weitere Effizienzsteigerung von 35 % ($\pm$3 %) gemessen wurde. Im Vergleich zu der Referenz-WOLED, welche eine Effizienzsteigerung von 50 % durch das MLA aufweist (vergleiche auch Kapitel 4), muss bei den entsprechenden Gitter-OLEDs die Anzahl der Photonen im Substrat stark variieren. Dies deutet darauf hin, dass der in Abbildung 5.2.8 dargestellte Zusammenhang der Kopplung zwischen Substratmoden und gebundenen Wellenleitermoden, bzw.

emittiertem Licht auftritt. In den hier untersuchten Bauteilen koppelt das 15 nm hohe Gitter Photonen also nicht nur besonders gut in den Bereich des emittierenden Lichts, sondern auch in das Substrat, bzw. die Rückkopplung in den Wellenleiter fällt gering aus, weshalb der Faktor der Effizienzsteigerung durch die MLA in diesem Bauteil besonders hoch ausfällt. Das 35 nm Gitter hingegen zeigt einen geringeren Anteil an Substratmoden im Vergleich zum Referenz-Device. Dies kann zum einen daran liegen, dass das Gitter bereits einige Substratmoden ausgekoppelt hat. Zum anderen kann es sein, dass durch das 35 nm Gitter Photonen stark in den Wellenleiter eingekoppelt wird und die Bilanz für das emittierte Licht bzw. die Substratmoden daher schlechter ausfällt als bei einem 15 nm Gitter.

Die durch die MLAs gemessenen Effizienzsteigerungen beziehen sich dabei immer auf die bereits durch das TiO_2-Gitter in ihrer Effizienz gesteigerten Bauteile. Somit zeigt bei den hier untersuchten WOLEDs ein Bauteil mit einem 15 nm hohen TiO_2-Gitter und einem MLA eine insgesamt um den Faktor 4 gesteigerte Effizienz auf. Abbildung 5.2.10 gibt eine Zusammenfassung über die verschiedenen gemessenen Faktoren der Effizienzsteigerung.

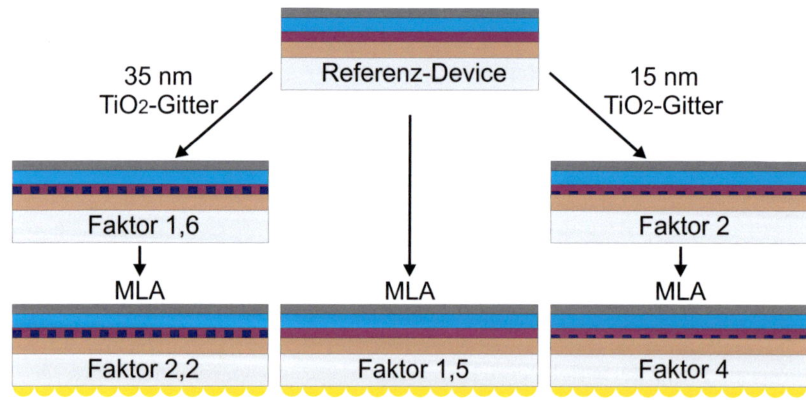

Abb. 5.2.10: Übersicht über die verschiedenen Bauteile und die zugehörigen Faktoren der Effizienzsteigerung. Durch das Kombinieren der internen und externen Auskopplung multiplizieren sich die entsprechenden Faktoren der Effizienzsteigerung.

5.2.6 Abstrahlcharakteristik

Einer der Nachteile von diffraktiven Ansätzen zur Lichtauskopplung in OLEDs ist die wellenlängen- und winkelselektive Auskopplung des Lichts. Über die Bragg-Bedingung (Formel 5.2.3) lässt sich für jede Wellenlänge ein bestimmter Auskoppelwinkel berechnen. Daraus folgt, dass insbesondere weiße OLEDs durch die diffraktive Auskopplung einen Farbwinkelverzug sowie eine nicht-Lambertsche Abstrahlcharakteristik aufweisen. Im Folgenden wird untersucht, inwiefern sich der in dieser Arbeit untersuchte Ansatz zur Auskopplung durch TiO$_2$-Bragg-Gitter auf die Abstrahlcharakteristik der weißen OLEDs auswirkt.

Zunächst wurde mit dem in Abschnitt 3.4.2 beschriebenen Goniometer untersucht, inwiefern durch die TiO$_2$-Bragg-Gitter TE- und TM-Moden (vgl. Abschnitt 2.3.2) ausgekoppelt werden können, bzw. inwiefern durch das TiO$_2$-Bragg-Gitter polarisiertes Licht von der WOLED abgestrahlt wird. Hierzu wurde ein Polarisationsfilter vor die lichtsammelnde Faser des Goniometers gebracht, so dass zwischen TE- und TM-polarisiertem Licht unterschieden werden kann. In Abbildung 5.2.11 sind die gemessenen polarisationsabhängigen winkelaufgelösten Emissionsspektren für die Bauteile mit 15 nm und 35 nm Gitterhöhe ohne MLA dargestellt (TE-Pol.: Abb. 5.2.11a und 5.2.11c; TM-Pol.: Abb. 5.2.11b und 5.2.11d). Es ist zu erkennen, dass durch die TiO$_2$-Bragg-Gitter sowohl TE- als auch TM-Moden ausgekoppelt werden. Bei beiden Gitterhöhen ist deutlich zu erkennen, dass der Großteil der ausgekoppelten Moden TE-polarisiert sind, d.h. in den WOLEDs ist nur ein geringer Anteil der Moden TM-polarisiert, was einen geringen Anteil an ausgekoppelten Oberflächenplasmonpolaritonen vermuten lässt, da diese TM-polarisiert sind (vgl. hierzu Kapitel 2.3.3).

Um den Farbwinkelverzug der weißen Gitter-OLEDs zu untersuchen, wurden winkelaufgelöste Emissionsspektren ohne Polarisationsfilter aufgenommen. Abbildung 5.2.12a zeigt die Abstrahlcharakteristik für eine WOLED ohne MLA und 15 nm-Gitterhöhe, Abbildung 5.2.12c mit 35 nm hohem Gitter. Es ist zu erkennen, dass die WOLEDs eine durch das Gitter eingebrachte wellenlängen- und winkelselektive Abstrahlcharakteristik aufweisen. Die hier-

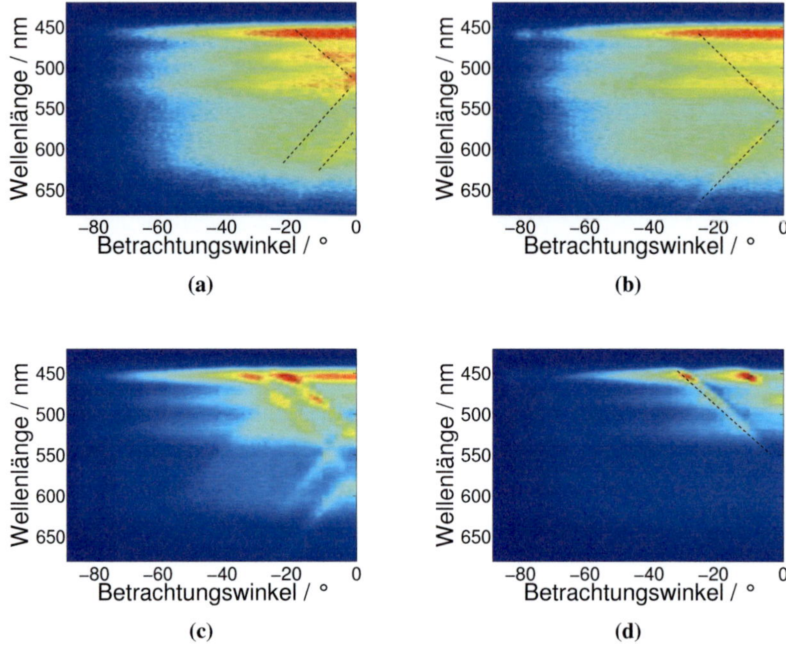

Abb. 5.2.11: Polarisationsabhängige normierte winkelaufgelöste Emissionsspektren der TiO$_2$-Gitter-WOLEDs. Die charakteristische Auskopplung durch das Gitter ist mit schwarzen Linien angedeutet. (a) 15 nm Gitter-WOLED mit TE-Polarisation und (b) TM-Polarisation. (c) 35 nm Gitter-WOLED mit TE-Polarisation und (d) TM-Polarisation.

für charakteristischen Merkmale sind dabei als Erhöhungen, d.h. als Linien in den Abstrahlcharakteristiken der Gitter-WOLEDs zu erkennen. Sie sind bei den WOLEDs mit 35 nm Gittern (Abb. 5.2.12c) stärker ausgeprägt als bei einer Gitterhöhe von 15 nm (Abb. 5.2.12a). Dies lässt sich mit dem erhöhten Streuquerschnitt bei höheren Gitterstrukturen erklären. Dennoch weichen beide OLEDs von einer Lambertschen Abstrahlcharakteristik ab und zeigen einen nicht vernachlässigbaren Farbwinkelverzug. Durch das Aufbringen der Mikrolinsenarrays kann nicht nur, wie im vorangegangenen Abschnitt diskutiert, die Effizienz signifikant gesteigert werden, sondern auch eine diffuse Lambertsche

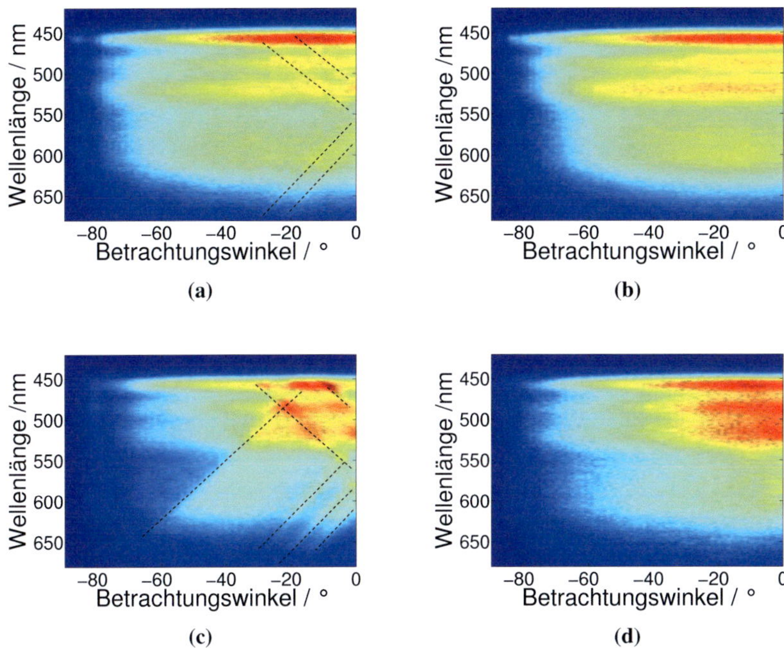

Abb. 5.2.12: Normierte winkelaufgelöste Emissionsspektren der TiO$_2$-Gitter-WOLEDs. Die charakteristischen Merkmale durch die Gitterauskopplung sind durch schwarze Linien schematisch angedeutet. (a) 15 nm Gitter-WOLED ohne und (b) mit MLA. (c) 35 nm Gitter-WOLED ohne und (d) mit MLA.

Abstrahlcharakteristik erzielt werden. In Abbildung 5.2.12b und 5.2.12d sind die Abstrahlcharakteristika exakt der gleichen WOLEDs wie in Abb. 5.2.12a bzw. 5.2.12c dargestellt, allerdings mit aufgebrachtem MLA. Durch das MLA wird der Farbwinkelverzug aufgehoben und die WOLEDs zeigen eine Lambertsche Abstrahlcharakteristik. Dieser Effekt kann bei den WOLEDs auch mit bloßem Auge beobachtet werden. In Abbildung 5.2.13 sind Fotografien derselben OLED ohne (links) und mit (rechts) Mikrolinsenarray unter verschiedenen Betrachtungswinkeln zu sehen. Während bei der WOLED ohne MLA ein vom Betrachtungswinkel abhängiger Farbeindruck zu erkennen ist, emittiert die WOLED mit MLA unabhängig vom Betrachtungswinkel weißes Licht.

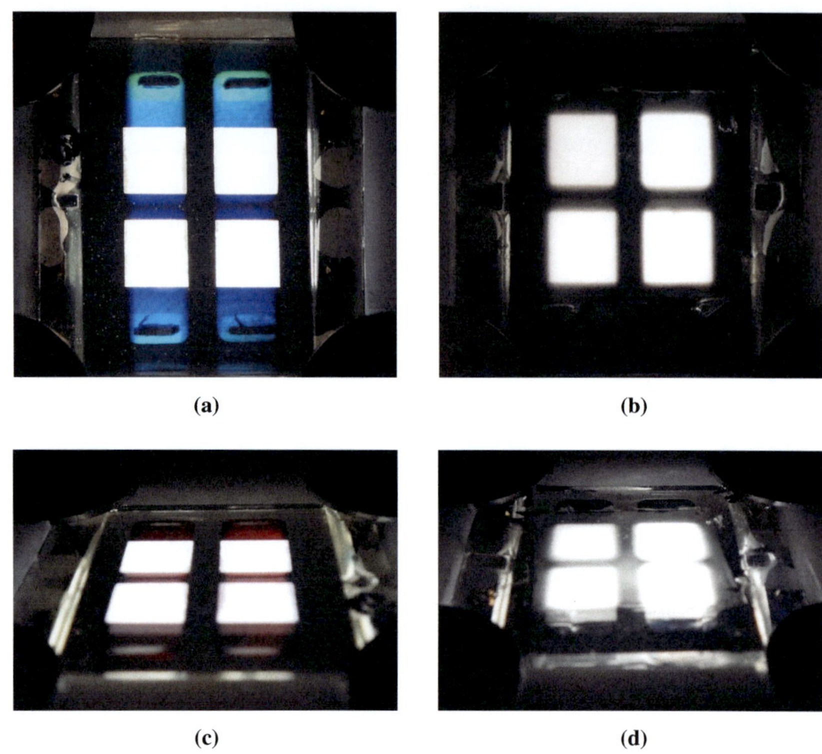

(a)

(b)

(c)

(d)

Abb. 5.2.13: Fotografie der gleichen TiO$_2$-Gitter-WOLED unter verschiedenen Blickwinkeln ohne ((a) & (c)) und mit Mikrolinsenarray ((b) & (d)).

Zusammenfassend lässt sich also sagen, dass bei dem Entwurf einer Gitterstruktur zur Auskopplung in OLEDs darauf geachtet werden muss, dass ein Gitter Photonen zwischen allen Lichtbereichen im Bauteil koppeln kann. D.h. eine Betrachtung des Anteils der Photonen im Wellenleiter und im Substrat ist dabei unumgänglich. Um hohe Faktoren in der Effizienzsteigerung des Bauteils zu erreichen ist daher eine Kombination der internen und externen Auskopplung notwendig. Hier konnte durch die Kombination eines 15 nm hohen TiO$_2$-Gitters und eines MLAs die Effizienz der hier untersuchten WOLEDs um einen Faktor 4 gesteigert werden. Die WOLEDs zeigen aufgrund der streuenden Wirkung der MLAs keinen Farbwinkelverzug.

6 Kombinierte Auskopplung

Die kombinierte Auskopplung von Substratmoden und gebundenen Wellenleitermoden durch nur eine Struktur ist Thema dieses Kapitels. Im Folgenden wird zunächst das hier entwickelte Verfahren zur kombinierten Auskopplung über eine sphärische Texturierung des OLED-Substrats vorgestellt. Durch eine Monolage SiO$_2$-Mikropartikel, welche in das Epoxidharz SU-8 eingelassen wird, kann das OLED-Substrat sphärisch texturiert werden. Es wird gezeigt, dass durch eine solche Texturierung die Lichtausbeute von weißen OLEDs um einen Faktor von bis zu 3,7 gesteigert werden kann, ohne die elektrischen Eigenschaften oder die Abstrahlcharakteristik der WOLEDs zu beeinflussen. Durch eine eingehende Untersuchung der Substratmoden mit Hilfe der in Kapitel 4 diskutierten Mikrolinsenarrays kann gezeigt werden, dass durch diese sphärische Texturierung eine Auskopplung von Substratmoden und gebundenen Wellenleitermoden erzielt werden kann.
Teile dieses Abschnitt wurden bereits in [204, 207] veröffentlicht.

In Kapitel 5 wurde bereits diskutiert, dass sich durch eine Kombination von Methoden zur internen und externen Lichtauskopplung sehr hohe Effizienzsteigerungen in OLEDs erreichen lassen. Allerdings sind für solche Verfahren immer mindestens zwei Strukturen oder Schichten zur Auskopplung notwendig. Unter kombinierter Auskopplung wird im Folgenden die Auskopplung von Substrat- und gebundenen Wellenleitermoden durch lediglich eine Struktur bzw. Schicht verstanden.

In der Literatur wird oftmals, insbesondere bei Ansätzen zur internen Auskopplung, nicht zwischen der Auskopplung von Substrat- oder Wellenleitermoden unterschieden. So gibt es Ansätze über raue Oberflächen zwischen Substrat und OLED-Stack [220] und Mikrostrukturen in [227] oder auf der ITO-Anode [225], welche sich durchaus für die Auskopplung von Substrat- und Wellenleitermoden eignen. Die kombinierte Auskopplung wurde z.B. durch das Einbringen einer Streuschicht zwischen OLED-Stack und Substrat erzielt [239]. Weiterhin gibt es Ansätze durch Gitter-Strukturen [240] welche eine Effizienzsteigerung durch eine kombinierte Auskopplung berichten.

Im Rahmen dieser Arbeit wurde ein Ansatz zur kombinierten Auskopplung entwickelt und untersucht, der darauf basiert, das OLED-Substrat sphärisch zu texturieren. Abbildung 6.0.1 zeigt das Prinzip dieses Ansatzes. Der WOLED-

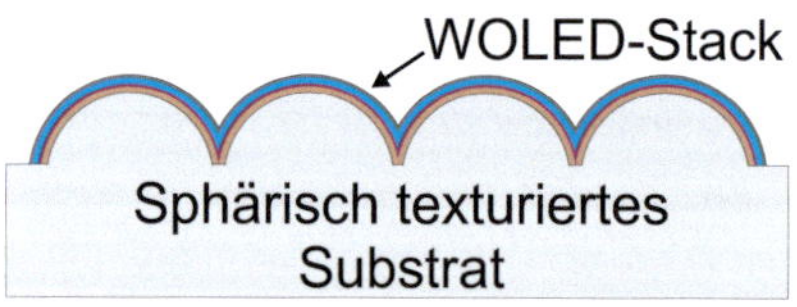

Abb. 6.0.1: Prinzip der sphärischen Texturierung. Die WOLED wird nicht auf ein planes, sondern durch Halbsphären texturiertes Substrat prozessiert.

Stack wird hierbei nicht auf ein planes Substrat prozessiert, sondern auf Mikrohalbsphären. Durch diese sphärische Texturierung konnte die Bauteil-Effizienz um den Faktor 3,7 gesteigert werden, ohne dabei die elektrischen Eigenschaften oder die Abstrahlcharakteristik der WOLEDs zu beeinflussen.

6.1 Herstellung sphärisch-texturierter OLEDs

Die in Abbildung 6.0.1 gezeigte sphärische Texturierung des OLED-Substrats könnte durch die in Kapitel 4 vorgestellten Mikrolinsenarrays (MLAs) vorgenommen werden. In diesem Fall würde der WOLED-Stack direkt auf das MLA prozessiert werden. Die Lösemittel, welche bei der in dieser Arbeit verwendeten Flüssigprozessierung der WOLEDs eingesetzt werden, lösen allerdings die PMMA-Mikrolinsenarrays an, weshalb eine Methode zur sphärischen Texturierung der Substrate entwickelt wurde, welche lösemittelbeständig ist. Zur sphärischen Texturierung der Substrate wurde eine Monolage aus SiO_2-Mikropartikeln verwendet. Diese Mikropartikel dienten als Formgeber, auf welche schließlich der WOLED-Stack prozessiert wurde. Im Folgenden wird zunächst die Herstellung der Monolagen erläutert, bevor auf die Besonderheiten der Dünnschichtprozessierung des WOLED-Stacks auf die Monolage eingegangen wird.

6.1.1 Herstellungsprozess der Monolagen

Es gibt diverse Ansätze zur Herstellung von Monolagen aus Mikro- oder Nanopartikeln. Zum Beispiel wurde durch Spincoating [241] oder einem dem Rakeln ähnlichen Prozess, genauer durch die Ausnutzung von Kapillarkräften, Monolagen prozessiert [242]. Auch Prozesse über Tauchbeschichtung (engl. *dip-coating*) [243] oder durch elektrostatisches Aufladen von Partikel [244] wurden bereits dazu genutzt, Monolagen herzustellen.

Der hier entwickelte Prozess zur Herstellung der Monolagen aus Mikropartikeln basiert auf einem modifizierten Spincoating-Prozess. Abbildung 6.1.1 gibt eine Übersicht über die Herstellung der Monolagen. Die verwendeten monodispersen SiO_2-Mikropartikeln wurden in Wasser dispergiert mit Durchmessern von 0,585 µm, 1,55 µm und 7 µm mit einem Feststoffgehalt von $50 \frac{\text{mg}}{\text{ml}}$ bezogen (microParticles GmbH).

Bei einem regulären Spincoatingprozess, z.B. beim Aufbringen einer organischen Schicht, ist die verwendete Menge an Lösung nicht ausschlaggebend für die resultierende Schichtdicke (vgl. Abschnitt 3.1.2). Es hat sich gezeigt, dass bei der Prozessierung der Monolagen durch Spincoating die verwendete

Menge an Lösung in Abhängigkeit der zu beschichtenden Substratgröße, sowie der Partikelgröße, bzw. des Feststoffgehalts, angepasst werden muss. Zu wenig Lösung führte zu lückenhaften Monolagen und zu hohe Konzentrationen resultierten in Mehrfachlagen der Mikropartikel. Bei den hier im Wesentlichen verwendeten 25 mm x 25 mm großen Substraten und den hauptsächlich eingesetzten 1,55 µm großen Partikeln wurde eine Menge von 75 µl bei einem Feststoffgehalt von 50 $\frac{mg}{ml}$ experimentell bestimmt.

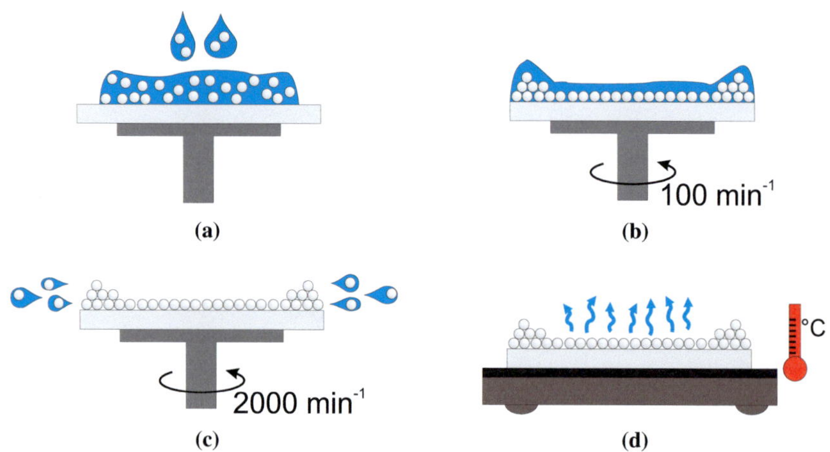

Abb. 6.1.1: Prozesskette zur Herstellung von Monolagen aus monodispersen SiO$_2$-Mikropartikeln. (a) Die in Wasser dispergierten Mikropartikel werden auf ein Substrat pipettiert. (b) Das Substrat wird sehr langsam für einige Minuten gedreht. (c) Für einige wenige Sekunden wird das Substrat beschleunigt. (d) Die resultierende Monolage wird getempert.

Die SiO$_2$-Mikropartikeldispersion wurde auf einem gereinigten Glas-Substrat gleichmäßig verteilt (Abb. 6.1.1a). Das Substrat wurde sehr langsam, bei 100 min⁻¹ für mindestens 2 min gedreht. Dabei legten sich die Mikropartikel gleichmäßig auf dem Substrat ab, und es bildete sich am Rand des Substrats ein Meniskus, bzw. eine Aufhäufung von Partikeln (siehe Abb. 6.1.1b). Das Substrat wurde mit 800 s⁻¹ auf 2000 min⁻¹ beschleunigt und abrupt bei Erreichen der 2000 min⁻¹ gestoppt (Abb. 6.1.1c). Hierdurch wird das überschüssig Wasser herunter geschleudert. Außerdem werden durch das abrupte

Stoppen der Drehung Partikel entfernt, die sich in Mehrfachlagen angeordnet haben. Die Aufhäufungen von Partikeln am Rand des Substrats bleiben allerdings erhalten und bilden von oben betrachtet einen konzentrischen Ring mit einem Durchmesser der etwa der Substratbreite entspricht. Die Fläche innerhalb dieses Rings entspricht der sich ausgebildeten Monolage. Diese Aufhäufungen sind nicht weiter störend, da die spätere OLED-Leuchtfläche deutlich im Bereich der homogenen Monolage befindet (vgl. hierzu Abschnitt 3.2.1). Die so fertig prozessierten Monolagen wurden an den Spincoating-Prozess anschließend bei 120 °C für mind. 2 min getempert, um sämtliche Wasserrückstände zu entfernen (Abb. 6.1.1d).

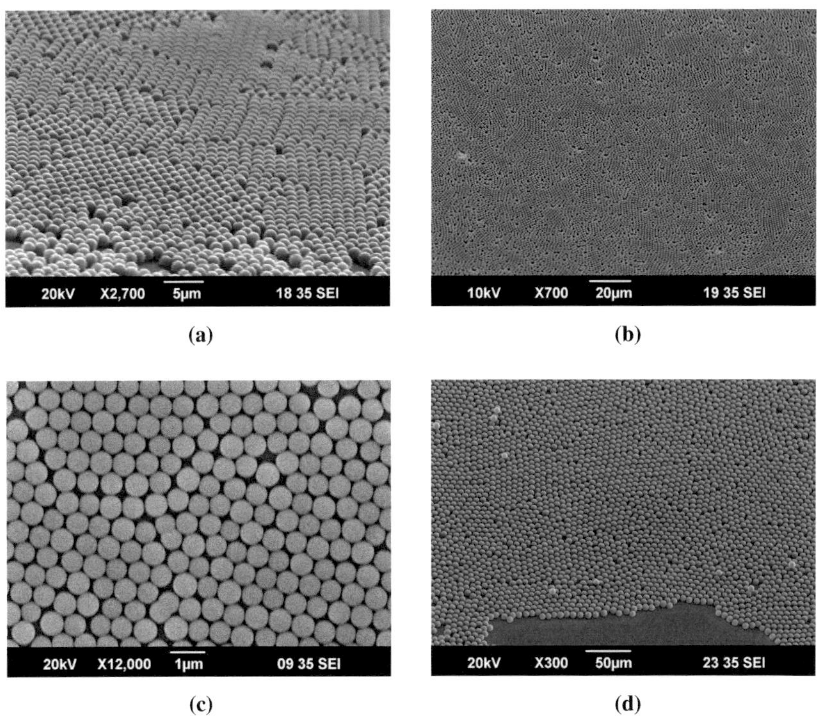

(a)   (b)

(c)   (d)

Abb. 6.1.2: Beispielhafte REM-Aufnahmen von Monolagen aus SiO_2-Mikropartikeln mit einem Durchmesser von (a) & (b) 1,55 µm, (c) 0,585 µm und (d) 7 µm.

Abbildung 6.1.2a und 6.1.2b zeigen beispielhafte Rastermikroskop-Aufnahmen von Monolagen der verwendeten Partikel mit einem Durchmesser von 1,55 µm. Es ist zu erkennen, dass der hier entwickelte Prozess die Herstellung sehr homogener Monolagen auf großen Flächen mit nur sehr wenigen Defektstellen ermöglicht. In Abb. 6.1.2c ist eine Monolage der Partikel mit 0,585 µm und in Abb. 6.1.2d mit 7 µm Durchmesser gezeigt. Diese Partikelgrößen haben sich allerdings als nicht geeignet für die sphärische Texturierung der WOLEDs gezeigt. Die 0,585 µm Partikel lösten sich bei den Flüssigprozessen der folgenden Schichten ab, was auf sehr geringe Adhäsionskräfte zwischen den Partikeln und dem Substrat zurückzuführen ist. Bei Partikel mit 7 µm Durchmesser konnte bei den zur OLED-Herstellung notwendigen Vakuumprozessen oder beim Verkapselungsprozess ein „abplatzen" der Monolage beobachtet werden. Aus diesem Grund werden bei den folgenden Untersuchungen ausschließlich Partikel mit einem Durchmesser von 1,55 µm betrachtet.

6.1.2 Schichtabscheidung auf sphärisch-texturierten Substraten

Auf die im vorangegangenen Abschnitt beschriebenen Monolagen aus SiO_2-Mikropartikeln wurde zunächst eine etwa 170 nm dicke Indiumzinnoxid-Schicht gesputtert. Wie sich gezeigt hat, kann auf die mit ITO beschichteten Mikropartikel nicht ohne weiteres eine WOLED prozessiert werden. Grund hierfür ist, dass insbesondere die aufgesputterte ITO-Anode keine durchgängige Schicht bildet. In Abbildung 6.1.3a ist die REM-Aufnahme eines mit einer FIB-Anlage angefertigten Querschnitts einer auf der Monolage prozessierten WOLED zu sehen. Es ist zu erkennen, dass die Schichten zwischen den einzelnen Partikeln unterbrochen sind. Die laterale Leitfähigkeit, die zum Betreiben einer OLED nötig ist, ist daher auf den Mikrosphären nicht gegeben.

Aus diesem Grund wurden die Hohlräume zwischen den einzelnen Partikeln gefüllt, so dass die darauf prozessierten Schichten durchgängig sind. Als Füllmaterial wurde das fotovernetzbare Epoxidharz SU-8 (siehe Abschnitt 3.3.3) verwendet. Dieser Fotolack wurde auf die Monolage mittels Spincoating aufgebracht, daraufhin flächig belichtet und schließlich

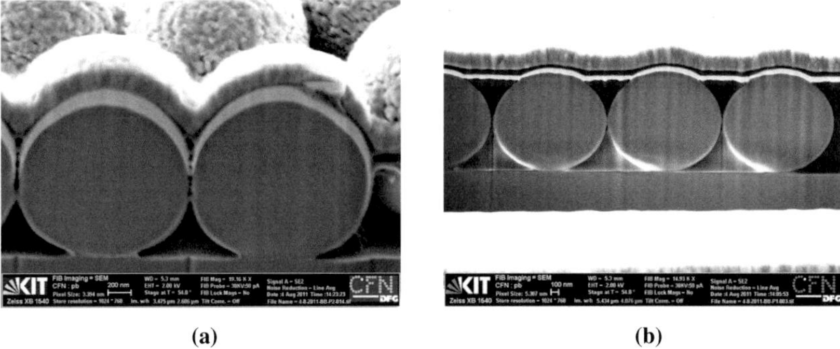

(a)   (b)

Abb. 6.1.3: REM-Aufnahmen eines mit einem FIB angefertigten Querschnitts. (a) Monolage mit aufgesputtertem ITO und OLED-Stack. Es ist zu erkennen, dass die Schichten nicht durchgängig sind. (b) Mit SU-8 gefüllte Monolage mit aufgesputtertem ITO und OLED-Stack. Durch das „Auffüllen" der Zwischenbereiche sind die Schichten durchgängig.

thermisch vernetzt. Um eventuelle unvernetzte Anteile dieser Lackschicht zu entfernen wurde diese noch entwickelt. SU-8 eignet sich insbesondere wegen seines Brechungsindex von $n_{SU-8} \approx 1{,}55$ [245] als Füllmaterial, womit eine relativ gute Anpassung des optischen Brechungsindex an das Glassubstrat und die SiO_2-Mikropartikel gegeben ist. Weiterhin zeichnet sich SU-8 durch seine chemische Stabilität im vernetzten Zustand aus, was die Flüssigprozessierung einer WOLED und den damit verbundenen Einsatz von Lösemitteln ermöglicht. In Abbildung 6.1.3b ist der Querschnitt einer fertig prozessierten WOLED zu sehen. Es ist zu erkennen, dass die Schichten, insbesondere die ITO-Anode (unterste, helle Schicht), durchgängig sind. Weiterhin ist zu erkennen, dass sich das SU-8 nicht auf den Partikeln absetzt, sondern lediglich die Zwischenräume füllt.

Durch den Einsatz von SU-8 ergeben sich allerdings Probleme bei der Prozessierung der ITO-Anode. ITO muss nach dem Sputterprozess für mehrere Tage bei ca. 500 °C an Luft getempert werden. In Abbildung 6.1.4 ist die Transmission und der Flächenwiderstand einer 150 nm ITO-Schicht auf einem Glassubstrat in Abhängigkeit der Dauer der Temperung dargestellt. Es ist zu erkennen, dass einfach gesputtertes ITO eine geringe

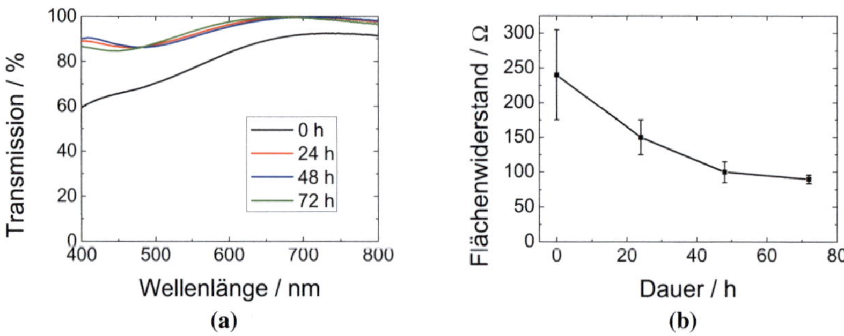

Abb. 6.1.4: Einfluss des Temperns von 500 °C in Abhängigkeit der Dauer auf (a) die Transmission und (b) den Flächenwiderstand des selbst gesputterten ITOs.

Transmission und einen relativ hohen Flächenwiderstand besitzt. Für den reproduzierbaren Betrieb von OLEDs sind für das ITO Flächenwiderstände $<100\,\frac{\Omega}{\square}$ und eine Transmission $>80\,\%$ notwendig. Ein Verzicht auf das Tempern ist daher ausgeschlossen. Da SU-8 allerdings ein Epoxidharz ist, und daher nicht beständig bei Temperaturen von ~500 °C ist, wurde eine alternative Anode aus dem leitfähigen Polymer PEDOT:PSS für den WOLED-Stack verwendet (siehe Abschnitt 3.2.1). In Abbildung 6.1.5 ist der Querschnitt einer solchen ITO-freien WOLED zu sehen[1]. Die einzelnen Materialien sind von einander zu unterscheiden und bilden durchgängige Schichten. Bei allen im Folgenden gezeigten Untersuchungen wurden solche weißen, ITO-freien WOLEDs verwendet.

6.2 Effizienzbetrachtung

Wie in Kapitel 5 bereits erläutert können bei der OLED-Herstellung experimentelle Schwankungen auftreten, welche bspw. durch variierenden Sauerstoffgehalt in Gloveboxen, sich ändernde Luftfeuchtigkeit, abweichende Drücke bei den Vakuumprozessen, etc. bedingt sind. Aus diesem Grund wurden für die Effizienzuntersuchungen nur Bauteile, welche innerhalb

---

[1]Bei dem in diesem Kapitel verwendeten WOLED-Stack handelt es sich bei dem in Abschnitt 3.2.2 vorgestellten „kalt-weißen" OLED-Stack.

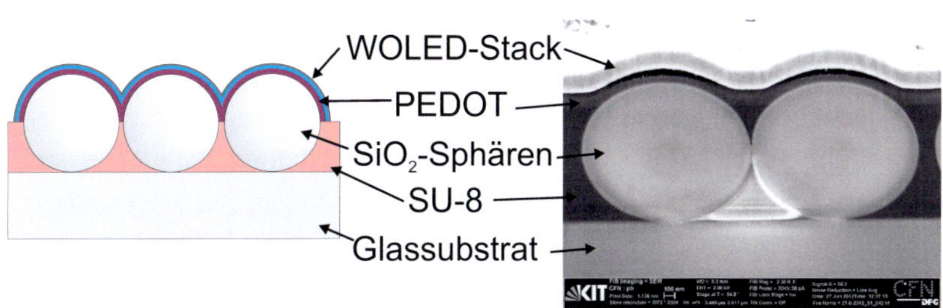

Abb. 6.1.5: Links: Schematischer Aufbau der untersuchten sphärisch-texturierten WOLEDs; Rechts: Zugehörige REM-Aufnahme eines mit einem FIB angefertigten Querschnitts eines fertigen Bauteils.

desselben Batches hergestellt wurden, miteinander verglichen. Insgesamt wurden zwei unabhängig voneinander hergestellte Batches untersucht, wobei pro Batch 5 sphärisch texturierte Substrate und 4 Referenzen-Substrate, mit jeweils 4 individuell untersuchbaren Leuchtflächen, hergestellt wurden. Bei den diskutierten Ergebnissen der sphärisch-texturierten WOLEDs diente als Referenz eine auf einem Glassubstrat hergestellte ITO-freie WOLED, wie sie in Abschnitt 3.2.1 beschrieben wurde. Die im Folgenden gezeigten Messkurven sind keine Mittelungen, sondern repräsentative Messungen. Die angegebenen Abweichungen beziehen sich wiederum auf sämtliche Schwankungen zwischen den untersuchten Bauteilen.

Durch die sphärische Texturierung der Oberfläche des Substrats, wird bei gleich bleibender Footprint-Fläche die aktive Fläche der WOLEDs vergrößert. Bei Betrachtung des in Abbildung 6.1.5 gezeigten Querschnitts lässt sich erkennen, dass etwa das obere Viertel der Mikropartikel aus der SU-8-Schicht herausragt und damit zur Oberflächenvergrößerung beiträgt. Unter Annahme einer maximalen hexagonalen Packungsdichte der Partikel lässt sich so abschätzen, dass die Oberfläche um ca. $\frac{1}{3}$ vergrößert wird. Da dieser Faktor auf einer Abschätzung basiert sind die im Folgenden angegebenen gemessenen Stromdichten und Leuchtdichten der sphärisch-texturierten WOLED immer auf die Footprint-Fläche von 25 mm x 25 mm bezogen.

In Abbildung 6.2.1a ist die Strom-Spannungs-Charakteristik einer sphärisch-texturierten WOLED im Vergleich zu einer Referenz-WOLED gezeigt. Trotz vergrößerter aktiver Oberfläche der strukturierten WOLEDs bleibt die Strom-Spannungs-Charakteristik überraschenderweise unverändert gegenüber den Referenz-WOLEDs. Der in Abbildung 6.1.5 dargestellte Querschnitt dieser WOLEDs lässt erkennen, dass die flüssigprozessierten organischen Schichten, in Abhängigkeit der Positionen auf oder zwischen den Mikrosphären lokale Schichtdickenvariationen zeigen. Eine Variation der Schichtdicke ist mit einer Änderung der U-I-Kennlinie von OLEDs verbunden. Die unveränderte Kennlinie legt daher nahe, dass die Schichtdicke des WOLED-Stacks im Mittel gegenüber dem Referenzbauteil unverändert bleibt.

Der Effekt der vergrößerten aktiven Oberfläche bei gleichbleibender Footprint-Fläche wirkt sich insbesondere auf die Leuchtdichte der sphärisch-texturierten WOLEDs aus. In Abbildung 6.2.1b ist zu erkennen, dass die Leuchtdichte deutlich gesteigert ist, z.B. von $300\,\frac{cd}{m^2}$ beim Referenzbauteil auf $690\,\frac{cd}{m^2}$ bei gleichbleibender Betriebsspannung der Bauteile. Wie oben angegeben, ist die Oberfläche durch die sphärische Texturierung lediglich um etwa $\frac{1}{3}$ vergrößert. Dies legt nahe, dass neben der Vergrößerung der Oberfläche eine Erhöhung der Auskoppeleffizienz durch die Texturierung auftritt. Aufgrund der relativ scharfen Krümmung des Wellenleiters durch die formgebenden Mikropartikel werden die wellenleitenden Eigenschaften des WOLED-Stacks gestört und es kann zu einer Auskopplung der gebundenen Moden kommen. In Abbildung 6.2.1c ist die gemessene Lichtausbeute für die sphärisch-texturierten WOLEDs und die Referenz-WOLEDs gezeigt. Es ist zu erkennen, dass die Effizienz der WOLEDs um einen Faktor von bis zu 3,7 ($\pm\,8\,\%$) bei einer Betriebsspannung von 5 V erhöht wird. Weiterhin lässt sich erkennen, dass die texturierten WOLEDs eine erhöhte Abnahme (engl. *Roll-Off*) der Effizienz in Abhängigkeit der Betriebsspannung zeigen. Dies lässt sich durch die sphärische Texturierung eingebrachte Korrugation erklären, durch welche sich lokal der elektrische Widerstand ändert, sich die Rekombinationszone verschieben kann und sich Raumladungen ausbilden können. Dennoch ist selbst bei einer hohen Betriebsspannung von 9 V die Lichtausbeute noch um den Faktor 2,1 ($\pm\,11\,\%$) gesteigert. Die genannten elektrischen Einflüsse bei höheren Betriebsspannungen wirken sich weniger stark auf die externe Quanteneffizienz als auf die Lichtausbeute aus. Bei

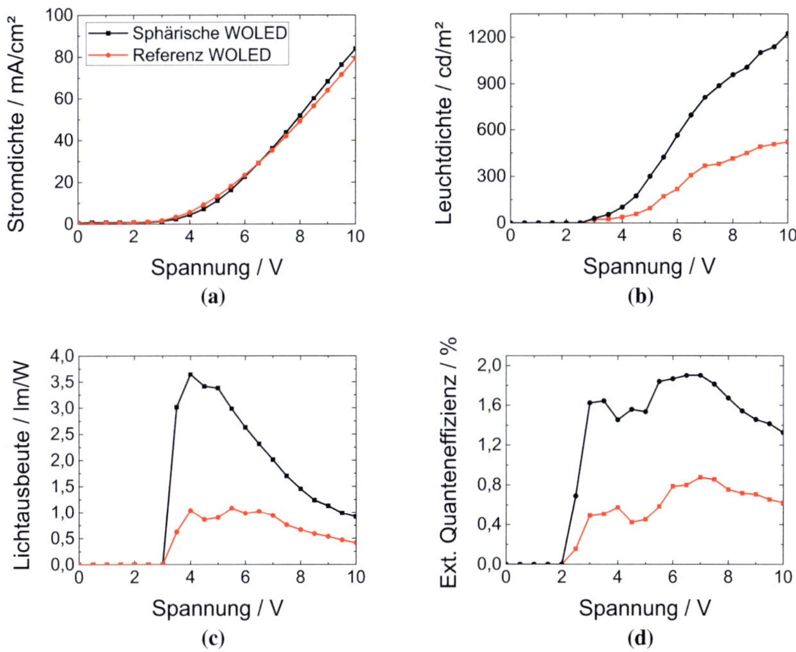

Abb. 6.2.1: Gemessene (a) Strom-Spannungs-Charakteristik, (b) Leuchtdichte, (c) Lichtausbeute und (d) externe Quanteneffizienz der sphärisch-texturierten und Referenz-WOLEDs.

Betrachtung der externen Quanteneffizienz (Abb. 6.2.1d) der texturierten und der Referenz-WOLED konnte keine nennenswerte erhöhte Abnahme der Effizienz bei höheren Betriebsspannung beobachtet werden. Da sich die Strom-Spannungs-Charakteristik der WOLEDs durch die sphärische Texturierung ebenfalls nicht geändert hat, kann daher davon ausgegangen werden, dass die Effizienzsteigerung im Wesentlichen durch einen optischen Effekt, also eine erhöhte Lichtauskopplung bedingt ist.

Werden allerdings allgemein die optischen Verluste einer OLED (siehe Kapitel 2.3) beachtet, so kann die Steigerung der Lichtausbeute um einen Faktor von bis zu 3,7 nicht ausschließlich durch eine erhöhte Auskopplung von gebundenen Wellenleitermoden erklärt werden. Inwieweit die sphärische Texturierung Substratmoden auskoppelt, wird im folgenden Abschnitt untersucht.

6.3 Einfluss der Texturierung auf Substratmoden

In Abschnitt 2.3.1 wurde beschrieben, dass Licht im Substrat aufgrund von Totalreflexion am Glas/Luft-Übergang und durch Reflexion an der metallischen Kathode des OLED-Stacks geführt wird. Aufgrund der sphärische Texturierung bildet die metallische Kathode keine plane reflektive Fläche, weshalb Licht bei der Reflexion an der Kathode umgelenkt werden kann. So besteht für Substratmoden nach Reflexion an der Kathode die Möglichkeit zur Auskopplung aus dem Substrat. Um dies zu untersuchen wurden Mikrolinsenarrays mit einem Linsendurchmesser von 20 µm, wie sie in Kapitel 4 vorgestellt wurden, auf den Glas/Luft-Übergang der WOLEDs prozessiert[2].

In Abbildung 6.3.1a und 6.3.1b ist der gemessene Lichtstrom über der elektrischen Leistung für die Referenz-WOLED, bzw. für die sphärisch-texturierten WOLEDs mit und ohne MLA gezeigt. Während die Referenz-

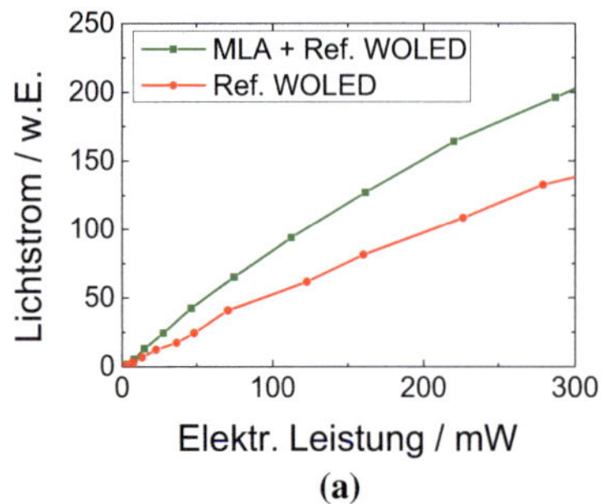
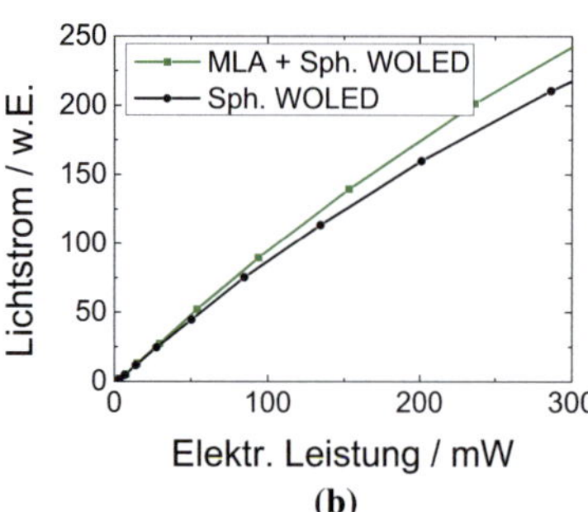

Abb. 6.3.1: Gemessener Lichtstrom aufgetragen über der aufgenommenen elektrischen Leistung für (a) die Referenz-WOLEDs und (b) der sphärisch-texturierten-WOLEDs mit und ohne Mikrolinsenarray.

---

[2]Wie in Kapitel 4 diskutiert, sind die Standardabweichungen in der Effizienzsteigerung bei „kalt-weißen" OLEDs mit D20-MLAs im geringsten, weshalb im Gegensatz zu den bisherigen Untersuchungen hier D20-MLAs und keine D30-MLAs verwendet wurden.

WOLEDs durch das MLA eine um 54 % ($\pm$ 4 %) erhöhte Effizienz zeigen[3], sind es bei den sphärischen lediglich 10 % ($\pm$ 3 %). Da die Linsen deutlich weniger Licht aus dem Substrat auskoppeln, ist davon auszugehen, dass durch die sphärische Texturierung bedingte Streuung der Substratmoden an der Kathode bereits ein großer Anteil des im Substrat geführten Lichts ausgekoppelt wird.

Zusammenfassend lässt sich also sagen, dass durch den hier entwickelten Ansatz der sphärischen Texturierung des OLED-Substrats eine sehr effiziente, kombinierte Lichtauskopplung von gebundenen Wellenleitermoden und Substratmoden, erreicht werden kann. Inwiefern sich diese Strukturierung auf die Emissions- bzw. Abstrahlcharakteristik auswirkt, wird im folgenden Abschnitt diskutiert.

6.4 Abstrahlcharakteristik

Die in den hier gezeigten Untersuchungen verwendeten Mikropartikel zur sphärischen Texturierung des Substrats haben einen Durchmesser von 1,55 µm und sind mit einer maximalen hexagonalen Packungsdichte angeordnet. Für die Texturierung ergibt sich somit eine gewisse Periodizität, durch welche man eine teilweise diffraktive Auskopplung, wie sie bspw. durch die in Kapitel 5.2 diskutierten Bragg-Gitter auftritt, erwarten könnte. In Abbildung 6.4.1a und 6.4.1b sind die winkelaufgelösten Emissionsspektren für die Referenz- bzw. die sphärisch-texturierten WOLEDs zu sehen. Trotz der Periodizität der Texturierung konnte keine winkel- oder wellenlängenabhängige Lichtauskopplung beobachtet werden. Die Abstrahlcharakteristik der WOLEDs wird durch die sphärische Texturierung also nicht beeinflusst. Eine leichte Variation der Spektren kann im gelblich/roten Bereich bei etwa 570 nm - 630 nm beobachtet werden. Diese leichte Veränderung des Spektrums kann durch eine lokal variierende optische Kavität (siehe Abschnitt 2.3.4) durch die sphärische Texturierung begründet werden. Dieser Einfluss ist aber sehr gering und kann daher vernachlässigt werden. Im Gesamten bleibt die Lambertsche Abstrahlcharak-

---

[3]Es sei angemerkt, dass es sich bei den in Kapitel 4 diskutierten Untersuchungen ausschließlich um ITO-basierte OLEDs handelt. Die hier untersuchten WOLEDs sind ITO-frei, weshalb der Faktor der Effizienzsteigerung leicht von den in Kapitel 4 gezeigten Ergebnissen abweicht.

teristik erhalten, und ein durch die sphärische Texturierung beeinflusster Farbwinkelverzug konnte nicht beobachtet werden.

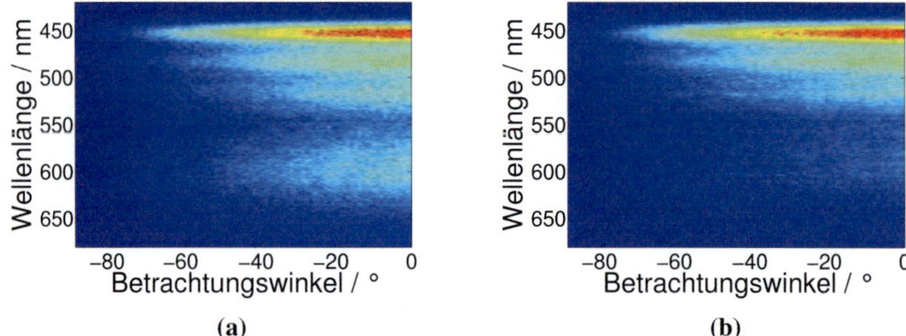

Abb. 6.4.1: Normiertes winkelaufgelöstes Emissionsspektrum der (a) Referenz-WOLEDs und (b) sphärisch-texturierten-WOLEDs.

Zusammenfassend lässt sich festhalten, dass durch die hier entwickelte sphärische Texturierung sowohl Substratmoden als auch gebundene Wellenleitermoden aus dem OLED-Stack ausgekoppelt werden können. Die Effizienz der hier untersuchten WOLEDs konnte somit um einen Faktor von bis zu 3,7 gesteigert werden, ohne dabei die elektrischen Eigenschaften oder die Abstrahlcharakteristik der WOLEDs zu beeinflussen.

7 Flexible OLEDs

Die mechanischen Eigenschaften der OLED-Materialien ermöglichen die Herstellung biegsamer OLEDs. Ausgenommen hiervon ist das weitverbreitete Anodenmaterial Indiumzinnoxid, welches spröde und zudem schwer auf den typischerweise als flexibles Substrat verwendeten PET-Folien prozessierbar ist. Aus diesem Grund wurde im Rahmen dieser Arbeit zunächst eine alternative, flexible Anode entwickelt, welche auf einem transparenten Metallnetz und einem hochleitfähigen Polymer basiert. Durch eine Optimierung dieser Hybridanoden konnte die Effizienz solcher OLEDs im Vergleich zu ITO-PET-Substrat basierenden OLEDs mehr als verdoppelt werden.

Weiterhin wurden in dieser Arbeit die optischen Eigenschaften, bzw. die optischen Verlustkanäle solcher ITO-freier, PET-Substrat basierter OLEDs untersucht. Es konnte gezeigt werden, dass in solchen OLEDs die optischen Verlustkanäle gänzlich anders sind, als in Glassubstrat basierten OLEDs. In solchen flexiblen OLEDs gibt es keine gebundenen Wellenleitermoden, dafür ist der Anteil an Substratmoden erhöht. Aus diesem Grund wurden zwei unterschiedliche Ansätze zur Lichtauskopplung in flexiblen OLEDs untersucht. Zum einen konnte durch biegsame Mikrolinsenarrays die Effizienz flexibler OLEDs um bis zu 38 % gesteigert werden. Zum anderen wurden Streuschichten, welche auf stochastischer Streuung basieren, entwickelt. Die Effizienz der OLEDs konnte durch diese Streuschichten um bis zu 24 % gesteigert werden.

Teile dieses Kapitels wurden bereits in [205, 246] veröffentlicht.

Einer der großen Vorteile von OLEDs gegenüber anderen Leuchtmitteln ist, dass sie auf flexiblen bzw. biegsamen Substraten hergestellt werden können. Als flexible Substrate können beispielsweise dünne, biegsame Metallsubstrate verwendet werden [247, 248]. Es gibt auch Berichte über OLEDs, die auf Cellulose basiertem Papier hergestellt wurden [249]. Am häufigsten werden allerdings PET-Folien als flexibles Substrat in OLEDs verwendet [75, 91, 250]. Eine der großen technologischen Herausforderungen bei flexiblen OLEDs ist, neben der Steigerung der Bauteil-Effizienz, die Entwicklung von geeigneten Verkapselungsmethoden zum Schutz der organischen Halbleiter vor Degradation durch Sauerstoff und Wasser [19, 251]. Weiterhin gibt es insbesondere im Zusammenhang mit flexiblen OLEDs große Bemühungen Indiumzinnoxid (ITO) als Anodenmaterial zu ersetzen. Es gibt als alternative Anode Ansätze welche auf hochleitfähigen Polymeren [86, 87], sehr dünnen Metallfilmen [91] und alternativen transparenten Metalloxiden [83] basieren. Silbernanodrähte wurden ebenfalls bereits als flexible Anode in OLEDs eingesetzt [252], neigen allerdings, aufgrund der dünnen OLED-Schichten, schnell zu Kurzschlüssen. Immer häufiger wird auch Graphen in organischen Leuchtdioden eingesetzt [92–95].

In dieser Arbeit wurde eine ITO-freie flexible Anode entwickelt, welche auf der Kombination einer transparenten Metall-Netzstruktur und einem hochleitfähigen Polymer basiert. Die Ergebnisse hierzu werden im folgenden Abschnitt diskutiert.

7.1 Flexible Anoden

Indiumzinnoxid ist bei Glassubstrat basierten OLEDs das am häufigsten verwendete Anodenmaterial. Zur Prozessierung von hochleitfähigem und transparentem ITO sind, wie in Kapitel 6.1.2 diskutiert, sehr hohe Temperaturen notwendig. Aus diesem Grund ist der Flächenwiderstand von ITO auf PET-Substraten meistens deutlich höher als auf Glassubstraten. So besitzt das in dieser Arbeit kommerziell erworbene ITO-PET-Substrat (PET50 bezogen von VisionTek Systems) einen Flächenwiderstand von $R_{\mathrm{PET/ITO}}$=90-110 $\frac{\Omega}{\square}$[1]. Au-

---

[1] Vom Hersteller angegeben wurden 50 $\frac{\Omega}{\square}$. Dieser Wert konnte aber nicht bestätigt werden.

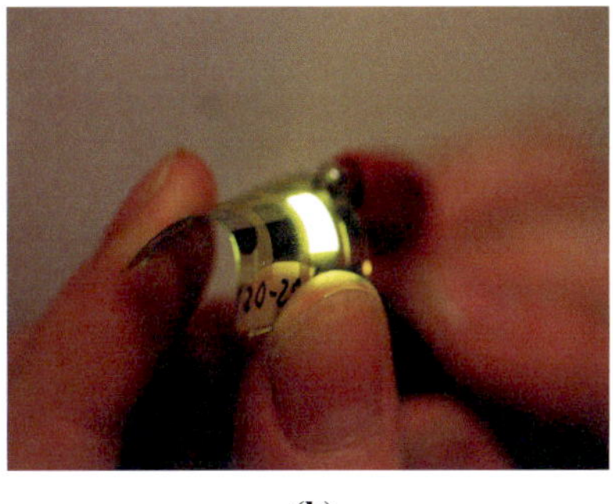

(a)   (b)

Abb. 7.1.1: Fotografien flexibler OLEDs im Betrieb. (a) OLED auf ITO-beschichteter PET-Folie. Es ist zu erkennen, dass durch das spröde ITO sehr inhomogene Leuchtflächen entstehen. (b) OLED mit einer in dieser Arbeit entwickelten Hybrid-Anode. Auch in gebogenem Zustand ist die Leuchtfläche homogen.

ßerdem eignet sich ITO aufgrund seiner Sprödigkeit nicht für den Einsatz in flexiblen OLEDs. In Abbildung 7.1.1a ist beispielhaft eine auf einem ITO-PET-Substrat prozessierte OLED, welche mehrmals gebogen wurde, zu sehen. Es ist zu erkennen, dass sich durch das Biegen der OLED Risse im ITO gebildet haben, durch welche inhomogene Leuchtflächen entstehen.

In dieser Arbeit wurde daher eine ITO-freie Anode entwickelt, welche auf einem Metallnetz in Kombination mit einem hochleitfähigen Polymer basiert. Metallnetze wurden in der Literatur bereits dazu verwendet, die Leitfähigkeit von ITO-Anoden in großflächigen OLEDs zu erhöhen [253]. Es gab auch bereits Ansätze, die Leitfähigkeit ITO-freier Anoden durch Metallnetze zu erhöhen [254]. Hierbei betrug die geometrische Ausdehnung der Metallnetze einige Hundert µm in Höhe und Breite, und die Herstellung war aufgrund der durch die Netzgröße bedingten notwendigen Passivierung der Kanten sehr aufwendig. Die hier entwickelten Hybrid-Anoden zeichnen sich durch eine einfache Herstellung sowie eine sehr hohe Leitfähigkeit und Flexibilität aus. In Abbildung 7.1.1b ist beispielhaft die Fotografie einer OLED basierend auf der hier entwickelten Hybrid-Anode zu sehen. Auch in gebogenem Zustand bleiben die Leuchtflächen bei diesen OLEDs homogen.

7.1.1 Herstellung von Hybridanoden und flexiblen OLEDs

In Abbildung 7.1.2 ist eine Übersicht des Herstellungsprozesses der Hybrid-Anoden zu sehen. Da PET stark hygroskopisch ist [255], eignet sich ein PET-Substrat alleine nicht zur späteren Verkapselung der OLED und damit nicht als OLED-Substrat. Deshalb wird häufig eine Barriereschicht gegen Sauerstoff und Wasser auf das PET-Substrat gebracht, um die OLED vor Degradation zu schützen. Diese Barriereschicht ist typischerweise eine alternierende Abfolge aus dünnen Metalloxid- und Polymer-Schichten [19]. In dieser Arbeit wurde als OLED-Substrat eine 125 µm dicke Barrierefolie verwendet (FTB3-125, bezogen von 3M), wobei die eigentliche Barriereschicht lediglich 1,5 µm dick war (siehe Abb. 7.1.2a). Die genaue Zusammensetzung dieser Barriereschicht ist unbekannt.

Da die Barrierefolie bereits vorgereinigt bezogen wurde, wurden die Substrate, anders wie in Abschnitt 3.2.1 beschrieben, jeweils lediglich 1 min in Aceton, Isopropanol und einem Sauerstoffplasma gereinigt, um die Barriere nicht zu beschädigen. Nach der Reinigung der Barrierefolie wurden die Substrate mit einem Fotolack (ma-P 1215) beschichtet. Um Deformationen des flexiblen Substrats während des Aufschleuderns durch die Vakuumansaugung oder die Rotation zu vermeiden, wurden die flexiblen Substrate mit Dicing-Tape auf einem Glassubstrat fixiert, welches wiederum auf den Chuck des Spincoaters gelegt wurde. Über einen typischen fotolithografischen Prozess, wie er in Abschnitt 3.3 beschrieben wurde, ist eine Netzstruktur in den Lack belichtet und entwickelt worden (Abb. 7.1.2b). Es wurden insgesamt 4 unterschiedliche Netzgeometrien untersucht. Die Nomenklatur der Netzgeometrien ist im Folgenden dabei SxA, wobei S der Stegbreite und A dem Abstand zwischen den Stegen entspricht. Beispielsweise wird unter einem $S = 5\,\mu m x A = 100\,\mu m$ Netz eine Struktur mit 5 µm Stegbreite und 100 µm Abstand zwischen den Stegen verstanden. In Abbildung 7.1.3 sind Mikroskopaufnahmen der 4 unterschiedlichen hier untersuchten Netzgeometrien zu sehen. Es ist zu erkennen, dass die Stege definierte Kanten aufweisen, wodurch die Kurzschlussgefahr im späteren Bauteil reduziert wird.

Es wurden weiterhin 3 unterschiedliche Metalle (Aluminium, Silber und

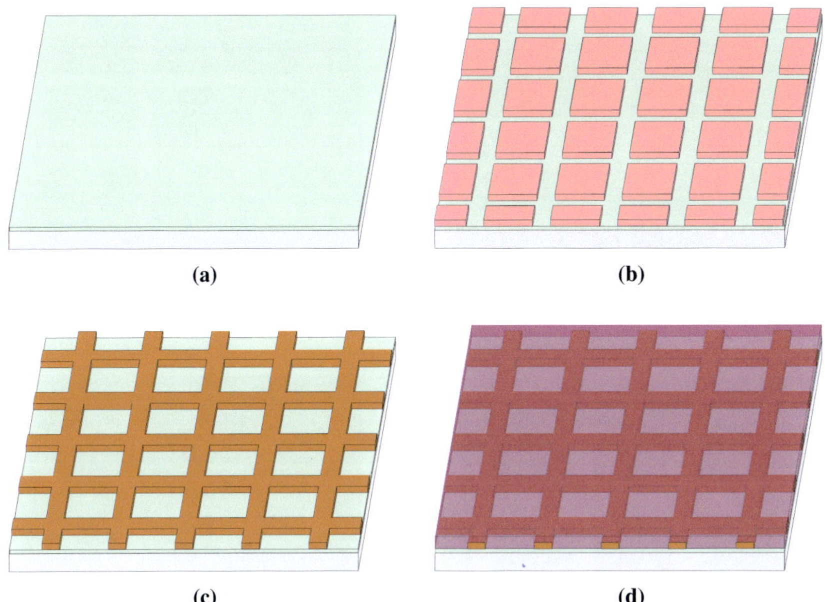

(a)

(b)

(c)

(d)

Abb. 7.1.2: Übersicht über den Herstellungsprozess der Metallnetz/PEDOT-Hybridanode. (a) Ausgehend von einem mit einer Barriereschicht beschichtetem PET-Substrat wird (b) über einen typischen fotolithografischen Prozess das Inverse der Netzstruktur in eine Fotolackschicht belichtet und entwickelt. (c) Das Metall wird aufgedampft und nach einem Lift-Off resultiert eine Netzstruktur auf dem Barriere-PET-Substrat. (d) Über Spincoating wird eine ca. 80 nm dicke PEDOT:PSS-Schicht aufgebracht.

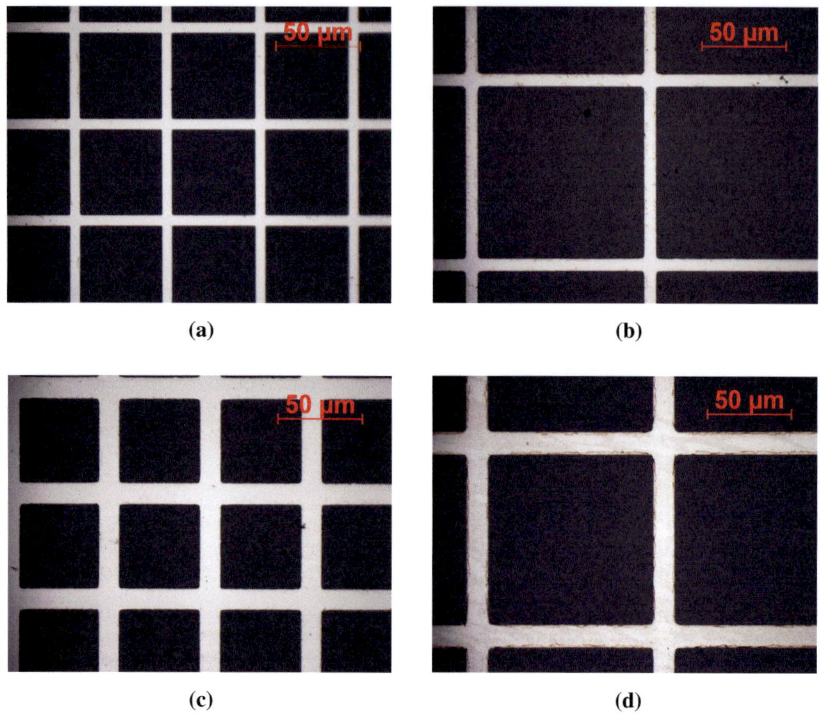

Abb. 7.1.3: Mikroskopaufnahmen verschiedener Metallnetzgeometrien ohne PEDOT:PSS. (a) $S = 5\,\mu m\,x\,A = 50\,\mu m$. (b) $S = 5\,\mu m\,x\,A = 100\,\mu m$. (c) $S = 10\,\mu m\,x\,A = 50\,\mu m$. (d) $S = 10\,\mu m\,x\,A = 100\,\mu m$

Gold) für die Netzstrukturen untersucht. Diese wurden thermisch auf das mit Fotolack strukturierte Substrat aufgedampft. Nach einem Lift-Off (vgl. Abschnitt 3.3.2) resultiert damit eine metallische Netzstruktur auf der Barrierefolie (siehe Abb. 7.1.2c). Da Gold sehr schlechte Haftungseigenschaften auf der Barrierefolie gezeigt hat, wurde als Haftvermittler bei den hier untersuchten Goldnetzen eine 5 nm dicke Schicht Chrom verwendet. Aluminium und Silber wurden direkt auf die Barrierefolie prozessiert. Die Höhe der Metallnetze wurde dabei zwischen 25 nm und 45 nm variiert.

Alle folgenden Schritte wurden unter Stickstoffatmosphäre durchgeführt. Um eine flächige Leitfähigkeit der Anode zu erreichen, wurde das hochleitfähige Polymer PEDOT:PSS, genauer gesagt das Derivat PH 1000 (vgl. Abschnitt 3.2.2) in einer 80 nm dicken Schicht auf die Metallnetze gespincoated (siehe Abb. 7.1.2d). Wie bereits erwähnt ist PET stark hygroskopisch. Um sämtliches Wasser aus den Substraten mit den entsprechenden Hybridanoden zu entfernen, wurden die Substrate für mindestens 12 h in einem Vakuumofen bei 80 °C ausgeheizt[2].

Auf die fertige Hybridanode wurde schließlich, wie in Abschnitt 3.2.1 erläutert, eine OLED mit dem Emitter „Super Yellow" prozessiert. In Abbildung 7.1.4 ist ein schematischer Querschnitt der hier verwendeten flexiblen OLEDs dargestellt. Zur Verkapselung wurde eine mit einem drucksensitiven Kleber beschichtete Barrierefolie (FTB3-125a, bezogen von 3M) verwendet. Um Wasserrückstände zu entfernen wurde die Verkapselungsfolie, wie das Substrat, für 12 h bei 80°C in einem Vakuumofen, ausgeheizt. Die Verkapselungsfolie wurde auf die Rückseite der OLED gebracht, so dass der eigentliche OLED-Stack sandwichartig zwischen der Barriereschicht des Substrats und der der Verkapselungsfolie eingeschlossen ist, vgl. Abb. 7.1.4.

7.1.2 Charakterisierung Anode

Im Folgenden soll zunächst die Transmission der Hybridelektroden in Abhängigkeit des verwendeten Metalls und der Netzgeometrie untersucht werden. In Abbildung 7.1.5 sind die gemessenen Transmissionen der verschiedenen Netz-

---

[2]Laut Herstellerangaben kann sich die Barriereschicht bei höheren Temperaturen als 80°C zersetzen.

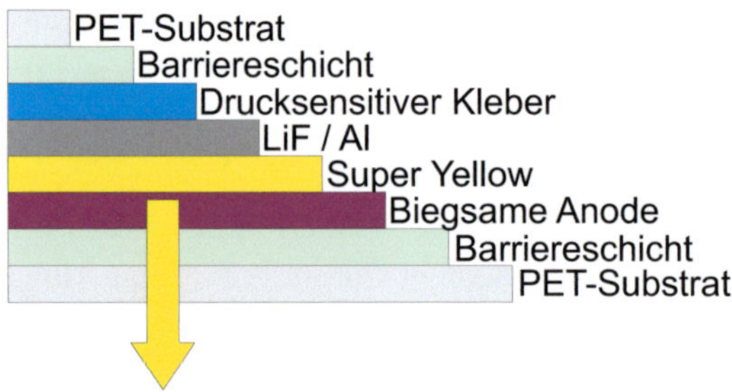

Abb. 7.1.4: Schematischer Aufbau der in dieser Arbeit verwendeten flexiblen OLEDs.

geometrien für Aluminium, Silber und Gold bei einer Netzhöhe von 30 nm zu sehen. Wie zu erwarten war, führen bei allen drei Metallen geringe Stegbreiten und größere Abstände zwischen den Stegen zu höheren Transmissionen. Aluminium zeigt keinerlei wellenlängenabhängige Merkmale in der Transmission, während die Transmission für Silber und Gold bei niederen Wellenlängen leicht zunimmt. Dies ist durch die entsprechenden Plasmonenresonanzen begründet. Insgesamt ist die Transmission für Goldnetze am höchsten.

Für die Flächenwiderstände der Hybridelektroden ergaben sich die in Tabelle 7.1.1 aufgeführten Werte. Es ist zu erkennen, dass der Flächenwiderstand bei allen Metallen für breitere Stege und geringere Abstände zwischen den Stegen abnimmt. So zeigen Hybridanoden mit einer $S = 10\,\mu m \; x \; A = 50\,\mu m$

	$S = 5\,\mu m$ $A = 50\,\mu m$	$S = 10\,\mu m$ $A = 50\,\mu m$	$S = 5\,\mu m$ $A = 100\,\mu m$	$S = 10\,\mu m$ $A = 100\,\mu m$
Aluminium	87,5	41,3	159	115
Silber	16,7	8,1	22,5	16
Gold	17	9,8	28,2	16

Tab. 7.1.1: Gemessene Flächenwiderstände der Hybridanoden für verschiedene Netzgeometrien und Metalle in $\frac{\Omega}{\square}$.

Geometrie für Gold und Silber Flächenwiderstände $< 10\frac{\Omega}{\square}$, was sie insbesondere für großflächige Anwendungen interessant macht. Im Vergleich zu einer reinen 80 nm PEDOT:PSS-Anode ($R_{\mathrm{PEDOT}} = 300\,\frac{\Omega}{\square}$) oder einer (kommerziell erworbenen) ITO-beschichteten PET-Folie ($R_{\mathrm{PET/ITO}} = 90\text{-}110\,\frac{\Omega}{\square}$) ist der Flä-

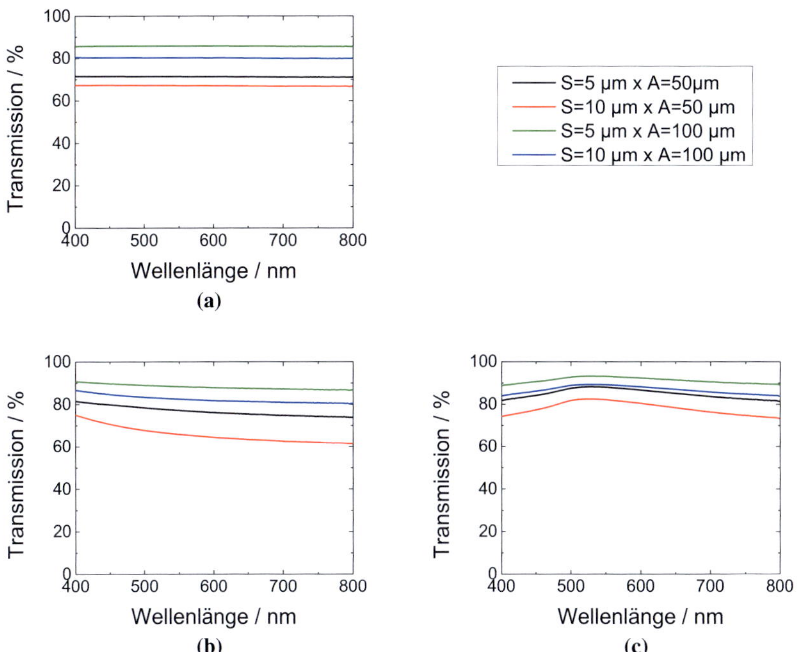

Abb. 7.1.5: Gemessene Transmission für verschiedene Netzgeometrien und Metalle. (a) Für Aluminium, (b) Silber und (c) Gold.

chenwiderstand der hier entwickelten Hybridanoden um bis zu einer Größenordnung kleiner. Es lässt sich also sagen, dass für höhere Transmission höhere Flächenwiderstände in Kauf genommen werden müssen. Der Einfluss der verschiedenen Geometrien und Metalle auf die OLED-Effizienzen wird im folgenden Abschnitt untersucht.

7.1.3 Performance in OLEDs

Alle hier diskutierten Bauteile wurden in mindestens zwei unabhängig voneinander hergestellten Batches prozessiert. Pro Batch wurden von jeder Bauteil-Konfiguration zwei Substrate mit jeweils 4 individuell untersuchten Leuchtflächen hergestellt.

Um den Einfluss der Netzgeometrie auf die OLED-Effizienz zu untersuchen, wurde zunächst die Netzhöhe konstant bei $30\,nm$ gelassen. In Tabelle 7.1.2 sind die gemessenen Lichtausbeuten für die verschiedenen Metalle und Netzgeometrien angegeben. Es ist zu erkennen, dass für alle Metalle die Netzgeometrie von $S = 5\,\mu m \, x A = 100\,\mu m$ zu den höchsten Lichtausbeuten führt. Diese Netzgeometrie hat zwar den höchsten Flächenwiderstand (siehe Tabelle 7.1.1), weist allerdings auch die höchste Transmission auf (siehe Abb. 7.1.5). Weiterhin ist zu erkennen, dass unabhängig von der Netzgeometrie die Aluminium-Netze die geringsten Effizienzen zeigen. Um für eine weitere Optimierung der Hybridanoden den Raum freier Parameter einzuschränken, wurden diese Netze für die folgenden Untersuchungen nicht weiter betrachtet.

	$S = 5\,\mu m$ $A = 50\,\mu m$	$S = 10\,\mu m$ $A = 50\,\mu m$	$S = 5\,\mu m$ $A = 100\,\mu m$	$S = 10\,\mu m$ $A = 100\,\mu m$
Aluminium	0,99	1,45	1,64	1,42
Silber	1,44	1,20	2,61	1,23
Gold	1,87	1,88	4,36	1,47

Tab. 7.1.2: Gemessene Lichtausbeuten für verschiedene Netzgeometrien und Metalle in $\frac{lm}{W}$ für eine Netzhöhe von $30\,nm$.

Da unabhängig vom verwendeten Metall für die Netzgeometrie von $S = 5\,\mu m \, x A = 100\,\mu m$ die höchsten Effizienzen gemessen wurden, wurde um die Höhe der Metallnetze zu optimieren diese Netzgeometrie konstant gehalten,

	25 nm	35 nm	45 nm
Silber	2,86	3,69	2,48
Gold	7,01	4,57	7,2

Tab. 7.1.3: Gemessene Lichtausbeuten in $\frac{lm}{W}$ für Netze mit der Geometrie 5 μm x 100 μm für verschiedene Netzhöhen.

und für solche Silber- bzw. Goldnetze die Netzhöhe variiert. In Tabelle 7.1.3 sind die zugehörigen gemessenen Lichtausbeuten zu sehen. Durch eine Anpassung der Schichtdicke konnte die Effizienz der Bauteile signifikant erhöht werden. So ließen sich für Goldnetze mit einer Höhe von 45 nm Effizienzen von bis zu 7,2 $\frac{lm}{W}$ erreichen. Bei noch höheren Metallnetzen traten häufig Kurzschlüsse in den Bauteilen auf, so dass hier keine zuverlässigen Aussagen über die OLED-Performance ermittelt werden konnten.

Um die Ergebnisse einordnen zu können, sind in Abb. 7.1.6a die gemessenen Lichtausbeuten für eine ITO-basierte flexible OLED und einer auf reinen PEDOT:PSS-Anode basierten OLED zu sehen. Weiterhin sind für jedes Metall die Lichtausbeuten der zugehörigen optimierten Hybridanode gezeigt. Es lässt sich erkennen, dass mit einem optimierten Goldnetz ($S = 5\,\mu m\,x\,A = 100\,\mu m$ mit 45 nm Höhe) die Effizienz von 7,2 $\frac{lm}{W}$ gegenüber der klassischen ITO-Anode mit 3,5 $\frac{lm}{W}$ mehr als verdoppelt werden kann. Auch eine optimierte Silberanode ($S = 5\,\mu m\,x\,A = 100\,\mu m$ und 35 nm Höhe) mit 3,68 $\frac{lm}{W}$ übertrifft die typische ITO-basierte OLED.

Die hohe Effizienz der Goldnetze kann durch eine sehr gute Anpassung der Austrittsarbeit von Gold an PEDOT:PSS begründet werden ($W_{F,\,Au} \approx 5,1$ eV, $W_{F,\,PEDOT} \approx 5,1$ eV - 5,2 eV). Die geringe Austrittsarbeit von Silber und Aluminium ($W_{F,\,Ag} \approx 4,3$ eV, $W_{F,\,Al} \approx 4,2$ eV) kann zu lokalen Injektionsbarrieren für die Ladungsträger in das leitfähige Polymer führen (vgl. Abschnitt 2.1.3), was wiederum die Effizienz der OLEDs reduzieren kann. In Abb. 7.1.6b sind die zu den diskutierten Bauteilen zugehörigen Strom-Spannungs-Charakteristika gezeigt. Es ist zu erkennen, dass abhängig von den Injektionseigenschaften der verschiedenen Hybridanoden und den abweichenden Flächenwiderständen die Stromdichten variieren. Die Einsatzspannung der OLEDs bleibt mit etwa 2,5 V unverändert.

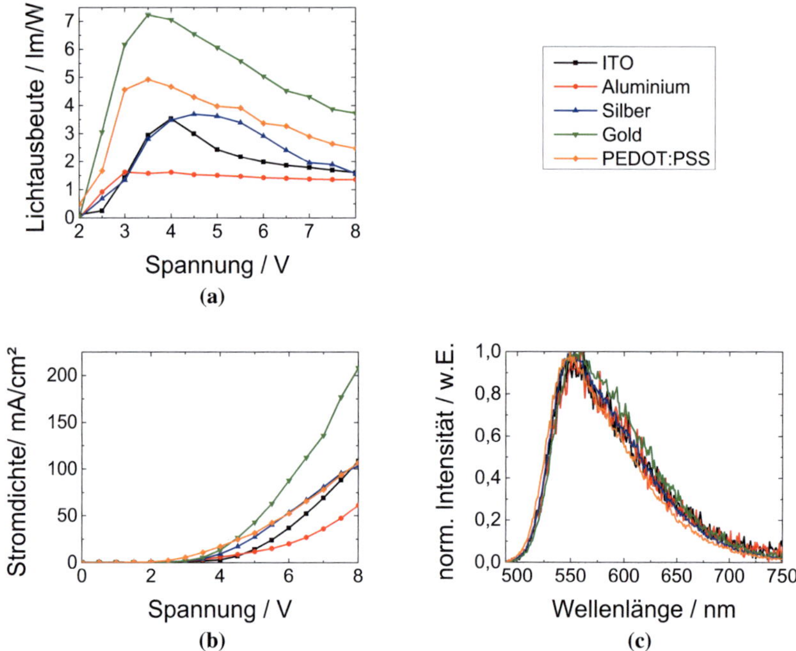

Abb. 7.1.6: (a) Gemessene Lichtausbeuten für verschiedene Anoden. (b) Zugehörige Strom-Spannungs-Charakteristik und (c) Spektren in Vorwärtsrichtung.

Durch die hohe Reflektivität der in den Hybridanoden verwendeten Metalle kann die optische Kavität der OLED (vgl. Abschnitt 2.3.4) und damit einhergehend das emittierte Spektrum beeinflusst werden. In Abbildung 7.1.6c sind die im Goniometer, bei einer Betriebsspannung von 5 V, in Vorwärtsrichtung gemessenen Spektren der diskutierten Bauteile gezeigt. Es konnte keine nennenswerte Veränderung der Spektren beobachtet werden. Dies ist sehr wahrscheinlich durch die hohe Transmission der $S = 5\,\mu m\,x\,A = 100\,\mu m$ Gitter ($\approx 90\,\%$, siehe Abb. 7.1.5) begründet. Es kann daher davon ausgegangen werden, dass die optische Kavität der OLEDs im Mittel nicht nennenswert beeinflusst wird.

Zusammenfassend lässt sich daher sagen, dass durch die Optimierung der hier entwickelten Hybridanoden die Effizienz flexibler OLEDs im Vergleich zu klassischen ITO-Anoden basierten flexiblen OLEDs mehr als verdoppelt werden konnte. Dabei zeigen insbesondere die goldbasierten Hybridanoden neben einer hohen Effizienz außerdem eine hohe Leitfähigkeit und Transparenz, sowie sehr homogene Leuchtflächen, auch in gebogenem Zustand.

7.2 Optische Verluste in flexiblen OLEDs

In Kapitel 2.3 wurden die optischen Verluste klassischer Glassubstrat basierter OLEDs diskutiert. Um die optischen Verluste in PET-Substrat basierten flexiblen OLEDs abschätzen zu können, wurden die Brechungsindizes des PET-Substrats und der Barriereschicht ellipsometrisch ermittelt. Zur Bestimmung der ellipsometrischen Größen Ψ und Δ wurde ein spektroskopisches Ellipsometer, ausgestattet mit einem Kompensator, verwendet. Dabei wurde der Spektralbereich von $\lambda = 350$ nm bis 1250 nm in 20 nm Schritten gemessen. Der Einfallswinkel wurde in 5° Schritten von $\theta = 45° - 75°$ variiert. Da die PET-Folie in dem hier untersuchten Spektralbereich eine zu vernachlässigende Absorption aufweist, konnten der Brechungsindex mit einer Cauchy-Funktion und einer Oberflächenrauigkeit (Effektive Medium Näherung) modelliert werden. Um die ebenfalls transparente Barriereschicht zu modellieren, wurden diese Fit-Parameter konstant gehalten und eine zweite Cauchy-Schicht in das optische Modell hinzugefügt. Um den Rahmen dieser Arbeit nicht zu sprengen, wird auf das Verfahren der Ellipsometrie an dieser Stelle nicht weiter eingegangen.

Die Messungen haben für das PET-Substrat bei $\lambda = 550$ nm einen Brechungsindex von $n_{\mathrm{PET}} = 1{,}75$ mit einer leichten Dispersion über den sichtbaren Bereich von $\Delta n_{\mathrm{PET}} = \pm 0{,}03$ ergeben. Der Brechungsindex der Barriereschicht zeigte keine Dispersion und ist mit $n_{\mathrm{Barriere}} = 1{,}56$ deutlich geringer als der des PET-Substrats.

Durch den hohen Brechungsindex des PET-Substrats ändern sich die optischen Verlustkanäle im Gegensatz zu klassischen Glassubstrat basierten OLEDs. Abbildung 7.2.1 gibt eine Übersicht über die optischen Verluste in solchen flexiblen OLEDs. Es sei angemerkt, dass die hier aufgeführten Überlegungen nicht nur für die in dieser Arbeit entwickelte Hybridanode gültig sind, sondern auch auf andere alternative Anodenkonzepte, wie bspw. dünne Metallschichten oder Graphen übertragen werden können. Da in solchen OLEDs keine relativ dicke und hochbrechende ITO-Schicht verwendet wird, ist der Brechungsindex des Substrats nahezu an den der organischen Schichten angepasst. Die 1,5 µm dünne Barriereschicht mit

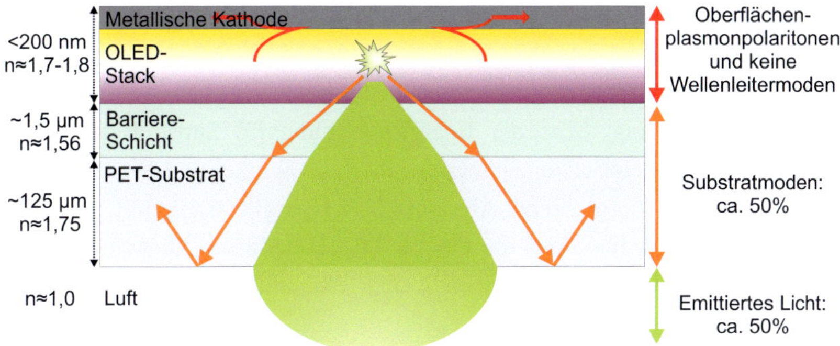

Abb. 7.2.1: Übersicht über die optischen Verlustkanäle einer typischen PET-basierten flexiblen OLED. Aufgrund des hohen Brechungsindex des PET-Substrats gibt es keine gebundenen Wellenleitermoden, dafür einen erhöhten Anteil an Substratmoden, wodurch ca. 50 % der erzeugten Photonen verloren gehen. Die Auskoppeleffizienz einer solchen OLED liegt somit bei ca. 50 %.

ihrem niedrigeren Brechungsindex kann zwar prinzipiell als Mantelschicht des Wellenleiters den der OLED-Stack bildet fungieren, allerdings sind die typischen verwendeten Schichtdicken der organischen Halbleiter hierzu viel zu gering. Transfer-Matrix-Simulationen haben gezeigt, dass hierfür Schichtdicken von mindesten 500 nm nötig wären. Aus diesem Grund kann davon ausgegangen werden, dass es in solchen ITO-freien PET-Substrat basierten flexiblen OLEDs zu keinen optischen Verlusten durch gebundene Wellenleitermoden kommt. Wie in Abschnitt 2.3.3 diskutiert, ist der Anteil an Oberflächenplasmonpolaritonen in polymerbasierten OLEDs sehr gering, weshalb die Verluste durch solche SPPs hier ebenfalls quasi vernachlässigbar gering ausfallen.

Aufgrund des hohen Brechungsindex des PET-Substrats ergibt sich für die Totalreflexion am Substrat/Luft-Übergang ein Winkel von $\theta_{\text{PET/Luft}} \approx 34{,}8°$. Im Vergleich zu Glassubstraten ($\theta_{\text{Glas}/Luft} \approx 41{,}8°$) ist dieser Winkel geringer, was zu höheren optischen Verlusten durch Substratmoden in den PET-Substrats basierten flexiblen OLEDs führt. Durch den zur Organik bzw. dem PET-Substrat relativ geringen Brechungsindex der Barriereschicht, ergibt sich, dass Licht im Substrat nur mit einem maximalen Winkel von $\Theta_{\text{Substrat}} = 63°$

im Substrat verteilt ist. Licht mit einem höheren in der Ebene liegenden Wellenvektor kann nicht im Substrat propagieren.

Die gesamte Auskoppeleffizienz der flexiblen OLEDs kann durch die mit der Winkelverteilung, bzw. der Energieverteilung im Substrat gewichtete Auskoppelwahrscheinlichkeit, integriert über alle Winkel und Wellenlängen, abgeschätzt werden (vgl. hierzu Abschnitt 2.3). Es ergibt sich somit, dass etwa 50 % der erzeugten Photonen die flexible OLED verlassen können, während etwa. 50 % im Substrat geführt werden, siehe Abbildung 7.2.1.

7.3 Flexible Mikrolinsen

Im vorangegangenen Abschnitt wurde gezeigt, dass es in PET-Substrat basierten flexiblen OLEDs keine optischen Verluste durch gebundene Wellenleitermoden gibt. Die Verluste durch Substratmoden sind dagegen im Vergleich zu Glassubstrat basierten OLEDs mit etwa 50 % relativ hoch. Es liegt daher nahe, den in Kapitel 4 entwickelten und diskutierten Ansatz zur externen Auskopplung durch Mikrolinsenarrays (MLAs) auf flexible OLEDs zu übertragen.

7.3.1 Herstellung flexibler Mikrolinsen

Um Mikrolinsenarrays in PET-Substrat-basierten OLEDs zu verwenden, müssen die MLAs flexibel, also biegsam sein. Die in Kapitel 4 entwickelten Mikrolinsen bestehen aus PMMA, was prinzipiell spröde, und damit nicht biegsam ist. Deshalb wurde der Stempelprozess zur Herstellung der MLAs, wie er in Abschnitt 4.1.1 beschrieben wurde, leicht modifiziert[3]. Zum einen wurde die PMMA-Mikrolinsenarrays mit einem deutlich höheren Druck von $0{,}22\,\frac{\mathrm{kg}}{\mathrm{cm}^2}$ (statt $0{,}11\,\frac{\mathrm{kg}}{\mathrm{cm}^2}$) angepresst, zum anderen wurden die Stempel erst nach mind. 15 h (statt 2 h) entfernt. Ohne den höheren Anpressdruck und die längere Dauer des Aushärtens blättern die Mikrolinsen beim Biegen des Substrates als durchgängige Schicht ab. Mit dem modifizierten Parametern härtet das PMMA unter höherem Druck beim Stempeln länger aus, wodurch das MLA spröder wird. Dies führt dazu, dass zwischen den einzelnen Mikrolinsen des Arrays

---

[3]Die Herstellung MLA-Stempel blieb unverändert.

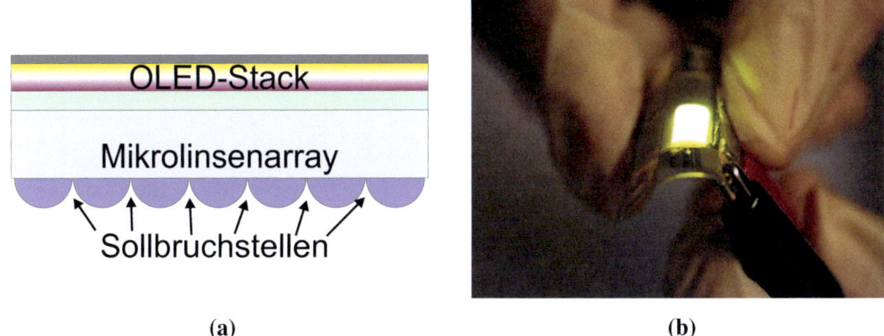

Abb. 7.3.1: (a) Schematischer Aufbau einer flexiblen OLED mit flexiblem Mikrolinsenarray. (b) Fotografie einer OLED mit MLA.

„Sollbruchstellen" entstehen, durch welche das Mikrolinsenarray biegsam wird (siehe Abb. 7.3.1a). Auch nach mehrmaligem Biegen der OLED bleibt das MLA auf dem Substrat haften. In Abbildung 7.3.1b ist die Fotografie einer gebogenen OLED mit flexiblem Mikrolinsenarray zu sehen.

7.3.2 Effizienzbetrachtung

Ähnlich wie in Kapitel 4 werden Mikrolinsenarrays mit einem Linsendurchmesser von $10\,\mu m$, $20\,\mu m$ und $30\,\mu m$ (D10-, D20- und D30-Array) untersucht. Um die Herstellung der flexiblen OLEDs deutlich zu beschleunigen (und Kosten zu sparen), wurden für die Untersuchungen der externen Auskopplung an flexiblen OLEDs im Folgenden nur Bauteile mit einer reinen PEDOT:PSS-Anode verwendet. Verglichen wurde dabei immer nur dieselbe Leuchtfläche einer OLED mit und ohne MLA. Nach der Messung einer Leuchtfläche mit einem MLA, wurde dieses mit Aceton entfernt und dieselbe Leuchtfläche noch einmal vermessen. Zwischen zwei Messungen lagen so nur wenige Minuten, weshalb eine Degradation der OLEDs zwischen zwei Messungen ausgeschlossen werden konnte. Um jegliche Einflüsse der Änderung der elektrischen Charakteristik der OLEDs auszuschließen, wurden in den gezeigten Ergebnissen nur Bauteile berücksichtigt, deren Strom-Spannungs-Charakteristik bei beiden

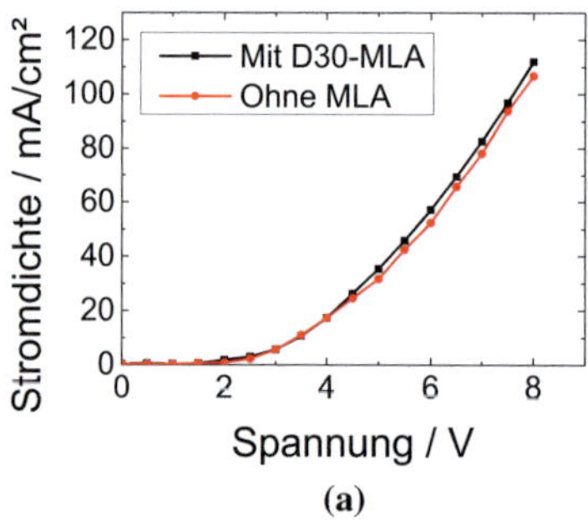
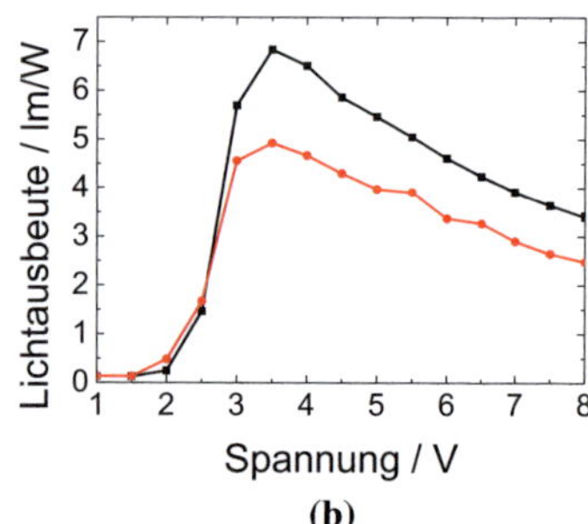

Abb. 7.3.2: (a) Gemessene Strom-Spannungs-Kennlinie der gleichen Leuchtfläche einer flexiblen OLED mit und ohne D30-Mikrolinsenarray. (b) Zugehörige gemessene Lichtausbeute. Bei gleicher Betriebsspannung hat die OLED ~38 % erhöhte Effizienz.

Messungen (mit und ohne MLA) unverändert blieb. In Abb. 7.3.2a ist beispielhaft die U-I-Kennlinie einer Leuchtfläche mit und ohne ein D30-Array gezeigt. Es ist zu erkennen, dass sich die Strom-Spannungs-Charakteristik nicht ändert, während die Lichtausbeute (Abb. 7.3.2b) signifikant gesteigert wird.

Alle hier diskutierten Bauteile wurden in mindestens zwei unabhängig voneinander hergestellten Batches prozessiert. Für jede MLA-Größe wurden pro Batch 3 Bauteile mit jeweils 4 individuell untersuchten Leuchtflächen hergestellt.

In Abbildung 7.3.3 sind die gemessenen Effizienzsteigerungen in Abhängigkeit des verwendeten Mikrolinsendurchmessers gezeigt. Es ist zu erkennen, dass die Effizienzsteigerung für unterschiedliche Durchmesser nur leicht schwankt. Für ein D30-Array konnte eine maximale Effizienzsteigerung von bis zu 38 % erreicht werden.

Prinzipiell könnte man davon ausgehen, dass für eine effiziente Auskopplung der Brechungsindex der MLAs an das PET-Substrat angepasst werden muss, um eine Totalreflexion am Substrat/MLA-Übergang zu verhindern ($n_{\mathrm{PMMA}} = 1{,}49$, $n_{\mathrm{PET}} = 1{,}75$). Wie in Abschnitt 7.2 diskutiert, ist aufgrund des niedrigen Brechungsindex der Barriereschicht ($n_{\mathrm{Barriere}} = 1{,}56$) das Licht im Substrat mit einem maximalen Winkel von $\Theta_{\mathrm{Substrat}} = 63°$ verteilt.

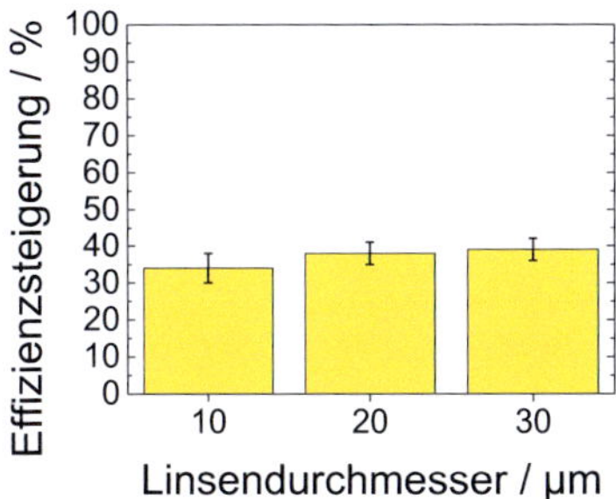

Abb. 7.3.3: Gemessene Effizienzsteigerung für verschiedene Mikrolinsendurchmesser.

Der Brechungsindex der MLAs muss daher an den der Barriereschicht und nicht an den des PET-Substrats angepasst sein. Dies ist näherungsweise der Fall. Der Winkel zur Totalreflexion zwischen PET-Substrat und den PMMA-Mikrolinsen liegt bei $\theta_{PET/PMMA} \approx 58{,}3°$, und damit nahe an der maximal auftretenden Winkelverteilung im Substrat.

Zusammenfassend kann daher davon ausgegangen werden, dass die hier entwickelten MLAs sehr effizient Substratmoden aus den flexiblen OLEDs auskoppeln. Die Effizienz der hier untersuchten flexiblen OLEDs konnte durch die MLAs um bis zu 38 % gesteigert werden, ohne die mechanische Flexibilität des Substrates merklich zu verändern.

7.3.3 Abstrahlcharakteristik

Um die Abstrahlcharakteristik der flexiblen OLEDs zu untersuchen, wurden goniometrische Messungen (siehe Abschnitt 3.4.2) mit und ohne MLA durchgeführt. Dabei wurden die OLEDs sowohl in ungebogenem als auch im gebogenem Zustand untersucht. Die im Folgenden angegebenen Biegeradien der flexiblen OLEDs entsprechen dem Radius eines an die Biegung der OLED approximierten Kreises.

In Abbildung 7.3.4a ist zunächst die Abstrahlcharakteristik der flexiblen OLEDs ohne MLA gezeigt. Es ist zu erkennen, dass die OLED im ungebogenen Zustand von der Lambertschen Abstrahlcharakteristik abweicht. Dies lässt sich durch Dünnschichtinterferenzeffekte in der 1,5 µm dicken Barriereschicht erklären. Mit zunehmendem Biegeradius verschiebt sich das Maximum der Intensität zu höheren Betrachtungswinkeln. Durch die Krümmung der Leuchtfläche werden vom Betrachter verschiedene Betrachtungswinkel vermengt, weshalb hier die Interferenzeffekte vom Betrachter nicht mehr wahrgenommen werden können. Durch das Aufbringen der Mikrolinsenarrays werden auch in ungebogenem Zustand die Interferenzeffekte zerstreut (siehe Abb. 7.3.4b) und die Abstrahlcharakteristik der flexiblen OLEDs ist mit MLA nahezu lambertsch.

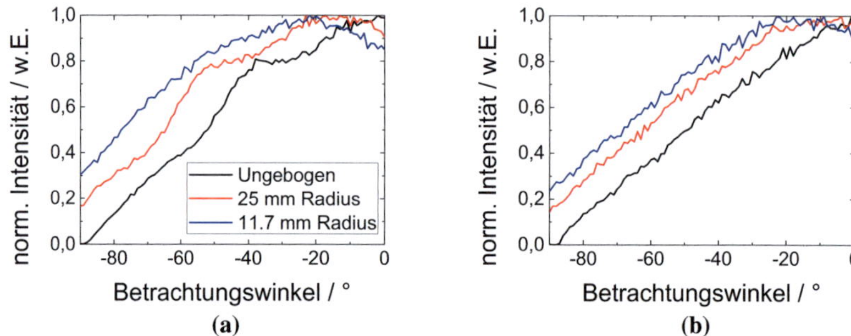

Abb. 7.3.4: Gemessene Abstrahlcharakteristik bei 550 nm in Abhängigkeit verschiedener Biegeradien für (a) eine Referenz-OLED und (b) eine OLED mit D30 Mikrolinsenarray.

7.4 Stochastische Streuung

Neben dem Ansatz über Mikrolinsen kann auch stochastische Streuung dazu genutzt werden, die Totalreflexion am Substrat/Luft-Übergang zu reduzieren, und damit Substratmoden auszukoppeln. In dieser Arbeit wurde eine Streuschicht entwickelt, bestehend aus TiO_2-Nanopartikel eingebettet in eine PMMA-Matrix, mit der die Auskoppeleffizienz flexibler OLEDs um bis zu 24 % gesteigert werden kann.

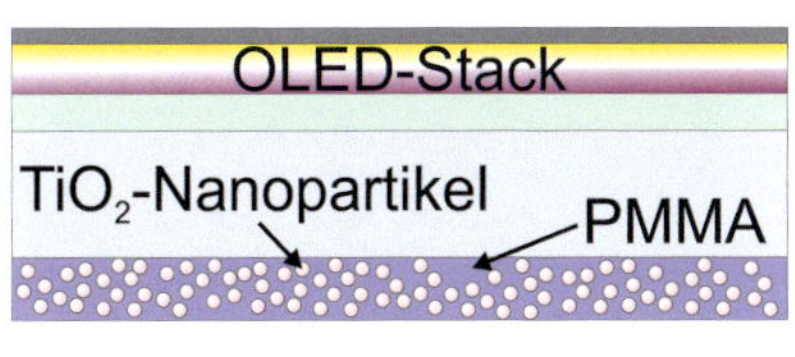

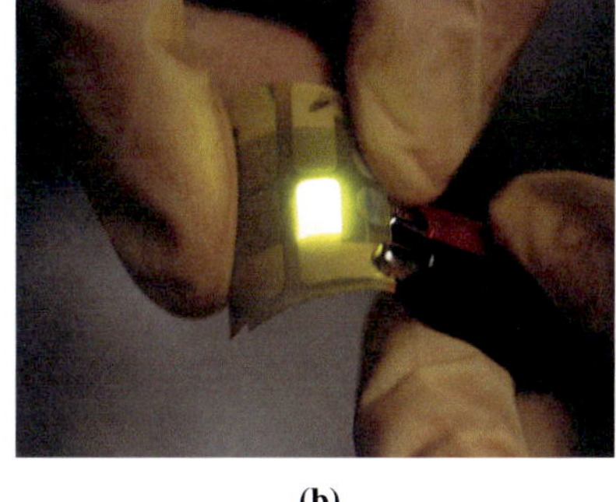

(a)   (b)

Abb. 7.4.1: (a) Schematischer Aufbau einer flexiblen OLED mit stochastischer Streuschicht. (b) Fotografie einer OLED mit stochastischer Streuschicht.

7.4.1 Herstellung stochastischer Streuschichten

Zur Herstellung der stochastischen Streuschichten wurde PMMA zusammen mit TiO$_2$-Nanopartikel (Durchmesser < 23 nm, bezogen von Sigma Aldrich) in Anisol gelöst, so dass die Streuschicht per Spincoating auf den Substrat/Luft-Übergang der OLED aufgebracht werden konnte (siehe Abb. 7.4.1a).

Über das Massen- bzw. Volumenverhältnis von TiO$_2$-Nanopartikel zu PM-MA wurde der Anteil an Partikeln so eingestellt, dass der effektive Brechungs-index des PMMA-TiO$_2$-Nanopartikel-Gemischs von $n_{\text{Streu, Eff}} = 1{,}68$ bis $1{,}93$ variiert wurde. Dabei wurde angenommen, dass das PMMA-Partikel-Gemisch ein homogenes Medium bildet. Da die Partikel mitunter große Agglomeratio-nen bilden, ist diese Annahme fehlerbehaftet. In Abbildung 7.4.2 sind beispiel-hafte Rasterelektronenmikroskopaufnahmen verschiedener Streuschichten ge-zeigt. Es ist zu erkennen, dass die Agglomerationen unterschiedlichste Größen haben. Dennoch wird im Folgenden in erster Näherung von einem effektiven Brechungsindex der Streuschichten ausgegangen. Mit bloßem Auge sind keine Agglomerationen zu sehen. In Abbildung 7.4.1b ist die Fotografie einer OLED mit stochastischer Streuschicht gezeigt. Man erkennt, dass die OLED homo-gen leuchtet. Aufgrund der geringen Schichtdicke (d $\approx 0{,}5\,\mu$m bis $2{,}5\,\mu$m) ist außerdem das PMMA flexibel und somit ein Biegen der OLED möglich.

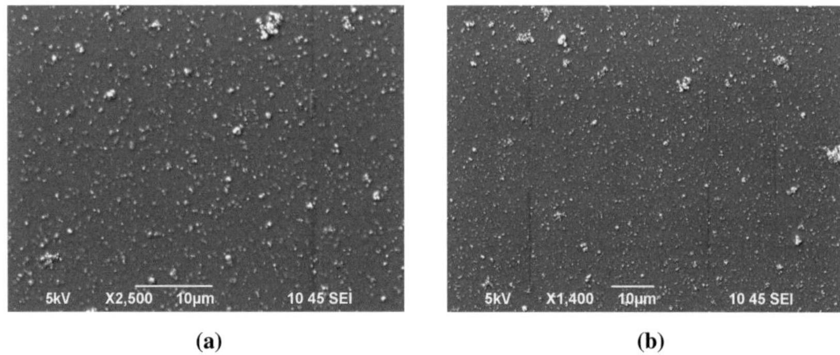

Abb. 7.4.2: Beispielhafte REM-Aufnahmen verschiedener Streuschichten. Es ist zu erkennen, dass die Partikel unterschiedlich große Agglomerationen bilden.

7.4.2 Charakterisierung der Streuschichten

Bei der Streuung von Licht an Partikeln wird zwischen Mie- und Rayleigh-Streuung unterschieden. Unter Mie-Streuung wird die Lichtstreuung, bzw. die Streuung ebener Wellenfronten an sphärischen Partikeln verstanden. Sie ist die exakte Lösung der Maxwell-Gleichungen [149]. Die Rayleigh-Streuung wird als die Streuung von Licht an Partikeln oder Teilchen verstanden, deren räumliche Ausdehnung klein gegenüber der Wellenlänge des Lichts ist. Die Rayleigh-Streuung ist stark dispersiv, ihr Wirkungsquerschnitt nimmt für kleine Wellenlängen zu [149].

Die für die hier entwickelten Streuschichten verwendeten Nanopartikel besitzen einen Durchmesser $< 23\,\mathrm{nm}$ und liegen damit nahe der Grenze zur Rayleigh-Streuung. Die hier auftretenden Agglomerationen zu größeren effektiven Partikeln, können gegebenenfalls die Streuwirkung begünstigen. Um dies zu untersuchen wurde, wie in Abschnitt 3.4.3 beschrieben, der Streukoeffizient für verschiedene effektive Brechungsindizes in Abhängigkeit der Dicke der Streuschicht gemessen, siehe Abbildung 7.4.3. Wie zu erwarten war, steigt mit zunehmender Schichtdicke und mit zunehmendem effektivem Brechungsindex, d.h. mit zunehmender Partikelkonzentration, die Streuwirkung der Schichten.

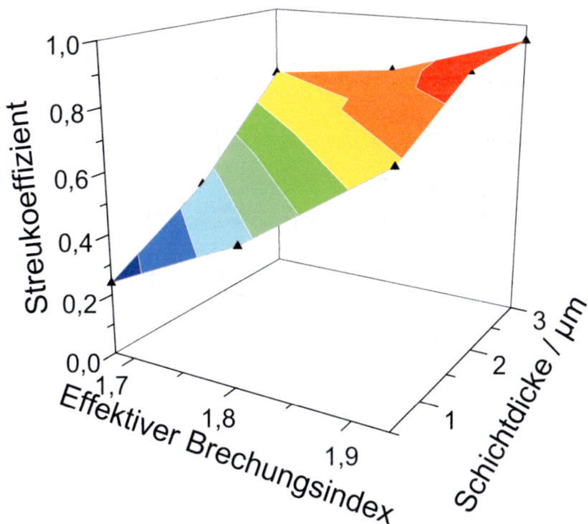

Abb. 7.4.3: Gemessener Streukoeffizient bei 550 nm für verschiedene effektive Brechungsindizes (Partikelkonzentrationen) und Schichtdicken.

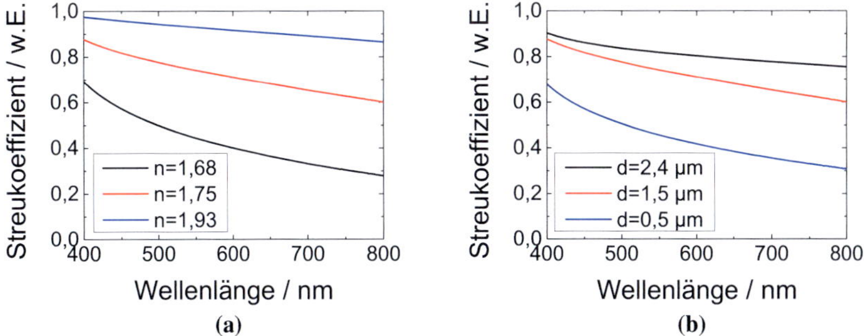

Abb. 7.4.4: (a) Gemessene Streukoeffizienten für Schichtdicken von d≈1,5 μm und unterschiedliche effektive Brechungsindizes. (b) Gemessene Streukoeffizienten für unterschiedliche Schichtdicken mit einem effektiven Brechungsindex von n=1,75.

Betrachtet man die Streukoeffizienten wellenlängenabhängig, erkennt man eine Dispersion in der Streuwirkung. In Abbildung 7.4.4a ist beispielhaft für eine konstante Schichtdicke von $d \approx 1{,}5\,\mu m$ ($\pm 0{,}1\,\mu m$) der Streukoeffizient wellenlängenaufgelöst in Abhängigkeit des berechneten effektiven Brechungsindex dargestellt. Abbildung 7.4.4b zeigt beispielhaft den Streukoeffizient bei konstantem effektivem Brechungsindex von $n = 1{,}75$ und variabler Schichtdicke. Es ist zu erkennen, dass für kleinere Wellenlängen die Streuwirkung zunimmt. Dies deutet auf eine Rayleigh-Streuung der Schichten hin. Die bei den Streuschichten auftretende Dispersion des Streukoeffizienten nimmt für höhere Partikelkonzentrationen bzw. höhere effektive Brechungsindizes sowie für größere Schichtdicken ab. Eine Begründung hierfür ist, dass bei größeren effektiven Partikeln Mie-Streuung auftreten kann, welche weniger dispersiv ist. Bei höheren Partikelkonzentrationen oder größeren Schichtdicken können die Agglomerationen der Partikel größer werden, und daher der Anteil an Mie-Streuung gegenüber der Rayleigh-Streuung zunehmen.

7.4.3 Effizienzbetrachtung

Sämtliche im Folgenden gezeigten Ergebnisse wurden in mindestens zwei unabhängig voneinander hergestellten Batches verifiziert. Wie bei den in Abschnitt 7.3 diskutierten flexiblen Mikrolinsen wurden zur Effizienzsteigerung nur dieselben Leuchtflächen miteinander verglichen. Nach der Messung einer OLED mit Streuschicht wurde diese mit Aceton und Isopropanol entfernt und dieselbe Leuchtfläche erneut vermessen. Messungen wurden nur berücksichtigt, wenn sich die Strom-Spannungs-Charakteristik zwischen den Messungen nicht verändert hat.

In Abbildung 7.4.5 ist die gemessene Effizienzsteigerung in Abhängigkeit des effektiven Brechungsindex und der Schichtdicke gezeigt. Es ist zu erkennen, dass für eine zunehmende Schichtdicke der Streuschicht die Auskopplung effizienter wird. Dies kann durch die erhöhte Streuwirkung dickerer Schichten begründet werden (vgl. Abb. 7.4.3). Zudem erkennt man, dass für einen approximierten effektiven Brechungsindex der Streuschicht von $n_{\mathrm{Streu,\,Eff}} = 1{,}68$ und $n_{\mathrm{Streu,\,Eff}} = 1{,}75$ die Effizienz um bis zu 24 % gesteigert werden kann. Dies

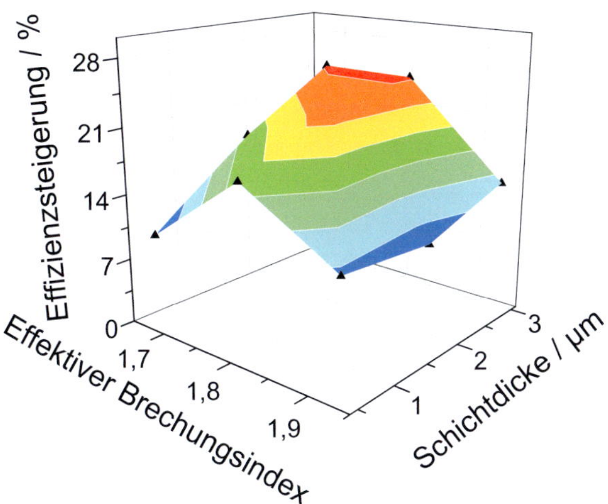

Abb. 7.4.5: Gemessene Effizienzsteigerung in Abhängigkeit des effektiven Brechungsindex und der Schichtdicke.

kann durch eine gute Anpassung des Brechungsindex der Streuschicht an das PET-Substrat begründet sein. In Abschnitt 7.2 wurde diskutiert, dass durch den niedrigen Brechungsindex der Barriereschicht der OLEDs, Licht im Substrat mit einem maximalen Winkel von ~63° verteilt ist. Bei der Untersuchung der flexiblen Mikrolinsen in Abschnitt 7.3 wurde deshalb argumentiert, dass der Brechungsindex der Auskoppelstrukturen an den der Barriereschicht angepasst werden muss. Dies ist bei den stochastischen Streuschichten nicht gegeben, da hier das Licht am Substrat/Streuschicht-Übergang diffus gestreut wird. Ein gewisser Teil des gestreuten Lichts wird somit zurück in das Substrat gestreut, am OLED-Stack reflektiert bzw. am Substrat/Barriereschicht-Übergang reflektiert und kann erneut mit der Streuschicht wechselwirken. Dies führt wiederum zu einer gleichmäßigeren Winkelverteilung des Lichts im Substrat. Aus diesem Grund kann die Anpassung des effektiven Brechungsindex der Streuschicht an das PET-Substrat zu einer effizienten Auskopplung von Substratmoden führen, da so keine Totalreflexion am Substrat/Streuschicht-Übergang auftritt. Die angesprochene diffuse Streuung der Substratmoden führt dazu, dass ein gewisser Anteil der gestreuten Substratmoden erst nach mehrfacher Streuung ausgekoppelt werden kann. Jede Reflexion am OLED-Stack und Streuung an der Auskoppelschicht ist mit Absorptionsverlusten verbunden. Die typische Reflektivität eines OLED-Stacks liegt bei etwa 70 % - 90 %.

Zusammenfassend lässt sich daher sagen, dass die stochastischen Streuschichten, im Vergleich zu den in Abschnitt 7.3 diskutierten flexiblen Mikrolinsenarrays zwar einfacher in der Herstellung sind, allerdings liegt die maximale gemessene Effizienzsteigerung der stochastischen Streuschichten mit 24 % unter der der Mikrolinsenarrays (38 %).

7.4.4 Abstrahlcharakteristik

Die Abstrahlcharakteristik der flexiblen OLEDs mit und ohne Streuschicht wurde, wie bei den in Abschnitt 7.3.3 diskutierten Mikrolinsenarrays, in ungebogenem und gebogenem Zustand untersucht. Abbildung 7.4.6a zeigt die Abstrahlcharakteristik der flexiblen OLEDs ohne Streuschicht. Wie in Abschnitt 7.3.3 bereits diskutiert, zeigen die flexiblen OLEDs aufgrund von Dünnschichtinterferenzen eine nicht Lambertsche Abstrahlcharakteristik. Durch eine zunehmend starke Biegung findet eine Mittelung über mehrere Winkel statt, wodurch die Interferenzeffekte weniger stark zu beobachten sind.

Durch die diffuse Streuung der Streuschichten zeigen die OLEDs keinerlei Dünnschichtinterferenzen. In Abbildung 7.4.6b ist beispielhaft die Abstrahlcharakteristik einer OLED mit Streuschicht ($n_{\text{Streu, Eff}}{=}1{,}75$ und $d{=}2{,}4\,\mu\text{m}$) gezeigt. Die Emission der OLEDs ist nahezu lambertsch, durch die Biegung der OLEDs verschiebt sich allerdings das Maximum der Abstrahlung von der senkrechten Betrachtung zu höher Betrachtungswinkeln.

Es lässt sich also festhalten, dass durch die hier untersuchten stochastischen Streuschichten die Effizienz der hier untersuchten flexiblen OLEDs um bis zu 24 % gesteigert werden kann. Durch die diffuse Streuung der Schichten ist die Emission der OLEDs mit Streuschichten dabei Lambertsch.

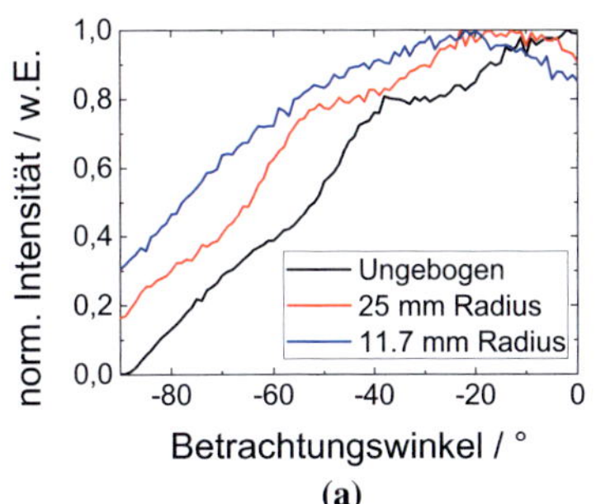

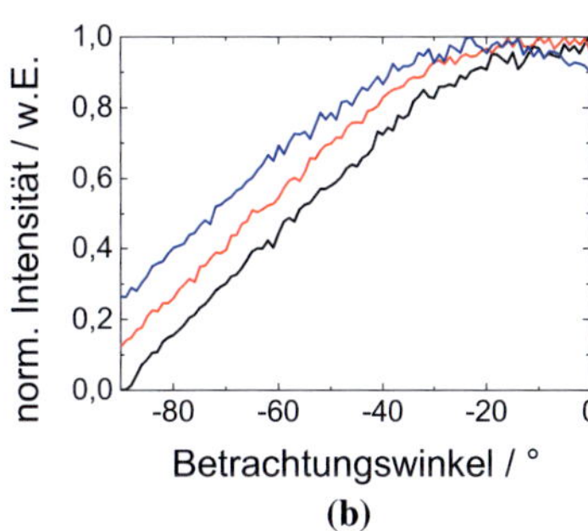

Abb. 7.4.6: Gemessene Abstrahlcharakteristik in Abhängigkeit verschiedener Biegeradien für (a) eine Referenz-OLED und (b) eine OLED mit stochastischer Streuschicht.

8 Zusammenfassung und Ausblick

Die vorliegende Arbeit beinhaltet eine umfangreiche Betrachtung der verschiedenen optischen Verlustkanäle in organischen Leuchtdioden (OLEDs). Es wurden verschiedene Verfahren und Methoden zur Auskopplung von Substratmoden, also den externen optischen Verlusten, sowie zur Auskopplung von gebundenen Wellenleitermoden, den internen optischen Verlusten, entwickelt. Neben einer Steigerung der Auskoppeleffizienz wurde dabei zum einen auf eine Eignung der Auskoppelstrukturen für die Anwendbarkeit in weißen organischen Leuchtdioden (WOLEDs) geachtet. Zum anderen sind die hier vorgestellten Methoden und Strukturen prinzipiell auf große Flächen hochskalierbar, was sie für industrielle Prozesse potenziell interessant macht.

Zunächst wurde ein Verfahren zur externen Auskopplung entwickelt und untersucht. Durch eine Strukturierung des Substrat/Luft-Übergangs durch Mikrolinsenarrays (MLAs) konnte eine effiziente Auskopplung von Substratmoden erreicht werden. Der entwickelte Herstellungsprozess für Mikrolinsenarrays basiert auf einem Stempelprozess. Das Verfahren erlaubt dabei die Anfertigung von MLA-Stempeln mit nahezu beliebigem Aspektverhältnis, Durchmesser oder beliebiger Packungsdichte der Linsen. Einmal angefertigt, können mit den Stempeln die MLAs beliebig oft reproduziert werden. Mit diesem Verfahren wurden verschiedene PMMA-Mikrolinsenarrays an verschiedenen OLED-Stacks untersucht. Es konnte gezeigt werden, dass bei einer maximalen hexagonalen Packungsdichte mehr oder minder unabhängig von der Linsengröße die Effizienz von OLEDs um bis zu 50 % gesteigert werden kann, ohne dabei die Abstrahlcharakteristik der OLEDs zu verändern.

Zur internen Lichtauskopplung wurde ein Verfahren basierend auf Mikrostrukturen und eines basierend auf Nanostrukturen entwickelt. Als Mikrostruktur wurden Mikrosäulen aus dem niederbrechenden Material Magnesiumfluorid (MgF_2) in die Indiumzinnoxid-Anode (ITO) integriert. Durch diese Störung des Wellenleiters konnte die Effizienz weißer OLEDs nach Optimierung der Struktur um bis zu 38 % gesteigert werden. Die elektrischen Eigenschaften der Anode und der WOLED, sowie die Emissionseigenschaften blieben dabei unverändert. Durch eine Kombination dieser internen Auskopplung mit den zuvor diskutierten Mikrolinsenarrays zur externen Auskopplung wurde die WOLED-Effizenz um weitere 50 % gesteigert, was insgesamt zu einer Steigerung der Effizienz gegenüber einer völlig unstrukturierten OLED um den Faktor 2 führte.

Als zweites Verfahren zur internen Auskopplung wurden periodische Nanostrukturen, genauer gesagt eindimensionale Bragg-Gitter aus dem hochbrechenden Material Titandioxid (TiO_2) entwickelt. Diese wurden auf die ITO-Anode prozessiert und so in einen weißen OLED-Stack implementiert. Es wurde gezeigt, dass in Abhängigkeit von der Gitterhöhe unterschiedliche Effizienzsteigerungen erreicht werden können. So konnte bei dem hier untersuchten weißen OLED-Stack bei einer Gitterhöhe von 15 nm eine maximale Effizienzsteigerung von rund 100 % erreicht werden. Durch die Kombination mit Mikrolinsenarrays zur externen Auskopplung konnte demonstriert werden, dass durch die Gitterstrukur eine komplexe Wechselwirkung der Kopplung von Photonen auftritt. So können durch das Gitter Photonen zwischen gebundenen Wellenleitermoden, Substratmoden und emittiertem Licht aus- aber auch eingekoppelt werden. So wurde gezeigt, dass bei entsprechender Gitterhöhe nicht nur mehr Photonen in den emittierenden Anteil des Lichts gekoppelt werden, sondern dass sich dadurch auch mehr oder ggf. auch weniger Photonen im Substrat befinden können. Bei entsprechend optimierten Gittergeometrien konnte durch die Auskopplung dieser Substratmoden die Effzienz der gitterstrukturierten WOLEDs um weitere 100 % gesteigert werden. Dies entspricht einer Steigerung der Effizienz gegenüber einer komplett unstrukturierten WOLED um den Faktor 4. Solche periodischen Gitterstrukturen wurden wegen ihrer diffraktiven winkel- und wellenlängenselektiven Auskopplung und dem damit verbundenen Farbwinkelverzug bisher als nicht anwendbar in weißen OLEDs betrachtet. Durch die Kombination der gitterstrukturierten WOLEDs mit den diffus streuenden Mikrolinsenarrays wurde eine Lambertsche Abstrahlcharakteristik der WOLEDs erreicht.

Es konnte also gezeigt werden, dass durch die Kombination von Verfahren zur externen und internen Lichtauskopplung die Effizienz von WOLEDs signifikant gesteigert werden kann. Hierfür sind aber immer mindestens zwei Strukturen/Verfahren notwendig. Die kombinierte Auskopplung von gebundenen Wellenleitermoden und Substratmoden durch nur eine Struktur wurde mit einer im Rahmen dieser Arbeit entwickelten sphärischen Texturierung des OLED-Substrats demonstriert. Dabei wurde eine Monolage aus SiO_2-Mikropartikeln auf ein Glassubstrat prozessiert. Die Bereiche zwischen diesen Sphären wurden mit einem im Brechungsindex an das Glassubstrat und die Mikropartikel angepassten Epoxid ausgefüllt. Auf die so resultierenden Halbsphären wurde der WOLED-Stack prozessiert. Durch die scharfe Krümmung des Schichtwellenleiters konnten somit gebundene Wellenleitermoden ausgekoppelt werden. Durch eingehende Untersuchungen mit Hilfe von MLAs konnte weiterhin gezeigt werden, dass durch diese sphärische Texturierung zudem Substratmoden ausgekoppelt werden. Dies ist durch eine aufgrund der Texturierung bedingten Krümmung der reflektiven OLED-Kathode, und damit einer Umlenkung des im Substrat geführten Lichts, begründet. Die Effizienz von WOLEDs konnte durch die sphärische Texturierung um einen Faktor von bis zu 3,7 gesteigert werden, ohne dass die Abstrahlcharakteristik der WOLEDs negativ beeinflusst wird.

Neben den Untersuchungen zur Lichtauskopplung an klassischen Glassubstrat-basierten OLEDs wurde die Lichtauskopplung an flexiblen, d.h. biegsamen OLEDs untersucht. Typischerweise wird für solche flexiblen OLEDs PET-Folie als Substrat verwendet. Da das in OLEDs gängige Anodenmaterial Indiumzinnoxid sehr spröde und zudem schwer auf PET zu prozessieren ist, eignet es sich für den Einsatz in flexiblen OLEDs nur bedingt. Aus diesem Grund wurde in dieser Arbeit zunächst ein flexibles Anodenkonzept entwickelt. Aus einem dünnen, transparenten Metallnetz in Kombination mit einem hochleitfähigen Polymer konnte eine sehr effiziente und mechanisch flexible Hybridanode entwickelt werden. Es konnte gezeigt werden, dass in Abhängigkeit der verwendeten Netzgeometrie und dem eingesetzten Metall die Effizienz von solchen ITO-freien, PET-Substrat basierten OLED gegenüber einer ITO-PET-basierten OLED verdoppelt werden kann.
Weiterhin wurden die optischen Verlustkanäle in solchen ITO-freien, PET-Substrat basierten OLEDs untersucht. Aufgrund des hohen Brechungsindex des PET-Substrat entstehen keine gebundenen Wellenleitermoden. Dafür sind, aufgrund des niedrigen Winkels der Totalreflexion, die optischen Verluste durch Substratmoden im Gegensatz zu Glassubstrat-basierten OLEDs erhöht. Die Auskoppeleffizienz solcher flexiblen OLEDs konnte damit zu etwa 50 %

abgeschätzt werden, während weitere rund 50 % durch Substratmoden verloren gehen. Die optischen Verluste in flexiblen OLEDs unterscheiden sich also gegenüber den Verlusten in klassichen Glassubstrat-basierten ITO-OLEDs. Aus diesem Grund wurden zwei unterschiedliche, biegsame Auskoppelstrukturen entwickelt. Zum einen konnte durch eine leichte Modifikation des Stempelprozesses der bereits diskutierten Mikrolinsenarrays Sollbruchstellen eingefügt werden, so dass die MLAs quasi flexibel wurden. Die Effizienz der PET-Substrat basierten flexiblen OLEDs konnte durch solche biegsame MLAs um bis zu 38 % gesteigert werden. Zum anderen wurden biegsame dünne stochastische Streuschichten auf den Substrat/Luft-Übergang prozessiert. Diese dünnen Schichten bestanden aus einem Komposit aus PMMA und TiO_2-Nanopartikeln. Es konnte gezeigt werden, dass durch eine Variation der Partikelkonzentration der effektive mittlere Brechungsindex der Streuschichten variiert und somit an das Substrat angepasst werden kann. Durch eine weitere Optimierung der Schichtdicke und der damit einhergehenden Streuwirkung der Schicht konnte die Effizienz von flexiblen OLEDs um bis zu 24 % gesteigert werden. Weiterhin wurden die OLEDs in flachem sowie gebogenem Zustand mit und ohne MLA bzw. Streuschicht auf ihre Abstrahlcharakterisitk untersucht. Die flexiblen OLEDs zeigten mit beiden Aukoppelstrukturen eine diffuse, Lambertsche Abstrahlcharakteristik.

Zusammenfassend lässt sich sagen, dass im Rahmen dieser Arbeit verschiedene Methoden zur Lichtauskopplung in OLEDs erfolgreich entwickelt und in OLEDs implementiert wurden. Es konnte demonstriert werden, dass eine externe und interne Lichtauskopplung in Kombination zu sehr hohen Effizienzsteigerungen führen kann. Im Gesamtkontext dieser Arbeit besitzen die einzelnen Verfahren zur Lichtauskopplung verschiedene Stärken und Schwächen, wobei es festzuhalten gilt, dass jedes der hier entwickelten Verfahren an unterschiedliche OLED-Stacks separiert angepasst werden muss. Aus diesem Grund gilt es Möglichkeiten zu erarbeiten, auf simulativem Wege die in dieser Arbeit experimentell entwickelten Methoden und gewonnen Erkenntnisse zur Lichtauskopplung weiter zu optimieren und zu verstehen. Eine mögliche experimentelle Fortführung der in dieser Arbeit entwickelten Ergebnisse ist die Integration der Auskoppelstrukturen in das OLED-Substrat. Beispiels-

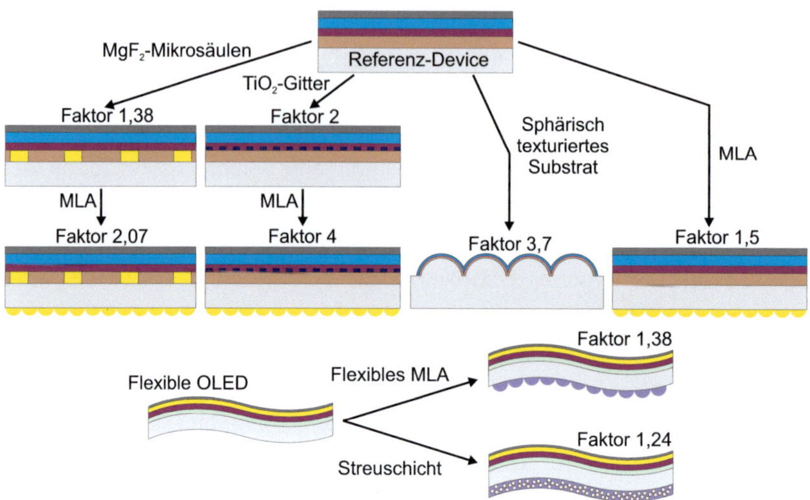

Abb. 8.0.1: Übersicht über die in dieser Arbeit entwickelten Verfahren zur internen, externen und kombinierten Lichtauskopplung mit den zugehörigen Faktoren der erzielten Effizienzsteigerung.

weise kann über ein Heißprägeverfahren die Mikrolinsenarrays oder auch die sphärischen Texturierung direkt in ein Substrat übertragen werden.

Literaturverzeichnis

[1] C. W. Tang, S. A. VanSlyke, "Organic electroluminescent diodes," *Applied Physics Letters*, vol. 51, pp. 913–915, 1987.

[2] M. C. Gather, A. Köhnen, K. Meerholz, "White organic light-emitting diodes," *Advanced Materials*, vol. 23 (2), pp. 233–248, 2010.

[3] V. Cleave, G. Yahioglu, P. Le Barny, R. H. Friend, N. Tessler, "Harvesting singlet and triplet energy in polymer leds," *Advanced Materials*, vol. 11, pp. 285–288, MAR 4 1999.

[4] N. Rehmann, C. Ulbricht, A. Koehnen, P. Zacharias, M. C. Gather, D. Hertel, E. Holder, K. Meerholz, U. S. Schubert, "Advanced device architecture for highly efficient organic light-emitting diodes with an orange-emitting crosslinkable iridium(iii) complex," *Advanced Materials*, vol. 20, pp. 129+, JAN 7 2008.

[5] B. Geffroy, P. le Roy, C. Prat, "Organic light-emitting diode (oled) technology: materials, devices and display technologies," *Polymer International*, vol. 55, pp. 572–582, 2006.

[6] S. Reineke, F. Lindner, G. Schwartz, N. Seidler, K. Walzer, B. Luessem, K. Leo, "White organic light-emitting diodes with fluorescent tube efficiency," *Nature*, vol. 459, pp. 234–238, MAY 14 2009.

[7] Y. Sun, N. Giebink, H. Kanno, B. Ma, M. Thompson, S. Forrest, "Management of singlet and triplet excitons for efficient white organic light-emitting devices," *Nature*, vol. 440, pp. 908–912, APR 13 2006.

[8] www.cesweb.org, "Consumer Electronics Show 2013 - Tech Report," tech. rep., 2013.

[9] O. Weiss, R. Krause, R. Paetzold, "Organic thin film devices for displays and lighting," *Advanced in Solid State Physics*, vol. 46, pp. 321–332, 2007.

[10] C.-C. Wu, C.-W. Chen, C.-L. Lin, C.-J. Yang, "Advanced organic light-emitting devices for enhancing display performances," *Journal of Display Technology*, vol. 1, 2, pp. 248–266, 2005.

[11] F. So, J. Kido, P. Burrows, "Organic light-emitting devices for solid-state lighting," *MRS Bulletin*, vol. 33, 07, pp. 663–669, 2008.

[12] M. Schwoerer, H. C. Wolf, "Flach, flexibel und organisch," *Physik Journal*, vol. 7 / Nr. 5, pp. 29–32, 2008.

[13] BMBF: Forschungsforum Energiewende, "Leuchtdioden (LED) - das Licht der Zukunft," tech. rep., BMBF, 2013.

[14] M. Klein, K. Heusner, "Lichthimmel und Lichttapeten," *Physik Journal*, vol. 7, pp. 43–46, 2008.

[15] http://www.osram.de, "Topaktuelle Lichttrends: OLED-Beleuchtung von Osram," 2013.

[16] http://www.lighting.philips.de, "Philips Lumiblade OLEDs-die neue Lichtkunst," 2013.

[17] G. Schwartz, K. Fehse, M. Pfeiffer, K. Walzer, K. Leo, "Highly efficient white organic light emitting diodes comprising an interlayer to separate fluorescent and phosphorescent regions," *Applied Physics Letters*, vol. 89, p. 083509, AUG 21 2006.

[18] S. Sax, N. Rugen-Penkalla, A. Neuhold, S. Schuh, E. Zojer, Emil J. W. List, K. Müllen, "Efficient blue-light-emitting polymer heterostructure devices: The fabrication of multilayer structures from orthogonal solvents," *Advanced Materials*, vol. 22, pp. 2087–2091, 2010.

[19] J. S. Park, H. Chae, H. K. Chung, I. L. Sang, "Thin film encapsulation for flexible am-oled: a review," *Semiconductor Science and Technology*, vol. 26, no. 3, p. 034001, 2011.

[20] C. Adachi, M. A. Baldo, M. E. Thompson, and S. R. Forrest, "Nearly 100% internal phosphorescence efficiency in an organic light-emitting device," *Journal of Applied P*, vol. 90, pp. 5048–5051, NOV 15 2001.

[21] Y. Kawamura, K. Goushi, J. Brooks, J.J. Brown, H. Sasabe, C. Adachi, "100phosphorescence quantum efficiency of Ir(III) complexes in organic semiconductor films," *Applied Physics Letters*, vol. 86, no. 7, p. 071104, 2005.

[22] M. Schwoerer, H. C. Wolf, *Organic Molecular Solids*. WILEY-VCH, 2005.

[23] G. S. Hammond, Y. Osteryoung, T. H. Crawford, H. B. Gray, *Modellvorstellungen in der Chemie: Eine Einführung in die Allgemeine Chemie*. De Gruyter, 2. Auflage, 2011 (1979).

[24] W. Bruetting, ed., *Physics of Organic Semiconductors*. WILEY-VCH, 2005.

[25] H. Klauk, ed., *Organic electronics: materials, manufacturing and applications*. Wiley-VCH, 2006.

[26] J. Shinar, *Organic light-emitting devices: a survey*. Springer, 1. Auflage, 2003.

[27] M. Pope, C. E. Swenberg, *Electronic Processes in Organic Crystals and Polymers*. Oxford University Press, 2. Auflage, 1999.

[28] Z. J. Kafafi, ed., *Organic Electroluminescence*. Taylor & Francis Group, 2005.

[29] N. J. Turro, J. C. Scaiano, *Principles of Molecular Photochemistry: An Introduction*. University Science Books, 1. Auflage, 2008.

[30] H. Ibach, H. Lüth, *Festkörperphysik: Einführung in die Grundlagen.* Springer, 7. Auflage, 2008.

[31] R. Farchioni, G. Grosso, ed., *Organic Electronic Materials: Conjugated Polymers and Low Molecular Weight Organic Solids.* Springer, 2001.

[32] M. A. Baldo, S. Lamansky, P. E. Burrows, M. E. Thompson, S. R. Forrest, "Very high-efficiency green organic light-emitting devices based on electrophosphorescence," *Applied Physics Letters*, vol. 75, pp. 4–6, JUL 5 1999.

[33] S. O. Jeon, S. E. Jang, H. S. Son, J. Y. Lee, "External quantum efficiency above 20 in deep blue phosphorescent organic light-emitting diodes," *Advanced Materials*, vol. 23, pp. 1436–1441, 2011.

[34] K. Muellen and U. Scherf, ed., *Organic Light-Emitting Devices.* WILEY-VCH, 2006.

[35] J. Kalinowski, *Organic Light-Emitting Diodes.* Taylor & Francis Group, 2005.

[36] J. C. Scott and G. G. Malliaras, "Charge injection and recombination at the metal-organic interface," *Chemical Physics Letters*, vol. 299, no. 2, pp. 115–119, 1999.

[37] V. I. Arkhipov, E. V. Emelianova, Y. H. Tak, and H. Bässler, "Charge injection into light-emitting diodes: Theory and experiment," *Journal of Applied Physics*, vol. 84, 848, 1998.

[38] F. So, ed., *Organic Electronics: Materials, Processing, Devices and Applications.* CRC Press, 2009.

[39] A. Miller and E. Abrahams, "Impurity conduction at low concentrations," *Physical Review*, vol. 120 (3), pp. 745–755, 1960.

[40] H. Baessler, "Charge transport in disordered organic photoconductors a monte carlo simulation study," *Physica Status Solidi B*, vol. 175 (1), p. 15, 1993.

[41] H. Baessler, V. I. Arkhipov, E. V. Emelianova, A. Gerhard, A. Hayer, C. Im, and J. Rissler, "Excitons in pi-conjugated polymers," *Synthetic Metals*, vol. 377, pp. 135–136, 2003.

[42] P. Prins, F. C. Grozema, J. M. Schins, S. Patil, U. Scherf, L. D. A. Siebbeles, "High intrachain hole mobility on molecular wires of ladder-type poly p-phenylenes," *Physical Review Letters*, vol. 96, p. 146601, Apr 2006.

[43] P. Prins, F. Grozema, F. Galbrecht, U. Scherf, and L. Siebbeles, "Charge transport along coiled conjugated polymer chains," *Journal of Physical Chemistry C*, vol. 111, pp. 11104–11112, 2007.

[44] M. Punke, *Organische Halbleiterbauelemente fuer mikrooptische Systeme*. PhD thesis, Universitaet Karlsruhe (TH), 2007.

[45] S. B. Klinkhammer, *Durchstimmbare organische Halbleiterlaser*. PhD thesis, Karslruher Institut fuer Technologie, 2011.

[46] A. Gassmann, *Stabile und effiziente Kathoden für organische Leuchtdioden*. PhD thesis, Technische Universitaet Darmstadt, 2010.

[47] I. H. Campbell, P. S. Davids, D. L. Smith, N. N. Barashkov, and J. P. Ferraris, "The schottky energy barrier dependence of charge injection in organic light-emitting diodes," *Applied Physics Letters*, vol. 72, p. 1863, 1998.

[48] D. H. Dunlap, P. E. Parris and V. M. Kenkre, "Charge dipole model for the universal field dependence of mobilities in molecularly doped polymers," *Physical Review Letters*, vol. 77 (3), pp. 542–545, 1996.

[49] G. G. Malliaras, J. R. Salem, P. J. Brock, J. C. Scott, "Photovoltaic measurement of the built-in potential in organic light emitting diodes and photodiodes," *Journal of Applied Physics*, vol. 84, pp. 1583–1587, 1998.

[50] V. G. Kozlov, V. Bulovic, P. E. Burrows, M. Baldo, V. B. Khalfin, G. Parthasarathy, S. R. Forrest, Y. You, M. E. Thompson, "Study of lasing action based on f[o-umlaut]rster energy transfer in optically pumped organic semiconductor thin films," *Journal of Applied Physics*, vol. 84, no. 8, pp. 4096–4108, 1998.

[51] T. Förster, "Zwischenmolekulare Energiewanderung und Fluoreszenz," *Annalen der Physik*, vol. 6, pp. 55–75, 1948.

[52] N. S. Allen, *Handbook of Photochemistry and Photophysics of Polymeric Materials*. John Wiley & Sons, 2010.

[53] S. H. Kim , S. Park , J. E. Kwon , S. Y. Park, "Organic light-emitting diodes with a white-emitting molecule: Emission mechanism and device characteristics," *Advanced Functional Materials*, vol. 21, pp. 644–651, 2011.

[54] N. Chopra, J. Lee, J. Xue, F. So, "High-efficiency blue emitting phosphorescent oleds," *IEEE Transactions on Electronic Devices*, vol. 57, pp. 101–107, JAN 2010.

[55] C. Han, G. Xie, H. Xu, Z. Zhang, L. Xie, Y. Zhao, S. Liu, W. Huang, "A single phosphine oxide host for high-efficiency white organic light-emitting diodes with extremely low operating voltages and reduced efficiency roll-off," *Advanced Materials*, vol. 23, 21, pp. 2491–2496, 2011.

[56] P. H. Bolivar, G. Wegmann, R. Kersting, M. Deussen, U. Lemmer, R. F. Mahrt, H. Baessler, E. O. Goebel, H. Kurz, "Dynamics of excitation transfer in dye doped pi-conjugated polymers," *Chemical Physics Letters*, vol. 245, 6, pp. 534–538, 1995.

[57] L. Hou, L. Duan, J. Qiao, D. Zhang, L. Wang, Y. Cao, Y. Qiu, "Efficient solution-processed phosphor-sensitized single-emitting-layer white organic light-emitting devices: fabrication, characteristics, and

transient analysis of energy transfer," *Journal of Materials Chemistry*, vol. 21, no. 14, pp. 5312–5318, 2011.

[58] S. Reineke, K. Walzer, K. Leo, "Triplet-exciton quenching in organic phosphorescent light-emitting diodes with Ir-based emitters," *Physical Review B*, vol. 75, p. 125328, MAR 2007.

[59] M. A. Green, K. Emery, Y. Hishikawa, W. Warta, E. D. Dunlop, "Solar cell efficiency tables (version 41)," *Progress in Photovoltaics: Research and Applications*, vol. 21, no. 1, pp. 1–11, 2013.

[60] R. Z. Gang Li and Y. Yang, "Polymer solar cells," *Nature Photonics*, vol. 6, pp. 153–161, 2012.

[61] D. M. DeLongchamp , R. J. Kline and A. Herzing, "Nanoscale structure measurements for polymer-fullerene photovoltaics," *Energy & Environmental Science*, vol. 5, pp. 5980–5993, 2012.

[62] F. Padinger, R. S. Rittberger, and N. S. Sariciftci, "Effects of postproduction treatment on plastic solar cells," *Advanced Functional Materials*, vol. 13 (1), p. 85, 2003.

[63] M. Reyes-Reyes, K. Kim, and D.L. Carroll, "High-efficiency photovoltaic devices based on annealed poly (3-hexylthiophene) and 1-(3-methoxycarbonyl)-propyl-1-phenyl-(6,6)c61 blends," *Applied Physcs Letters*, vol. 87, p. 083506, 2005.

[64] I. D. W. Samuel and G. A. Turnbull, "Organic semiconductor lasers," *Chemical Reviews*, vol. 107, pp. 1272–1295, 2007.

[65] V. G. Kozlov, V. Bulovic, P. E. Burrows, and S. R. Forrest, "Laser action in organic semiconductor waveguide and double-heterostructure devices," *Nature*, vol. 389, 6649, pp. 362–364, 1997.

[66] N. Tessler, G. J. Denton, and R. H. Friend, "Lasing from conjugated polymer microcavities," *Nature*, vol. 382, pp. 695–697, 1996.

[67] G. Heliotis, R. Xia, G. A. Turnbull, P. Andrew, W. L. Barnes, I. D. W. Samuel, and D. D. C. Bradley, "Emission characteristics and performance comparison of polyfluorene lasers with one- and two-dimensional distributed feedback," *Advaned Functional Materials*, vol. 14 (1), p. 91, 2004.

[68] F. Cicoira and C. Santato, "Organic light emitting field effect transistors: Advances and perspectives," *Advanced Functional Materials*, vol. 17, pp. 3421–3434, NOV 23 2007.

[69] M. Fahlman and W.R. Salaneck, "Surfaces and interfaces in polymer-based electronics," *Surface Science*, vol. 5800, pp. 904–922, MAR 10 2002.

[70] S. Valouch, C. Hönes, S. W. Kettlitz, N. Christ, H. Do, M. F. G. Klein, H. Kalt, A. Colsmann, U. Lemmer, "Solution processed small molecule organic interfacial layers for low dark current polymer photodiodes," *Organic Electronics*, vol. 13, pp. 2727–2732, 2012.

[71] D. Ickenroth, *Synthese und Struktur-Eigenschafts-Beziehungen von Oligo- und Poly(2,5-dipropoxy-1,4-phenylenethinylen)en.* PhD thesis, Johannes Gutenberg Universitaet Mainz, 2000.

[72] H. H. Hoerhold, M. Helbig, D. Raabe, J. Opfermann, U. Scherf, R. Stockmann, D. Weiss, "Poly(phenylenvinylen), entwicklung eines elektroaktiven polymermaterials vom unschmelzbaren pulver zum transparenten film," *Zeitschrift fuer Chemie*, vol. 27, no. 4, pp. 126–137, 1987.

[73] M. Helbig und H. H. Hoerhold, "Investigation of poly(arylenevinylene)s, 40. electrochemical studies on poly(p-phenylenevinylene)s," *Die Makromolekulare Chemie*, vol. 194, no. 6, pp. 1607–1618, 1993.

[74] A. Koehnen, M. Irion, M. C. Gather, N. Rehmann, P. Zacharias, K. Meerholz, "Highly color-stable solution-processed multilayer woleds

for lighting application," *Journal of Material Chemistry*, vol. 20, no. 16, pp. 3301–3306, 2010.

[75] D. Y. Chung, J. Huang, D. D. C. Bradley, A. J. Campbell, "High performance, flexible polymer light-emitting diodes (pleds) with gravure contact printed hole injection and light emitting layers," *Organic Electronics*, vol. 11, pp. 1088–1095, JUN 2010.

[76] K. Seshan, *Handbook of thin-film deposition processes and techniques: principles, methods, equipment and applications.* William Andrew, 2002.

[77] X. Liu, S. Klinkhammer, K. Sudau, N. Mechau, C. Vannahme, J. Kaschke, T. Mappes, M. Wegener, U. Lemmer, "Ink-jet-printed organic semiconductor distributed feedback laser," *Applied Physics Express*, vol. 5, no. 7, p. 072101, 2012.

[78] I-K. Ding, J. Melas-Kyriazi, N.-L. Cevey-Ha, G. C. Kethinni, M.S. Zakeeruddin, M. Graetzel, M. D. McGehee, "Deposition of hole-transport materials in solid-state dye-sensitized solar cells by doctor-blading," *Organic Electronics*, vol. 11, no. 7, pp. 1217–1222, 2010.

[79] J. J. Licari, *Coating materials for electronic applications: polymers, processes, reliability, testing.* William Andrew Publishing/Noyes, 2003.

[80] C. C. Lee, C.-H. Yuan, S.-W. Liu, L.-A. Liu, Y.-S. Chen, "Solution-processed electrophosphorescent devices based on small-molecule mixed hosts," *Journal of Display Technology*, vol. 7, pp. 636–639, Dec 2011.

[81] S. Hofmann, M. Thomschke, B. Luessem, K. Leo, "Top-emitting organic light-emitting diodes," *Optics Express*, vol. 19, pp. A1250–A1264, Nov 2011.

[82] S. Hofmann, M. Thomschke, P. Freitag, M. Furno, B. Lüssem, K. Leo, "Top-emitting organic light-emitting diodes: Influence of cavity design," *Applied Physics Letter*, vol. 97, p. 253308, 2010.

[83] L. Wang, J. S. Swensen, E. Polikarpov, D. W. Matson, C. C. Bonham, W. Bennett, D. J. Gaspar, A. B. Padmaperuma, "Highly efficient blue organic light-emitting devices with indium-free transparent anode on flexible substrates," *Organic Electronics*, vol. 11, no. 9, pp. 1555–1560, 2010.

[84] E. Nam, Y.-H. Kang, D. Jung, Y. S. Kim, "Anode material properties of ga-doped zno thin films by pulsed dc magnetron sputtering method for organic light emitting diodes," *Thin Solid Films*, vol. 518, pp. 6245–6248, 2010.

[85] S. H. Park, J. B. Park, P. K. Song, "Characteristics of al-doped, ga-doped and in-doped zinc-oxide films as transparent conducting electrodes in organic light-emitting diodes," *Current Applied Physics*, vol. 10, pp. 488–490, 2010.

[86] J. Scott, S. Carter, S. Karg, M. Angelopoulos, "Polymeric anodes for organic light-emitting diodes," *Synthetic Metals*, vol. 85, pp. 1197–1200, FEB 15 1997. International Conference on the Science and Technology of Synthetic Metals, SNOWBIRD, UT, JUL 28-AUG 02, 1996.

[87] S. A. Carter, M. Angelopoulos, S. Karg, P. J. Brock, J. C. Scott, "Polymeric anodes for improved polymer light-emitting diode performance," *Applied Physics Letters*, vol. 70, 16, p. 2067, 1997.

[88] B. Riedel, I. Kaiser, J. Hauss, U. Lemmer, M. Gerken, "Improving the outcoupling efficiency of indium-tin-oxide-free organic light-emitting diodes via rough internal interfaces," *Optics Express*, vol. 18, pp. 631–639, NOV 8 2010.

[89] L. Ke, P. Chen, R. S. Kumar, A. P. Burden, S. J. Chua, "Indium-tin-oxide-free organic light-emitting device," *IEEE Transactions on Eletronic Devices*, vol. 53, pp. 1483–1486, JUN 2006.

[90] D. M. Koller, A. Hohenau, H. Ditlbacher, N. Galler, F. Reil, F. R. Aussenegg, A. Leitner, E. J. W. List, J. R. Krenn, "Organic plasmon-emitting diode," *Nature Photonics*, vol. 2, pp. 684–687, NOV 2008.

[91] Z. B. Wang, M. G. Helander, J. Qiu, D. P. Puzzo, M. T. Greiner, Z. M. Hudson, S. Wang, Z. W. Liu, Z. H. Lu, "Unlocking the full potential of organic light-emitting diodes on flexible plastic," *Nature Photonics*, vol. 5, pp. 753–757, 2011.

[92] T.-H.Han, Y. Lee, M.-R- Choi, S.-H. Woo, S.-H. Bae, B. H. Hong, J.-H. Ahn T.-W.Lee, "Extremely efficient flexible organic light-emitting diodes with modified graphene anode," *Nature Photonics*, vol. 6, pp. 105–110, 2012.

[93] J. Wu, M. Agrawal, H. A. Becerril, Z. Bao, Z. Liu, Y. Chen, P. Peumans, "Organic light-emitting diodes on solution-processed graphene transparent electrodes," *ACS Nano*, vol. 4, pp. 43–48, JAN 2010.

[94] S. Y. Kim, J. J. Kim, "Outcoupling efficiency of organic light emitting diodes employing graphene as the anode," *Organic Electronics*, vol. 13, no. 6, pp. 1081–1085, 2012.

[95] P. Matyba, H. Yamaguchi, G. Eda, M. Chhowalla, L. Edman, N. D. Robinson, "Graphene and mobile ions: The key to all-plastic, solution-processed light-emitting devices," *ACS Nano*, vol. 4, pp. 637–642, FEB 2010.

[96] N. T. Kalyani, S. J. Dhoble, "Organic light emitting diodes: Energy saving lighting technology: A review," *Renewable and Sustainable Energy Reviews*, vol. 16, no. 5, pp. 2696–2723, 2012.

[97] N. K. Patel, S. Cina, J. H. Burroughes, "High-efficiency organic light-emitting diodes," *IEEE Journal of Selected Topics in Quantum Electronics*, vol. 8, pp. 346–361, MAR-APR 2002.

[98] T. Kugler, M. Logdlund, W. R. Salaneck, "Polymer surfaces and interfaces in light-emitting devices," *IEEE Journal of Selected Topics in Quantum Electronics*, vol. 4, pp. 14–23, JAN-FEB 1998.

[99] C. M. Ramsdale, N. C.Greenham, "The optical constants of emitter and electrode materials in polymer light-emitting diodes," *Journal of Physics D: Applied Physics*, vol. 36, pp. 29–34, FEB 21 2003.

[100] K. Y. Yang, K. C. Choi, C. W. Ahn, "Surface plasmon-enhanced spontaneous emission rate in an organic light-emitting device structure: Cathode structure for plasmonic application," *Applied Physics Letters*, vol. 94, p. 173301, APR 27 2009.

[101] K. H. An, M . Shtein, K. P. Pipe, "Surface plasmon mediated energy transfer of electrically-pumped excitons," *Optics Express*, vol. 18, pp. 4041–4048, MAR 1 2010.

[102] J. Brueckner, *AC-Elektrolumineszenz und optische Verstärkung in organischen Dünnschicht-Bauelementen.* PhD thesis, Karlsruher Institut für Technologie, 2011.

[103] Y. J. Cho, J. Y. Lee, "Low driving voltage, high quantum effi ciency, high power efficiency, and little efficiency roll-off in red, green, and deep-blue phosphorescent organic light-emitting diodes using a high-triplet-energy hole transport material," *Advanced Materials*, vol. 23, 39, pp. 4568–4572, 2011.

[104] J. R. Sheats, H. Antoniadis, M. Hueschen, W. Leonard, J. Miller, R. Moon, D. Roitman, A. Stocking, "Organic electroluminescent devices," *Science*, vol. 273, pp. 884–888, AUG 16 1996.

[105] W. Li, R. A. Jones, S. C. Allen, J. C. Heikenfeld, A. J. Steckl, "Maximizing alq(3) oled internal and external efficiencies: Charge balanced device structure and olor conversion outcoupling lenses," *Journal of Display Technology*, vol. 2, pp. 143–152, JUN 2006.

[106] N. Chopra, J. Lee, Y. Zheng, S.-H. Eom, J. Xue, F. So, "Effect of the charge balance on high-efficiency blue-phosphorescent organic light-emitting diodes," *ACS Applied Materials and Interfaces*, vol. 1, pp. 1169–1172, JUN 2009.

[107] J. Zou, H. Wu, C.-S. Lam, C. Wang, J. Zhu, C. Zhong, S. Hu, C.-L. Ho, G.-J. Zhou, H. Wu, W. C. H. Choy, J. Peng, Y. Cao, W.-Y- Wong, "Simultaneous optimization of charge-carrier balance and luminous efficacy in highly efficient white polymer light-emitting devices," *Advanced Materials*, vol. 23, 26, pp. 2976–2980, 2011.

[108] A. W. Lu, J. Chan, A. D. Rakic, A. M. Ching, A. B. Djurisic, "Effect of anode material and cavity design on the performance of microcavity oleds," *IEEE International Conference on Nanoscience and Nanotechnology*, vol. 1, 2, pp. 615–618, 2006.

[109] H. Sternlicht, G. C. Nieman, G. W. Robinson, "Triplet-triplet annihilation and delayed fluorescence in molecular aggregates," *Journal of Chemical Physics*, vol. 38, 6, pp. 1326–1336, 1963.

[110] S. Nowy, B. C. Krummacher, J. Frischeisen, N. A. Reinke, W. Bruetting, "Light extraction and optical loss mechanisms in organic light-emitting diodes: Influence of the emitter quantum efficiency," *Journal of Applied Physics*, vol. 104, p. 123109, DEC 15 2008.

[111] H. Najafov, I. Biaggio, T. K. Chuang, M. K. Hatalis, "Exciton dissociation by a static electric field followed by nanoscale charge transport in ppv polymer films," *Physical Review B*, vol. 73, p. 125202, MAR 2006.

[112] W. R. Salaneck, J.-L. Bredas , "The metal-on-polymer interface in polymer light emitting diode," *Advanced Materials*, vol. 8, 1, pp. 48–51, 1996.

[113] M. Stoessel, G. Wittmann, J. Staudigel, F. Steuber, J. Blässing, W. Roth, H. Klausmann, W. Rogler, J. Simmerer, A. Winnacker, M.

Inbasekaran, E. P. Woo, "Cathode-induced luminescence quenching in polyfluorenes," *Journal of Applied Physics*, vol. 87, p. 4467, 2000.

[114] P. A. Hobson, J. A. E. Wasey, I. Sage, W. L. Barnes, "The role of surface plasmons in organic light-emitting diodes," *IEEE Journal of Selected Topics in Quantum Electronics*, vol. 8, pp. 378–386, MAR-APR 2002.

[115] G. Zhou, W.-Y. Wong, S. Suo, "Recent progress and current challenges in phosphorescent white organic light-emitting diodes (woleds)," *Journal of Photochemistry and Photobiology C: Photochemistry Reviews*, vol. 11, pp. 133–156, 2010.

[116] C. D. Mueller, A. Falcou, N. Reckefuss, M. Rojahn, V. Wiederhirn, P. Rudati, H, Frohne, O. Nuyken, H. Becker, K. Meerholz, "Multicolour organic light-emitting displays by solution processing," *Nature*, vol. 421, pp. 829–833, FEB 20 2003.

[117] R. Kassing, ed., *Lehrbuch der Experimentalphysik - Festkoerper (Band 6)*. De Gruyter, 2. Auflage, 2005.

[118] A. R. Duggal, J. J. Shiang, C. M. Heller, D. F. Foust, "Organic light-emitting devices for illumination quality white light," *Applied Physics Letters*, vol. 80, pp. 3470–3472, MAY 13 2002.

[119] B. C. Krummacher, V.-E. Choong, M. K. Mathai, S. A. Choulis, F. So, F. Jermann, T. Fiedler, M. Zachau, "Highly efficient white organic light-emitting diode," *Applied Physics Letters*, vol. 88, p. 113506, 2006.

[120] C. Li. M. Ichikawa, B. Wei, Y. Taniguchi, H. Kimura, K. Kawaguchi, K. Sakurai, "A highly color-stability white organic light-emitting diode by color conversion within hole injection layer," *Optics Express*, vol. 15, pp. 608–615, Jan 2007.

[121] Y. B. Yuan, S. Li, Z. Wang, H. T. Xu, X. Zhou, "White organic light-emitting diodes combining vacuum deposited blue electrophorescent devices with red surface color conversion layers," *Optics Express*, vol. 17, pp. 1577–1582, Feb 2009.

[122] S.-H. Cho, J. R. Oh, H. K. Park, H. K. Kim, Y.-L. Lee, J.-G. Lee, Y. R. Do, "Highly efficient phosphor-converted white organic light-emitting diodes with moderate microcavity and light-recycling filters," *Optics Express*, vol. 18, pp. 1099–1104, JAN 18 2010.

[123] H. Kanno, R. J. Holmes, Y. Sun, S. Kena-Cohen, S. Forrest, "White stacked electrophosphorescent organic light-emitting devices employing moo3 as a charge-generation layer," *Advanced Materials*, vol. 18, no. 3, pp. 339–342, 2006.

[124] Y.-M. Cheng, H.-H. Lu, T.-H. Jen, S.-A. Chen, "Role of the charge generation layer in tandem organic light-emitting diodes investigated by time-resolved electroluminescence spectroscopy," *The Journal of Physical Chemistry C*, vol. 115, no. 2, pp. 582–588, 2011.

[125] T. Chiba, Y.-J. Pu, R. Miyazaki, K.-I. Nakayama, H. Sasabe, J. Kido, "Ultra-high efficiency by multiple emission from stacked organic light-emitting devices," *Organic Electronics*, vol. 12, no. 4, pp. 710–715, 2011.

[126] X. Qi, M. Slootsky, S. Forrest, "Stacked white organic light emitting devices consisting of separate red, green, and blue element," *Applied Physics Letters*, vol. 93, 19, p. 193306 , 2008.

[127] Z. Shen, P. E. Burrows, V. Bulovic, S. R. Forrest, M. E. Thompson, "Three-color, tunable, organic light-emitting devices," *Science*, vol. 276, no. 5321, pp. 2009–2011, 1997.

[128] C.J. Liang, W. C.H. Choy, "Tunable full-color emission of two-unit stacked organic light emitting diodes with dual-metal intermediate electrode," *Journal of Organometallic Chemistry*, vol. 694, no. 17, pp. 2712–2716, 2009. <ce:title>Organometallics for Energy Conversion</ce:title>.

[129] J. Xiao, X. X. Wang, H. Zhu, X. Gao, Z. H. Yang, X. H. Zhang, S. D. Wang, "Efficiency enhancement utilizing hybrid charge generation

layer in tandem organic light-emitting diodes," *Applied Physics Letters*, vol. 101, no. 1, p. 013301, 2012.

[130] L. S. Liao, K. P. Klubek, C. W. Tang, "High-efficiency tandem organic light-emitting diodes," *Applied Physics Letters*, vol. 84, no. 2, pp. 167–169, 2004.

[131] M.-H. Ho, T.-M. Chen, P.-C. Yeh, S.-W. Hwang, C.-H. Chen, "Highly efficient p-i-n white organic light emitting devices with tandem structure," *Applied Physics Letters*, vol. 91, no. 23, p. 233507, 2007.

[132] B. W. D'Andrade, S. R. Forrest, "White organic light-emitting devices for solid-state lighting," *Advanced Materials*, vol. 16, 18, pp. 1585–1595, 2004.

[133] K. S. Yook, J. Y. Lee, "Solution processed white phosphorescent organic light-emitting diodes with a double layer emitting structure," *Organic Electronics*, vol. 12, pp. 291–294, 2010.

[134] G. Schwartz, M. Pfeiffer, S. Reineke, K. Walzer, K. Leo, "Harvesting triplet excitons from fluorescent blue emitters in white organic light-emitting diodes," *Advanced Materials*, vol. 19, no. 21, pp. 3672–3676, 2007.

[135] S. Brovelli, H. Guan, G. Winroth, O. Fenwick, F. Di Stasio, R. Daik, W. J.Feast, F. Meinardi, F. Cacialli, "White luminescence from single-layer devices of nonresonant polymer blends," *Applied Physics Letters*, vol. 96, p. 213301, MAY 24 2010.

[136] H. T. Nicolai, A. Hof, P. W. M. Blom, "Device physics of white polymer light-emitting diodes," *Advanced Functional Materials*, vol. 22, 10, pp. 2040–2047, 2012.

[137] H. Wu, L. Ying, W. Yang, Y. Cao, "Progress and perspective of polymer white light-emitting devices and materials," *Chemical Society Reviews*, vol. 38, no. 12, pp. 3391–3400, 2009.

[138] J. S. Huang, G. Li, E. Wu, Q. F. Xu, Y, Yang, "Achieving high-efficiency polymer white-light-emitting devices," *Advanced Materials*, vol. 18, pp. 114–117, JAN 5 2006.

[139] C. Coya, A. L. lvarez, M. Ramos, R. Gomez, C. Seoane, J. L. Segura, "Highly efficient solution-processed white organic light-emitting diodes based on novel copolymer single layer," *Synthetic Metals*, vol. 161, pp. 2580–2584, 2012.

[140] T. Ye, M. Zhu, J. Chen, D. Ma, C. Yang, W. Xie, S. Liu, "Efficient multilayer electrophosphorescence white polymer light-emitting diodes with aluminum cathodes," *Organic Electronics*, vol. 12, no. 1, pp. 154–160, 2011.

[141] M. de Kok, W. Sarfert, R. Paetzold, "Tuning the colour of white polymer light emitting diodes," *Thin Solid Films*, vol. 518, pp. 5265–5271, JUL 1 2010.

[142] Q. Niu, Y. Xu, J. Jiang, J. Peng, Y. Cao, "Efficient polymer white-light-emitting diodes with a single-emission layer of fluorescent polymer blend," *Journal fof Luminescence*, vol. 126, pp. 531–535, OCT 2007.

[143] D. Tanaka, H. Sasabe, Y.-J. Li, S.-J. Su, T. Takeda, J. Kido, "Ultra high efficiency green organic light-emitting devices," *Japanese Journal of Applied Physics*, vol. 46, no. 1, pp. 10–12, 2007.

[144] K. Saxena, V. K. Jain, D. S. Mehta, "A review on the light extraction techniques in organic electroluminescent devices," *Optical Materials*, vol. 32, pp. 221–233, NOV 2009.

[145] N. C. Greenham, R. H. Friend, D. D. C. Bradley, "Angular dependence of the emission from a conjugated polymer light-emitting diode: Implications for efficiency calculations," *Advanced Materials*, vol. 6, no. 6, pp. 491–494, 1994.

[146] B. E. A. Saleh, M. C. Teich, *Grundlagen der Photonik.* Wiley-VCH, 2. Auflage, 2008.

[147] H. Greiner, "Light extraction from organic light emitting diode substrates: Simulation and experiment," *Japanese Journal of Applied Physics*, vol. 46, pp. 4125–4137, 2007.

[148] R. W. Gymer, R. H. Friend, H. Ahmed, P. L. Burn, A. M. Kraft, A. B. Holmes, "The fabrication and assessment of optical waveguides in poly (p-phenylenevinylene/poly (2,5-dimethoxy-p-phenylenevinylene) copolymer," *Synthetic Metals*, vol. 57, pp. 3683–3688, 1993.

[149] E. Hecht, *Optik.* Oldenburg, 3. Auflage, 2001.

[150] M. Nakamura, "Periodic structures for integrated optics," *IEEE Journal of Quantum Electronics*, vol. 13, 4, pp. 233–253, 1977.

[151] J. Haes, B. Demeulenaere, R. Baets, D. Lenstra, T. D. Visser, H. Blok, "Difference between te and tm modal gain in amplifying waveguides: Analysis and assessment of two perturbation approaches," *Optical and Quantum Electronics*, vol. 29, pp. 263–273, FEB 1997. International Workshop on Optical Waveguide Theory and Numerical Modelling, ROOSENDAAL, NETHERLANDS, 1995.

[152] T. D. Visser, B. Demeulenaere, J. Haes, D. Lenstra, R. Baets, H. Blok, "Confinement and modal gain in dielectric waveguides," *Jorurnal of Lightwave Techology*, vol. 14, pp. 885–887, MAY 1996.

[153] A. V. Zayats, I. Smolyaninov, "Near-field photonics: surface plasmon polaritons and localized surface plasmons," *Journal of Optics A: Pure and Applied Optics*, vol. 5, pp. 16–50, 2003.

[154] H. Raether, *Surface Plasmons on Smooth and Rough Surfaces and on Gratings, Vol. 111.* Springer Verlag, 1988.

[155] P. Yeh, *Optical Waves in Layered Media.* Wiley Inter Science, 2005.

[156] S. A. Maier, *Plasmonics, Fundamentals and Applications.* Springer Verlag, 2006.

[157] W. L. Barnes, "Surface plasmon-polariton length scales: a route to sub-wavelength optics," *Journal of Optics A: Pure and Applied Optics*, vol. 8, no. 4, p. 87, 2006.

[158] J. A. E. Wasey, A, Safonov, I. D. W. Samuel, W. L. Barnes, "Effects of dipole orientation and birefringence on the optical emission from thin films," *Optics Communications*, vol. 183, pp. 109–121, SEP 1 2000.

[159] P. A. Hobson, S. Wedge, J. A. E. Wasey, I. Sage, W. L. Barnes, "Surface plasmon mediated emission from organic light-emitting diodes," *Advanced Materials*, vol. 14, pp. 1393–1396, OCT 2 2002.

[160] V. Bulovic, V. B. Khalfin, G. Gu, P. E. Burrows, D. Z. Garbuzov, S. R. Forrest, "Weak microcavity effects in organic light-emitting devices," *Physical Review B*, vol. 58, pp. 3730–3740, AUG 15 1998.

[161] T. A. Fisher, D. G. Lidzey, M. A. Pate, M. S. Weaver, D. M. Whittaker, M. S. Skolnick, D. D. C. Bradley, "Electroluminescence from a conjugated polymer microcavity structure," *Applied Physics Letters*, vol. 67, no. 10, pp. 1355–1357, 1995.

[162] A. Dodabalapur, L. J. Rothberg, R. H. Jordan, T. M. Miller, R. E. Slusher, J. M. Phillips, "Physics and applications of organic microcavity light emitting diodes," *Journal of Applied Physics*, vol. 80, no. 12, pp. 6954–6964, 1996.

[163] T. Tsutsui, N. Takada, S. Saito, E. Ogino, "Sharply directed emission in organic electroluminescent diodes with an optical-microcavity structure," *Applied Physics Letters*, vol. 65, no. 15, pp. 1868–1870, 1994.

[164] T. Shiga, H. Fujikawa, Y. Taga, "Design of multiwavelength resonant cavities for white organic light-emitting diodes," *Journal of Applied Physics*, vol. 93, no. 1, pp. 19–22, 2003.

[165] R. Baets, P. Bienstman, R. Bockstaele, "Basics of dipole emission from a planar cavity," *University of Gent - IMEC*, vol. 531, pp. 38–79, 1999.

[166] G. Bjork, S. Machida, Y. Yamamoto, K. Igeta, "Modification of spontaneous emission rate in planar dielectric microcavity structures," *Physical Review A*, vol. 44, pp. 669–681, JUL 1 1991.

[167] H. J. Peng, J. X. Sun, X. L. Zhu, X. M. Yu, M. Wong, H. S. Kwok, "High-efficiency microcavity top-emitting organic light-emitting diodes using silver anode," *Applied Physics Letters*, vol. 88, p. 073517, FEB 13 2006.

[168] J. Lim, S. S. Oh, D. Y. Kim, S. H. Cho, I. T. Kim, S. H. Han, H. Takezoe, E. H. Choi, G. S. Cho, Y. H. Seo, S. O. Kang, B. Park, "Enhanced out-coupling factor of microcavity organic light-emitting devices with irregular microlens array," *Optics Express*, vol. 14, pp. 6564–6571, JUL 10 2006.

[169] S. R. Forrest, D. D. C. Bradley, M. E, Thompson, "Measuring the efficiency of organic light-emitting devices," *Advanced Materials*, vol. 15, no. 13, pp. 1043–1048, 2003.

[170] CIE, "Commission internationale de l'eclairage proceedings 1924," tech. rep., University Press, Cambridge, 1924.

[171] K. S. Gibson, E. P. T. Tyndall, "Visibility of radiant energy," *Scientific Papers of the Bureau of Standard*, vol. 131, p. 19, 1923.

[172] L. T. Sharpe, A. Stockman, W. Jagla, H. Jaegle, "A luminous efficiency function, v*(), for daylight adaptation," *Journal of Vision*, vol. 5, pp. 948–968, 2005.

[173] CIE, "Commission internationale de l'eclairage proceedings 1931," tech. rep., University Press, Cambridge, 1932.

[174] C. Wickleder, "Lohnt sich der einsatz von energiesparlampen, welches potential haben sie?," tech. rep., BMBF, 2011.

[175] S. Kokoschka, "Grundlagen der lichttechnik, skript zur vorlesung," tech. rep., Universitaet Karlsruhe, Lichttechnisches Institut, 2003.

[176] W. F. van Dorp, C. W. Hagen, "A critical literature review of focused electron beam induced deposition," *Journal of Applied Physics*, vol. 104, no. 8, p. 081301, 2008.

[177] D. E. Wolfe. J Singh, "Titanium carbide coatings deposited by reactive ion beam-assisted, electron beam-physical vapor deposition," *Surface and Coatings Technology*, vol. 124, no. 2, pp. 142–153, 2000.

[178] B. Bhushan, ed., *Handbook of Nanotechnology*. Springer, 2004.

[179] S.-H. Chen, "Work-function changes of treated indium-tin-oxide films for organic light-emitting diodes investigated using scanning surface-potential microscopy," *Journal of Applied Physics*, vol. 97, no. 7, p. 073713, 2005.

[180] D. J. Milliron, I. G. Hill, C. Shen, A. Kahn, J. Schwartz, "Surface oxidation activates indium tin oxide for hole injection," *Journal of Applied Physics*, vol. 87, pp. 572–576, JAN 1 2000.

[181] Z. Z. You, J. Y. Dong, "Surface properties of treated ito anodes for organic light-emitting devices," *Applied Surface Science*, vol. 249, pp. 271–276, AUG 15 2005.

[182] F. Kurdesau, G. Khripunov, A.F. da Cunha, M. Kaelin, A.N. Tiwari, "Comparative study of ito layers deposited by dc and rf magnetron sputtering at room temperature," *Journal of Non-Crystalline Solids*, vol. 352, pp. 1466–1470, 2006.

[183] R.N. Joshi, V.P. Singh, J.C. McClure, "Characteristics of indium tin oxide films deposited by r.f. magnetron sputtering," *Thin Solid Films*, vol. 257, no. 1, pp. 32–35, 1995.

[184] M. Mizuhashi, "Electrical properties of vacuum-deposited indium oxide and indium tin oxide films," *Thin Solid Films*, vol. 70, no. 1, pp. 91–100, 1980.

[185] O. Marcovitch, Z. Klein, I. Lubezky, "Transparent conductive indium oxide film deposited on low temperature substrates by activated reactive evaporation," *Applied Optics*, vol. 28, pp. 2792–2795, Jul 1989.

[186] Y. Hu, X. Diao, C. Wang, W. Hao, T. Wang, "Effects of heat treatment on properties of ito films prepared by rf magnetron sputtering," *Vacuum*, vol. 75, no. 2, pp. 183–188, 2004.

[187] H. Kim, C. M. Gilmore, A. Pique, J. S. Horwitz, H. Mattoussi, H. Murata, Z. H. Kafafi, S. B. Chrisey, "Electrical, optical, and structural properties of indium-tin-oxide thin films for organic light-emitting devices," *Journal of Applied Physics*, vol. 86, pp. 6451–6461, 1999.

[188] A. Elschner, S. Kirchmeyer, W. Lövenich, U. Merker, K. Reuter, *PEDOT - Principles and Applications of an Intrinsically Conductive Polymer*. CRC Press, 2011.

[189] T. M. Brown, J. S. Kim, R. H. Friend, F. Cacialli, R. Daik, W. J. Feast, "Built-in field electroabsorption spectroscopy of polymer light-emitting diodes incorporating a doped poly(3,4-ethylene dioxythiophene) hole injection layer," *Applied Physics Letters*, vol. 75, no. 12, pp. 1679–1681, 1999.

[190] Heraeus Clevios GmbH, "Datenblatt, vpai 4083," tech. rep., 2013.

[191] Heraeus Clevios GmbH, "Datenblatt, ph 1000," tech. rep., 2013.

[192] K. Fehse, K. Walzer, K. Leo, W. Loevenich, A. Elschner, "Highly conductive polymer anodes as replacements for inorganic materials in high-efficiency organic light-emitting diodes," *Advanced Materials*, vol. 19, no. 3, pp. 441–444, 2007.

[193] P. A. Levermore, R. Jin, X. Wang, L. Chen, D. D. C. Bradley, J. C. de Mello, "High efficiency organic light-emitting diodes with pedot-based conducting polymer anodes," *Journal of Materials Chemistry*, vol. 37, pp. 4414–4420, 2008.

[194] M. C. Gather, R. Alle, H. Becker, K. Meerholz, "On the origin of the color shift in white-emitting oleds," *Advanced Materials*, vol. 19, pp. 4460–4465, 2007.

[195] J. S. Swensen, C. Soci, A. J. Heeger, "Light emission from an ambipolar semiconducting polymer field-effect transistor," *Applied Physics Letters*, vol. 87, no. 25, p. 253511, 2005.

[196] M. Bajpai, K. Kumari, R. Srivastava, M. N. Kamalasanan, R. S. Tiwari, S. Chand, "Electric field and temperature dependence of hole mobility in electroluminescent pdy 132 polymer thin films," *Solid State Communications*, vol. 150, pp. 581–584, 2010.

[197] T. M. Brown, R. H. Friend. I. S. Millard, D. J. Lacey, J. H. Burroughes, F. Cacialli, "Lif/al cathodes and the effect of lif thickness on the device characteristics and built-in potential of polymer light-emitting diodes," *Applied Physics Letters*, vol. 77, no. 19, pp. 3096–3098, 2000.

[198] H. Heil, J. Steiger. S. Karg. M. Gastel, H. Ortner, H. von Seggern, M. Stossel, "Mechanisms of injection enhancement in organic light-emitting diodes through an al/lif electrode," *Journal of Applied Physics*, vol. 89, no. 1, pp. 420–424, 2001.

[199] Y. D. Jin, X. B. Ding, J. Reynaert, V. I. Arkhipov, G. Borghs, P. L. Heremans, M. Van der Auweraer, "Role of lif in polymer light-emitting diodes with lif-modified cathodes," *Organic Electronics*, vol. 5, no. 6, pp. 271–281, 2004.

[200] M. J. Madou, *Fundamentals of Microfabrication and Nanotechnology (Vol. 2, Manufacturing Techniques for Microfabrication and Nanotechnology)*. CRC Press, 2012.

[201] micro resist technology GmbH, "Datenblatt ma-p 1200 serie," tech. rep., 2013.

[202] Allresist GmbH, "Datenblatt AR-P 3100 Serie," tech. rep., 2013.

[203] T. Bocksrocker, J. B. Preinfalk, J. Asche-Tauscher, A. Pargner, C. Eschenbaum, F. Maier-Flaig, U. Lemmer, "White organic light emitting diodes with enhanced internal and external outcoupling for ultra-efficient light extraction and lambertian emission," *Optics Express*, vol. 20, pp. 932–940, 2012.

[204] T. Bocksrocker, J. Hoffmann, C. Eschenbaum, A. Pargner, J. Preinfalk, F. Maier-Flaig, U. Lemmer, "Micro-spherically textured organic light emitting diodes: A simple way towards highly increased light extraction," *Organic Electronics*, vol. 14, pp. 396–401, 2013.

[205] T. Bocksrocker, A. Egel, A. Pargner, M. F. G. Klein, C. Eschenbaum, S. Höfle, H. Kalt, U. Lemmer, "Outcoupling in ito-free flexible organic light emitting diodes," *Optics Express*, vol. submitted, 2013.

[206] T. Bocksrocker, C. Eschenbaum, J. B. Preinfalk, J. Hoffmann, J. Asche-Tauscher, F. Maier-Flaig, U. Lemmer, "Novel nano- and micro-textures for highly efficient outcoupling in white organic light emitting diodes," *OSA Renewable Energy and the Environment Optics and Photonics Congress, Solid-State and Organic Lighting (SOLED), Eindhoven, Netherlands*, 2012.

[207] T. Bocksrocker, J. Preinfalk, A. Pargner, F. Maier-Flaig, C. Eschenbaum, U. Lemmer, "Microstructures for enhancing the outcoupling efficiency of white organic light emitting diodes," *EOSAM 2012, Aberdeen (Scotland)*, 2012.

[208] J. Zhou, N. Ai, L. Wang, H. Zheng, C. Luo, Z. Jiang, S. Yu, Y. Cao, J. Wang, "Roughening the white oled substrate's surface through sandblasting to improve the external quantum efficiency," *Organic Electronics*, vol. 12, no. 4, pp. 648–653, 2011.

[209] R. Liu, Z. Ye, J. M. Park, M. Cai, Y. Chen, K. M. Ho, R. Shinar, J. Shinar, "Microporous phase-separated films of polymer blends for enhanced outcoupling of light from oleds," *Optics Express*, vol. 19, pp. 1272–1280, Nov. 2011.

[210] J. J. Shiang, T. J. Faircloth, A. R. Duggal, "Experimental demonstration of increased organic light emitting device output via volumetric light scattering," *Journal of Applied Physics*, vol. 95, pp. 2889–2895, MAR 1 2004.

[211] R. Bathelt, D. Buchhauser, C. Gaerditz, R. Paetzold, P. Wellmann, "Light extraction from OLEDs for lighting applications through light scattering," *Organic Electronics*, vol. 8, pp. 293–299, AUG 2007.

[212] S. Moller, S. R. Forrest, "Improved light out-coupling in organic light emitting diodes employing ordered microlens arrays," *Journal of Applied Physics*, vol. 91, pp. 3324–3327, MAR 1 2002.

[213] M. K. Wei, I. L. Su, "Method to evaluate the enhancement of luminance efficiency in planar oled light emitting devices for microlens array," *Optics Express*, vol. 12, pp. 5777–5782, NOV 15 2004.

[214] Y. Sun, S. R. Forrest., "Organic light emitting devices with enhanced outcoupling via microlenses fabricated by imprint lithography," *Journal of Applied Physics*, vol. 100, p. 073106, OCT 1 2006.

[215] K. H. Liu, M. F. Chen, C. T. Pan, M. Y. Chang, W. Y. Huang, "Fabrication of various dimensions of high fill-factor micro-lens arrays for oled package," *Sensors and Actuators, A: Physical*, vol. 159, pp. 126–134, APR 2010.

[216] J.-H. Lee, Y.-H. Ho, K.-Y. Chen, H.-Y. Lin, J.-H. Fang, S.-C. Hsu, J.-R. Lin, M.-K. Wei, "Efficiency improvement and image quality of organic light-emitting display by attaching cylindrical microlens arrays," *Optics Express*, vol. 16, pp. 21184–21190, DEC 22 2008.

[217] S.-H. Eom, E. Wrzesniewski, J. Xue, "Enhancing light extraction in organic light-emitting devices via hemispherical microlens arrays fabricated by soft lithography," *Journal of Photonics for Energy*, vol. 1, pp. 011002-1–011002-11, 2011.

[218] H. P. Herzig, ed., *Micro-Optics: Elements, systems and applications*. Taylor & Francis Group, 1997.

[219] T. Bocksrocker, F. Maier-Flaig, C. Eschenbaum, U. Lemmer, "Efficient waveguide mode extraction in white organic light emitting diodes using ito-anodes with integrated mgf2-columns," *Optics Express*, vol. 20, pp. 6170–6174, 2012.

[220] W. H. Koo, S. M. Jeong, F. Araoka, K. Ishikawa, S. Nishimura, T. Toyooka, H. Takezoe, "Light extraction from organic light-emitting diodes enhanced by spontaneously formed buckles," *Nature Photonics*, vol. 4, pp. 222–226, APR 2010.

[221] W. H. Koo, S. Y. Boo, S. M. Jeong, S. Nishimura, F. Araoka, K. Ishikawa, T. Toyooka, H. Takezoe, "Controlling bucking structure by uv/ozone treatment for light extraction from organic light emitting diodes," *Organic Electronics*, vol. 12, pp. 1177–1183, JUL 2011.

[222] B. Riedel, J. Hauss, M. Aichholz, A. Gall, U. Lemmer, M. Gerken, "Polymer light emitting diodes containing nanoparticle clusters for improved efficiency," *Organic Electronics*, vol. 11, pp. 1172–1175, JUL 2010.

[223] T. Yamasaki, K. Sumioka, T. Tsutsui, "Organic light-emitting device with an ordered monolayer of silica microspheres as a scattering medium," *Applied Physics Letters*, vol. 76, no. 10, pp. 1243–1245, 2000.

[224] B. Riedel, Y. Shen, J. Hauss, M. Aichholz, X. Tang, U. Lemmer, M. Gerken, "Tailored highly transparent composite hole-injection layer consisting of pedot:pss and sio2 nanoparticles for efficient polymer light-emitting diodes," *Advanced Materials*, vol. 23, pp. 740–745, 2010.

[225] Y. Sun, S. Forrest, "Enhanced light out-coupling of organic light-emitting devices using embedded low-index grids," *Nature Photonics*, vol. 2, pp. 483–487, 2008.

[226] M. Slootsky, S. R. Forrest, "Enhancing waveguided light extraction in organic leds using an ultra-low-index grid," *Optics Letters*, vol. 35, pp. 1052–1054, APR 1 2010.

[227] T.-K. Koh, J.-M. Choi, S. Lee, S. Yoo, "Optical outcoupling enhancement in organic light-emitting diodes: Highly conductive polymer as a low-index layer on microstructured ito electrodes," *Advanced Materials*, vol. 22, pp. 1849–1853, 2010.

[228] J. M. Lupton, B. J. Matterson, I. D. W. Samuel, M. J. Jory, W. L. Barnes, "Bragg scattering from periodically microstructured light emitting diodes," *Applied Physics Letters*, vol. 77, no. 21, pp. 3340–3342, 2000.

[229] J. M. Ziebarth, A. K. Saafir, S. Fan, M. D. McGehee., "Extracting light from polymer light-emitting diodes using stamped bragg gratings," *Advanced Functional Materials*, vol. 14, no. 5, pp. 451–456, 2004.

[230] J. Hauss, T. Bocksrocker, B. Riedel, U. Geyer, U. Lemmer, M. Gerken, "Metallic bragg-gratings for light management in organic light-emitting devices," *Applied Physics Letters*, vol. 99, p. 103303, 2011.

[231] U. Geyer, J. Hauss, B. Riedel, S. Gleiss, U. Lemmer, M. Gerken, "Large-scale patterning of indium tin oxide electrodes for guided mode extraction from organic light-emitting diodes," *Journal of Applied Physics*, vol. 104, p. 093111, NOV 1 2008.

[232] J. G. Rivas, G. Vecchi, V. Giannini, "Surface plasmon polariton-mediated enhancement of the emission of dye molecules on metallic gratings," *New Journal of Physics*, vol. 10, p. 105007, OCT 28 2008.

[233] B. J. Scholz. J. Frischeisen, A. Jaeger, D. S. Setz , T. C. Reusch, W. Bruetting, "Extraction of surface plasmons in organic light-emitting diodes via high-index coupling," *Optics Express*, vol. 20, pp. 205–212, Mar 2012.

[234] T. Fuhrmann, K. Samse, J. Salbeck, A. Perschke, H. Franke, "Guided electromagnetic waves in organic light emitting diode structures," *Organic Electronics*, vol. 4, no. 4, pp. 219–226, 2003.

[235] A. Gombert, B. Blasi, C. Buhler, P. Nitz, J. Mick, W. Hossfeld, M. Niggemann, "Some application cases and related manufacturing techniques for optically functional microstructures on large areas," *Optical Engineering*, vol. 43, pp. 2525–2533, 2004.

[236] T. Radhakrishnan, "The optical properties of titanium dioxide," *Proceedings of the Indian Academy of Sciences - Section A*, vol. 35, no. 3, pp. 117–125, 1952.

[237] M. Fujita, K. Ishihara, T. Ueno, T. Asano, S. Noda, H. Ohata, T. Tsuji, H. Nakada, N. Shimoji, "Optical and electrical characteristics of organic light-emitting diodes with two-dimensional photonic crystals in organic/electrode layers," *Japanese Journal of Applied Physics*, vol. 44, pp. 3669–3677, 2005.

[238] J. Hauss, T. Bocksrocker, B. Riedel, U. Lemmer, M. Gerken, "On the interplay of waveguide modes and leaky modes in corrugated oleds," *Optics Express*, vol. 19, pp. A851–A858, 2011.

[239] C.-H. Chang. K.-Y. Chang, Y.-J. Lo, S.-J. Chang, H.-H. Chang, "Fourfold power efficiency improvement in organic light-emitting devices using an embedded nanocomposite scattering layer," *Organic Electronics*, vol. 13, no. 6, pp. 1073–1080, 2012.

[240] B. Riedel, J. Hauss, U. Geyer, J. Guetlein, U. Lemmer, M. Gerken, "Enhancing outcoupling efficiency of indium-tin-oxide-free organic light-emitting diodes via nanostructured high index layers," *Applied Physics L*, vol. 96, p. 243302, JUN 14 2010.

[241] T. Ogi, L. B. Modesto-Lopez, F. Iskandar, K. Okuyama, "Fabrication of a large area monolayer of silica particles on a sapphire substrate by

a spin coating method," *Colloids and Surfaces A: Physicochemical and Engineering Aspects*, vol. 297, pp. 71–78, 2007.

[242] B. G. Prevo, O. D. Velev, "Controlled, rapid deposition of structured coatings from micro- and nanoparticle suspensions," *Langmuir*, vol. 20, no. 6, pp. 2099–2107, 2004.

[243] D. Nagao, R. Kameyama, H. Matsumoto, Y. Kobayashi, M. Konno, "Single- and multi-layered patterns of polystyrene and silica particles assembled with a simple dip-coating," *Colloids and Surfaces A: Physicochemical and Engineering Aspects*, vol. 317, pp. 722–729, 2008.

[244] M.-S. Wu, Y.-P. Lin, "Monodispersed macroporous architecture of nickel-oxide film as an anode material for thin-film lithium-ion batteries," *Electrochimica Acta*, vol. 56, no. 5, pp. 2068–2073, 2011.

[245] MicroChem, "Datenblatt su-8," tech. rep., 2013.

[246] T. Bocksrocker, N. Hülsmann, C. Eschenbaum, A. Pargner, S. Höfle, F. Maier-Flaig, U. Lemmer, "Highly efficient fully flexible ito-free organic light emitting diodes fabricated directly on barrier-foil," *Thin Solid Films*, vol. submitted, 2013.

[247] J. H. Cheon, J. H. Choi, J. H. Hur, J. Jang, H. S. Shin, K. J. Jeong, Y.-G. Mo, H. K. Chung, "Active-matrix oled on bendable metal foil," *IEEE Transactions on Electron Devices*, vol. 53, pp. 1273–1276, 2006.

[248] C. C. Wu, S. D. Theiuss, G. Gu, M.-H. Lu, J. C. Sturm, S. Wagner, S. R. Forrest, "Integration of organic leds and amorphous si tfts onto flexible and lightweight metal foil substrates," *Electron Device Letters, IEEE*, vol. 18, no. 12, pp. 609–612, 1997.

[249] S.-H. Min, C. K. Kim, H.-N. Lee, D.-G. Moon, "An oled using cellulose paper as a flexible substrate," *Molecular Crystals and Liquid Crystals*, vol. 563, no. 1, pp. 159–165, 2012.

[250] C.-J. Chiang, C. Winscom, S. Bull, A. Monkman, "Mechanical modeling of flexible oled devices," *Organic Electronics*, vol. 10, no. 7, pp. 1268–1274, 2009.

[251] C.-C- Lee, Y.-S. Shih, C.-S. Wu, C.-H. Tsai, S.-T. Yeh, Y.-H. Peng, K.-J. Chen, "Development of robust flexible oled encapsulations using simulated estimations and experimental validations," *Journal of Physics D: Applied Physics*, vol. 45, no. 27, p. 275102, 2012.

[252] Z. Yu, Q. Zhang, L. Li, Q. Chen, X. Niu, J. Liu, Q. Pei, "Highly flexible silver nanowire electrodes for shape-memory polymer light-emitting diodes," *Advanced Materials*, vol. 23, pp. 664–668, 2011.

[253] J. Park, J. Lee, Y.-Y- Noh, "Optical and thermal properties of large-area oled lightings with metallic grids," *Organic Electronics*, vol. 13, no. 1, pp. 184–194, 2012.

[254] S. Choi, S.-J. Kim, C. Fuentes-Hernandez, B. Kippelen, "Ito-free large-area organic light-emitting diodes with an integrated metal grid," *Optics Express*, vol. 19, pp. A793–A803, 2011.

[255] C. Sammon, C. Mura, J. Yarwood, N. Everall, R. Swart, D. Hodge, "Ftir-atr studies of the structure and dynamics of water molecules in polymeric matrixes. a comparison of pet and pvc," *Journal of Physical Chemistry B*, vol. 102, pp. 3402–3411, 1998.

A Anhang

A.1 Prozessparameter

Die im folgenden angegebenen Prozessparameter sind typische Werte wie sie
in dieser Arbeit für das Equipment des LTI-Reinraums verwendet wurden.

A.1.1 MgF$_2$-Mikrosäulen

Substratreinigung	Aceton und Ultraschall	10 min
	Isopropanol und Ultraschall	10 min
	Sauerstoffplasma	2 min
Haftvermittler	TI Prime:	
	3000 min^{-1}	20 s
	Ausheizen: 100°C	2 min
Belacken	ma-p 1215:	
	500 min^{-1}	5 s
	2000 min^{-1}	30 s
	Ausheizen: 100°C	90 s
Belichten und Entwickeln	Belichtungsdauer abhängig von Strukturgröße	30 s - 40 s
	Entwicklung mit ma-D 331	40 s
Ätzen	HCl (38 %)	7 min
	Stoppen mit H$_2$O	1 min
Bedampfen	Aufdampfen von MgF$_2$ bei mind. 10^{-6} mbar (PiekeVak)	
Lift-Off	Aceton und Ultraschall	1 min
	Isopropanol und Ultraschall	1 min

A.1.2 Bragg-Gitter

Substratreinigung	Aceton und Ultraschall	10 min
	Isopropanol und Ultraschall	10 min
	Sauerstoffplasma	2 min
Haftvermittler	HMDS im Exsikkator	15-30 min
Belacken	AR-P 3170:	
	500 min^{-1}	5 s
	3000 min^{-1}	20-35 s
	Ausheizen: 80°C	60 s
Substratpräparation	Kanten und Rückseite schwärzen	
Belichtung	Belichtungsdosis 16-20 $\frac{mJ}{cm^2}$	
Entwicklung	AR 300-35 verdünnt mit H_2O im Verhältnis 5:1	30 s
	Stoppen mit H_2O	10 s
Bedampfen	Aufdampfen von TiO_2 bei mind. 10^{-6} mbar (Univex)	
Lift-Off	Aceton und Ultraschall	10 min
	Isopropanol und Ultraschall	10 min

A.1.3 Sphärische Texturierung

Substratreinigung	Aceton und Ultraschall	10 min
	Isopropanol und Ultraschall	10 min
	Sauerstoffplasma	2 min
Monolage	0,585 µm Partikel:	50 µl
	200 min^{-1}	60 s
	2000 min^{-1}	0 s
	1,55 µm Partikel:	75 µl
	100 min^{-1}	120 s
	2000 min^{-1}	0 s
	7 µm Partikel:	300 µl
	100 min^{-1}	150 s
	2000 min^{-1}	5 s
Ausheizen	120°C	120 s
Belacken	SU-8 für 1,55 µm Partikel:	SU-8 2000.5
	300 min^{-1}	5 s
	3000 min^{-1}	30 s
Belichten	Flächig im Folienbelichter	80 s
Ausheizen	65°C	1 min
	95°C	1 min
Entwickeln	mr-Dev 600	1 min
	Stoppen mit H_2O	10 s

A.1.4 Streuschichten

Verhältnis TiO_2:PMMA	Mittlere Brechungsindex
3:5	1,68
1:1	1,75
5:3	1,93

Abkürzungsverzeichnis

AFM   - Rasterkraftmikroskop (engl. atomic force microscope)

Ag   - Silber

Al   - Aluminium

Ar   - Argon

Au   - Gold

Cr   - Chrom

FIB   - Fokussierter Ionenstrahl (engl. focused ion beam)

HF   - Hochfrequenz

HOMO   - engl. highest occupied molecular orbital

ITO   - Indiumzinnoxid (engl. indium tin oxide)

KIT   - Karlsruher Institut für Technologie

LED   - Leuchtdiode (engl. light emitting diode)

LiF   - Lithiumfluorid

LIL   - Laserinterferenzlithografie

LTI   - Lichttechnisches Institut

LUMO   - engl. lowest unoccupied molecular orbital

MgF_2 - Magnesiumfluorid

MLA	- Mikrolinsenarray
OLED	- Organische Leuchtdiode (engl. organic light emitting diode)
PDMS	- Polydimethylsiloxan
PEDOT	- Poly-3,4-ethylendioxythiophen
PMMA	- Polymethylmethacrylat
PSS	- Polystyrolsulfonat
REM	- Rasterelektronenmikroskop
SiO_2	- Siliziumdioxid
SMU	- engl. source measure unit
SPP	- Oberflächenplasmonpolariton (engl. surface plasmon polariton)
SPW	- Weißes Co-Polymer (bezogen von Merck OLED Materials GmbH)
SY	- Super Yellow (Emittermatierial bezogen von Merck OLED Materials GmbH)
TE	- Transversal elektrisch
TiO_2	- Titandioxid
TM	- Transversal magnetisch
UV	- Ultraviolett
WOLED	- Weiße organische Leuchtdiode (engl. white organic light emitting diode)

Publikationsliste

Referierte Artikel in internationalen Zeitschriften

- **T. Bocksrocker**, A. Egel, A. Pargner, M. F. G. Klein, C. Eschenbaum, S. Höfle, H. Kalt, U. Lemmer, "Outcoupling in ITO-free flexible organic light emitting diodes", (2013), in preparation

- **T. Bocksrocker**, N. Hülsmann, C. Eschenbaum, A. Pargner, S. Höfle, F. Maier-Flaig, U. Lemmer, "Highly efficient fully flexible ITO-free organic light emitting diodes fabricated directly on barrier-foil", Thin Solid Films, (2013), accepted

- **T. Bocksrocker**, J. Hoffmann, C. Eschenbaum, A. Pargner, J. Preinfalk, F. Maier-Flaig, U. Lemmer, "Micro-spherically textured organic light emitting diodes: A simple way towards highly increased light extraction", Organic Electronics, 14, (2013) 396-401

- **T. Bocksrocker**, J. B. Preinfalk, J. Asche-Tauscher, A. Pargner, C. Eschenbaum, F. Maier-Flaig, U. Lemmer, "White organic light emitting diodes with enhanced internal and external outcoupling for ultra-efficient light extraction and Lambertian emission", Optics Express, 20, (2012) 932-940

- **T. Bocksrocker**, F. Maier-Flaig, C. Eschenbaum, U. Lemmer, "Efficient waveguide mode extraction in white organic light emitting diodes using ITO-anodes with integrated MgF_2-columns", Optics Express, 20, (2012) 6170-6174

- F. Maier-Flaig, J. Rinck, M. Stephan, **T. Bocksrocker**, M. Bruns, C. Kübel, A. K. Powell, G. A. Ozin, U. Lemmer, "Multicolor Silicon Light-Emitting Diodes (SiLEDs)", Nano Letters, 13, (2013)

- D. Volz, D. M. Zink, **T. Bocksrocker**, J. Friedrichs, M. Nieger, T. Baumann, U. Lemmer, S. Bräse, "A Molecular Construction Kit for Tuning Solubility, Stability and Luminescence-Properties: Heteroleptic MePyrPHOS-Copperiodide-Complexes and their Application in Organic Light-emitting Diodes", Chemistry of Materials, submitted

- F. Maier-Flaig, C. Kübel, J. Rinck, **T. Bocksrocker**, T. Scherer, R. Prang, A. K. Powell, G. A. Ozin, U. Lemmer, "Looking Inside a Working SiLED", Advanced Functional Materials, (2013), submitted

- J. Hauss, **T. Bocksrocker**, B. Riedel, U. Geyer, U. Lemmer, M. Gerken, "Metallic Bragg-gratings for light management in organic light-emitting devices", Applied Physics Letters, 99 (2011) 103303

- J. Hauss, **T. Bocksrocker**, B. Riedel, U. Lemmer, M. Gerken, "On the interplay of waveguide modes and leaky modes in corrugated OLEDs", Opt. Express 19, (2011) 851-858

- S. Klinkhammer, N. Heussner, K. Huska, **T. Bocksrocker**, F. Geislhöringer, C. Vannahme, T. Mappes, U. Lemmer, "Voltage-controlled tuning of an organic semiconductor distributed feedback laser using liquid crystals", Applied Physics Letters, 99 (2011)

- J. Hauss, B. Riedel, **T. Bocksrocker**, S. Gleiss, K. Huska, U. Geyer, U. Lemmer, M. Gerken, "Periodic Nanostructures Fabricated by Laser Interference Lithography for Guided Mode Extraction in OLEDs Solid-State and Organic Lighting", SOThB2 Optical Society of America (2010)

Internationale Konferenzbeiträge:

- **T. Bocksrocker**, C. Eschenbaum. J. B. Preinfalk, J. Hoffmann, J. Asche- Tauscher, F. Maier-Flaig, U. Lemmer, "Novel nano- and micro-textures for highly efficient outcoupling in white organic light emitting diodes", Conference Paper, OSA Renewable Energy and the

Environment Optics and Photonics, Solid-State and Organic Lighting (SOLED), Eindhoven, Netherlands, (2012)

- **T. Bocksrocker**, J. Preinfalk, A. Pargner, F. Maier-Flaig, C. Eschenbaum, U. Lemmer, "Microstructures for enhancing the outcoupling efficiency of white organic light emitting diodes", EOSAM 2012, Aberdeen (Scotland), 2012

- F. Maier-Flaig, M. Stephan, **T. Bocksrocker**, J. Rinck, A.K. Powell, G.A. Ozin, U. Lemmer, "Hybrid Silicon Quantum Dot Light Emitting Diodes (Si-LEDs)", EOSAM 2012, Aberdeen (Scotland), 2012

- **T. Bocksrocker**, J. Preinfalk, A. Pargner, F. Maier-Flaig, C. Eschenbaum, J. Tauscher and U. Lemmer, "Enhanced out-coupling in white organic light emitting diodes", Winter School of Organic Electronics, Heidelberg (Germany), März 2012

- J. Hauss, B. Riedel, U. Geyer, **T. Bocksrocker**, U. Lemmer, and M. Gerken, "Periodic and nonperiodic large-area nanostructuring for guided mode extraction in OLEDs", SPIE Optics+Photonics 7776-65, San Diego, CA, USA (2010).

Betreute Arbeiten

- Jan Benedikt Preinfalk, "Herstellung bei großflächigen refraktiven Mikrolinsenarrays zur Auskopplung von Substratmoden in organischen Leuchtdioden", Bachelorarbeit, 2011

- Anastasia Kalmbach, "Entwicklung von Konzepten zur Herstellung von flüssigphasen-prozessierten weißlicht emittierenden OLEDs", Studienarbeit, 2011

- Sebastian Klenk, "Integration von Silbernanodrähten in organische Leuchtdioden", Bachelorarbeit, 2011

- Jörg Hoffmann, "Sphärische OLEDs: Effizienz- und Leuchtdichtesteigerung durch optimierte Devicegeometrie", Studienarbeit, 2011

- Julian Asche-Tauscher, "Laserinterferenzlithografie zur Herstellung von Bragg-Gratings für weiße organische Leuchtdioden mit Mikrolinsenarrays als Diffusor", Bachelorarbeit, 2012

- Neele Hülsmann, "Metall-Polymer Anoden für effiziente flexible organische Leuchtdioden", Bachelorarbeit, 2012

- Andreas Pargner, "Auskopplung von Substratmoden in flexiblen organischen Leuchtdioden durch stochastische Streuschichten", Bachelorarbeit, 2013

Danksagung

Die vorliegende Arbeit hätte ohne die Hilfe und Unterstützung einiger Personen nicht entstehen können. Aus diesem Grund möchte ich dieses letzte Kapitel dazu nutzen, meinen Dank auszusprechen.

Meinem Doktorvater Prof. Dr. Uli Lemmer gilt ein besonderer Dank. Er brachte mir großes Vertrauen entgegen, ließ mir die nötigen Freiheiten und trug mit vielen fachlichen Diskussionen zum Erfolg dieser Arbeit bei.

Prof. Dr. Wolfgang Brütting möchte ich für die Übernahme des Korreferats dieser Arbeit und den damit verbundenen Zeitaufwand danken.

Meinem Kollegen Carsten Eschenbaum möchte ich nicht nur für das Korrekturlesen dieser Arbeit sowie den vielen fachlichen Diskussionen, Tipps und Anregungen im Laufe meiner Promotion danken, sondern auch für die tollen Gespräche und Abende außerhalb des Instituts. Amos Egel und André Gall danke ich ebenfalls für das Korrigieren dieser Arbeit.

Meinen „Studis" und Hiwis Jan Preinfalk, Jörg Hoffmann, Julian Asche-Tauscher, Anastasia Kalmbach, Sebastian Klenk, Neele Hülsmann, Andreas Pargner, Nico Bolse und Johannes Konrad möchte ich für ihre hervorragende Arbeit danken. Ohne Eure Unterstützung wäre diese Arbeit so nicht möglich gewesen.

Bei meinen Bürokollegen Xin Liu, Lena-Maria Fleig, Carsten Eschenbaum und Florian Maier-Flaig möchte ich mich für die tolle Atmosphäre und den vielen Spaß bedanken, den ich den letzten Jahren dank Euch hatte.

Den OLED-Kollegen Amos Egel, Stefan Höfle und Hung Do danke ich für die vielen Diskussionen rund um das Thema OLEDs.

Ich möchte mich bei allen LTI-Kollegen für die tolle Atmosphäre und das angenehme Betriebsklima bedanken. Für die tolle Zusammenarbeit, Gespräche und Aktivitäten innerhalb und auch außerhalb des Instituts möchte ich mich besonders bei Carsten Eschenbaum, André Gall, Sönke Klinkhammer, Sebastian Valouch, Amos Egel, Katja Dopf, Florian Maier-Flaig, Siegfried Kettlitz und Jan Mescher bedanken.

Meinen „Vorgängern" Boris Riedel und Julian Hauß möchte ich für die vielen Tipps beim Einstieg in die Thematik danken.

Unseren Reinraumtechnikern Christian Kayser und Thorsten Feldmann danke ich für die große Unterstützung bei den Arbeiten im Reinraum.

Unseren Sekretärinnen Astrid Henne und Claudia Holeisen möchte ich für die viele Hilfe beim Erstellen von Arbeitsverträgen, Abrechnungen, Fomularen etc. danken.

Dem Werkstattteam Mario Sütsch, Hans Vögele und Klaus Ochs möchte ich für die vielen vielen Halterungen, Masken, Gehäuse und sonstige Basteleien danken.

Michael Klein danke ich für die Ellipsometrie Messungen.

Edgar Kluge von der Fa. Merck KGaA danke ich herzlich für die unkomplizierte Unterstützung mit all den emittierenden Polymeren.

Den „Heidelbergern" Norman Mechau und Ralph Eckstein danke ich für die vielen Tipps und Diskussionen.

Meiner Familie und meinen Freunden danke ich für den Rückhalt und die Unterstützung während der gesamten Promotion und darüber hinaus.

Zuletzt möchte ich noch meiner Freundin Anna Schaab danken, die mir stets Rückhalt gegeben hat und die mir in jeder Hinsicht eine große Stütze und Inspiration ist.